CPEC
国家级实验教学示范中心联席会
计算机学科组规划教材

中间件技术基础与Java实践

赖永炫 编著

清华大学出版社
北京

内容简介

本书内容涉及中间件原理与定义、发展历史、远程过程调用(RPC)、CORBA框架、组件对象模型、Web容器、消息中间件、数据访问、事务处理中间件、池化和负载均衡、Web服务、微服务等,屏蔽系统异构性,将凝练共性和复用功能等驱动软件发展的思想作为主线贯穿全书。本书第1～3章介绍中间件技术的背景知识、基本理论和早期的经典框架,第4～11章按功能和支撑技术分类介绍典型的中间件技术。各章内容自成体系,读者可根据需要学习。

本书基于Java技术栈介绍相应的框架和技术,设计了相应的编程案例,帮助读者巩固对中间件技术的理解,进行中间件编程实践。

本书适合作为高等院校计算机、软件工程、信息管理及相关专业的教材,也适合软件相关行业从业人员学习参考。

图书在版编目(CIP)数据

中间件技术基础与Java实践/赖永炫编著. —北京:清华大学出版社,2024.1
国家级实验教学示范中心联席会计算机学科组规划教材
ISBN 978-7-302-65318-9

Ⅰ. ①中… Ⅱ. ①赖… Ⅲ. ①JAVA语言-程序设计-教材 Ⅳ. ①TP312.8

中国国家版本馆CIP数据核字(2024)第039210号

责任编辑: 付弘宇　薛　阳
封面设计: 刘　键
责任校对: 李建庄
责任印制: 沈　露

出版发行: 清华大学出版社
网　　址: https://www.tup.com.cn, https://www.wqxuetang.com
地　　址: 北京清华大学学研大厦A座　　**邮　　编:** 100084
社 总 机: 010-83470000　　**邮　　购:** 010-62786544
投稿与读者服务: 010-62776969, c-service@tup.tsinghua.edu.cn
质量反馈: 010-62772015, zhiliang@tup.tsinghua.edu.cn
课件下载: https://www.tup.com.cn,010-83470236
印 装 者: 三河市龙大印装有限公司
经　　销: 全国新华书店
开　　本: 185mm×260mm　　**印　　张:** 16.25　　**字　　数:** 397千字
版　　次: 2024年3月第1版　　**印　　次:** 2024年3月第1次印刷
印　　数: 1～1500
定　　价: 49.00元

产品编号:090291-01

作者简介

赖永炫 厦门大学信息学院软件工程系教授，龙岩学院数学与信息工程系教授。在中国人民大学信息学院先后获得学士、硕士和博士学位。目前是厦门大学移动计算与数据分析实验室负责人，兼任中国计算机学会数据库专委会执行委员、普适计算专委会执行委员，福建致公数字经济研究智库专家，福建省人工智能学会理事，教育部学位与研究生教育发展中心论文评审专家。获评福建省高层次人才(B类)、厦门市高层次人才B类(省级领军人才)、厦门市"双百计划"领军型创业人才等称号。

主要研究方向是大数据分析和管理、智慧城市、软件技术等。近年来，主持国家科技支撑计划课题1项、国家自然科学基金2项，参与国家及省部级课题10余项。出版教材2部，发表高水平科研论文50余篇，并担任多个国际期刊和会议的审稿人。曾获福建省科技进步奖二等奖、厦门市科技进步奖二等奖、CSC-IBM全国优秀教师奖教金、厦门大学厦航奖教金、建设银行奖教金、厦门大学第八届青年教师教学技能比赛一等奖、厦门大学高等教育教学成果奖等多个教学和科研奖项。

个人主页：http://mocom.xmu.edu.cn/lai。

前　言

软件行业面临的四大历史问题——质量问题、效率问题、互操作问题和灵活应变的问题，今天依然困扰着软件行业。中间件技术就是在克服这些软件行业及应用的共性问题中不断发展和壮大起来的。中间件与操作系统、数据库并称三大核心基础软件，是构建应用软件的基础。中间件也被形象地比喻为“软件胶水”，它使软件开发人员更容易实现通信和输入输出，可为网络分布式计算环境提供通信服务、交换服务、语义互操作服务等系统之间的协同集成服务，解决系统之间的互连互通问题。从本质上来说，中间件通过复用、松耦合、互操作和标准化等机制来提高软件质量，加快软件研发速度，提高效率，使研发出来的产品能够相互集成并灵活适应变化。因此，中间件平台凝聚着当前逐渐发展起来的大部分软件技术和成果，涵盖更好的程序设计语言、更好的软件架构、更好的平台和软件开发技术，如面向对象、组件开发、面向切面、面向服务的架构和微服务等。

凯文·凯利在其著作《失控》中提到：“最深刻的技术是那些看不见的技术，它们走下精英阶层，不断放低身段，将自己编织进日常生活的肌理之中，直到成为生活的一部分，从我们的视线中淡出。”在当今的计算机和软件产业中，相比大数据、人工智能、物联网这些炙手可热的概念和技术，中间件似乎消失在当前的热门技术谱系中。同时，这个淡出的过程也是中间件从高科技领域走向大众，进而编织进整个软件工业，成为当前分布式计算和互联网软件运行的底层支撑平台的过程。

笔者从2009年博士毕业就开始从事软件工程和计算机专业的教学工作。第一次教授的课程恰好是“中间件技术”，边教边学，边学边教。十几年来，一方面惊喜于软件技术的日新月异，感叹于各种中间件技术及其框架的精妙；另一方面也深感软件技术在快速变革和迭代。大学生和当今的软件从业者应具有举一反三、灵活变通地分析和解决问题的能力。除了“中间件技术”课程，近年来由于工作需要，笔者也教授了“C++程序设计语言”“C#程序设计语言”“数据库管理系统”“软件工程导论”“算法设计与分析”“大数据分析”“人机交互”“面向对象分析与设计”等诸多课程。通过梳理这些软件工程类和计算机类的专业课程，笔者发现中间件技术的发展与编程语言、软件工程的发展是一脉相通的。通过中间件技术的学习，学生们可以把计算机和软件开发的工程化的思想、原理很好地结合在一起。通过学习中间件技术的发展历史，熟悉中间件技术的框架，学生们可以更好地理解软件的底层技术和软件工业的演变史，融会贯通，进而利用这些理论和方法解决实际问题。

中间件技术有趣且重要。但近年来中间件技术不再是技术热点，早年编撰的教材过于理论，所涉及的技术也早已不再适用，目前市面上找不到一本适合本科教学的中间件技术教材，不失为一种遗憾。由此，笔者萌生了自己编写讲义和教程的想法。经过多年的酝酿和努力，终成此书。

本书内容涉及中间件原理与定义、发展历史、远程过程调用(RPC)、CORBA框架、组件对象模型、Web容器、消息中间件、数据访问、事务处理中间件、池化和负载均衡、Web服务、微服务等,屏蔽系统异构性,将凝练共性和复用功能等驱动软件发展的思想作为主线贯穿全书。为了符合当前主流的开发技术,并与其他专业类课程相协调,本书尽量以Java技术栈为基础介绍相应的框架和技术,提供相应的编程案例,以帮助读者巩固对中间件技术的理解,进行中间件编程实践。

本书第1~3章介绍中间件技术的背景知识、基本理论和早期的经典框架,第4~11章按功能和支撑技术分类介绍了当前典型的中间件技术。各章的内容自成体系,读者可根据需要学习和查阅。具体的章节安排如下。

第1章介绍了分布式系统的基础概念,包括计算机从单机系统一直到分布式系统的发展历程;分析了分布式系统在某些应用场景下的优势和技术难点;介绍了分布式系统的常用框架、分布式系统和大数据之间的联系,以及分布式的大数据计算平台。熟悉分布式计算的读者可直接跳过本章,进入第2章的学习。

第2章介绍了中间件的概念和中间件产生的发展历程,包括中间件产生的原因和驱动力;介绍了中间件的特征、功能和中间件的分类,以及一些常用的中间件技术和产品;最后从全球和国内两个角度介绍了中间件的产业和市场。

第3章介绍了国际标准化组织(ISO)提出的RM-ODP标准。从面向对象的角度阐述其标准组成与功能组成;介绍了由OMG提出的OMA体系结构与CORBA规范,同时分析了CORBA相比传统开发模式的优势;最后介绍了微软公司提出的COM组件对象模型和.NET组件,并阐述了两者之间的区别。

第4章介绍了远程过程调用(RPC)的概念,远程过程调用的原理和调用流程;介绍了基于Java的远程方法调用RMI的概念、原理,并通过实例来讲解RMI机制;最后总结了RPC与RMI的区别并介绍了RMI的主要优点。

第5章介绍了Web服务器的概念并阐述其工作原理;介绍了Web容器及Web容器所用到的技术和思想——解耦合、控制反转、面向切面编程;介绍了Java EE和Spring框架的主要技术组成;最后通过编程案例,帮助读者学习Web容器编程和AOP编程的原理。

第6章介绍了消息中间件的概念、发展历史、中间件的产品和使用场景,详细说明了消息中间件的架构、要素,以及常用的协议;介绍了在Java平台上的消息中间件规范JMS,包括JMS架构和程序接口的介绍,以及实际编程的例子;介绍了消息驱动的Bean组件,包括消息的异步处理和消息选择器。

第7章介绍了数据访问应用程序接口,包括ODBC、OLE DB、ADO,以及以Java API形式提供服务的JDBC;介绍了对象-关系映射的概念和Hibernate框架,并用案例演示对象-关系映射的编程;介绍JPA持久化框架的概念和持久化对象的过程,并阐述了具体框架与JPA之间的关系,以及其他的持久化框架。

第8章介绍了事务的基本概念,介绍了分布式事务处理,包括事务处理中间件的概念和两阶段提交协议;介绍了EJB事务体系结构,包括容器管理的事务处理和Bean管理的事务处理;最后介绍了JTA事务处理的机制,通过实际编程例子来帮助读者学习理解JTA的工作原理。

第9章介绍了资源池化技术的概念,介绍了对象池、数据库连接池、线程池等技术,包括

Commons Pool 的概念和编程，通过实际例子帮助读者学习理解池化技术；介绍了负载均衡的概念和典型技术方案，包括 LVS 负载均衡、DNS 负载均衡和基于 Nginx 反向代理的负载均衡技术等。

第 10 章介绍了 Web 服务的基本概念、发展历史和 Web 服务中的关键技术，包括 XML、SOAP、WSDL 和 UDDI 等；介绍了 Web 服务中两种主流的实现方式——基于 SOAP 和 REST 的 Web 服务，并给出了实际编程案例；最后介绍了面向服务的体系结构（SOA），并说明了 Web 服务与 SOA 之间的联系。

第 11 章介绍了软件服务架构的发展，微服务的概念、架构体系、设计模式和常用的微服务架构方案；介绍了经典的微服务开发框架 Spring Cloud，包括 Eureka、Ribbon、Hystrix、Zuul、Config 5 大核心组件，并给出了实际编程案例；最后介绍了微服务的开发模式，包括服务拆分的准则等。

本书由笔者讲授厦门大学软件工程专业“中间件技术”课程的讲义整理而得，面向高等院校软件工程、计算机和信息管理等专业的学生，可作为中间件技术和软件组件技术等课程的教材。本书对应一个学期 16～18 周的课时量。其中，第 1～3 章每章安排 2 学时，第 4、6、7、8、9、11 章每章安排 3 学时，第 5、10 章每章安排 4 学时。本书也为读者和大学教研人员提供了翔实的课后参考资料，包括 PPT 课件、学习和实验指导、课后思考题及参考答案等。读者可以从清华大学出版社的官方微信公众号“书圈”（见封底）下载。

本书主要由赖永炫教授构思执笔，厦门大学移动计算与数据分析实验室（MOCOM）的硕士生杨诗鹏、江丽英、廖林波、曹辉彬、张乐、袁鹏轩、孟戈等做了大量的辅助性工作。厦门大学多届学习“中间件技术”课程的同学为本书提供了第一手的反馈和修订意见，在此衷心感谢这些同学的辛勤工作。也感谢笔者的女儿赖书妍，她给笔者的生活带来色彩，让本书的撰写更加顺利。

笔者在本书撰写过程中参考了大量的国内外教材和专著，以及一些网络上的技术博客，对涉及中间件技术的知识进行了梳理、归纳和总结，将一些重要的知识和案例纳入了本书，特别向这些文献的作者表示感谢。本书也是笔者十多年来在软件工程方面教学和科研工作的总结。读者在阅读本书及使用配套资源的过程中如有任何问题和建议，请联系 404905510@qq.com，望不吝赐教。

赖永炫

于厦门大学海韵园

2024 年 1 月

目　录

第1章 分布式系统概述

“人多力量大”“三个臭皮匠,顶个诸葛亮”,这些俗语共同传达出一个含义——群体拥有个体所不能及的力量。在计算机领域,如何将多台单机有序而高效地组合成一个计算整体,一直是热点话题。在此过程中,分布式系统的概念应运而生。时至今日,分布式系统与高质量的基础网络设施配合,已经被大量地应用在各种实际场景下,达到了传统单机难以企及的高度,发挥出了 1+1>2 的效果。本章将介绍分布式系统的基本概念、难点和分布式计算技术等,帮助读者初步了解分布式系统。

1.1 计算机系统的演化

计算机系统正在经历着一场革命。自从 1946 年世界上第一台电子计算机“电子数字积分计算机”(Electronic Numerical Integrator And Computer,ENIAC)在美国宾夕法尼亚大学问世以来,计算机及相关技术的迅速发展带动计算机类型不断分化,形成了许多种类的计算机。按计算机单机系统所具有的规模,即按照计算机的运算速度、字长、存储容量等综合性能指标,可以将计算机划分为:巨型计算机、大型计算机、中小型计算机、工作站、个人计算机(微型计算机、膝上计算机、掌上计算机、单板计算机)等。按计算机系统间的互联地域范围来划分,则可将计算机大致分为:单机、计算机局域网、计算机远程网等。而如果从处理能力在不同计算机的分配上来划分,则大致可将计算机系统分为:单机系统、单机分布式系统、中心集群系统、分布式集群系统。

1.1.1 单机系统

单机系统是指在单片机应用系统中只有一个单片机。这种结构是目前单片机应用系统中采用最多的一种结构,它适合于小规模的单片机应用系统。对于一个业务项目来说,当它的业务量较小的时候,所有的代码放在一个项目中,且部署在单个服务器上,整个项目所有的服务都由这台计算机提供,这就是单机系统结构。典型的单机系统结构如图 1-1 所示。

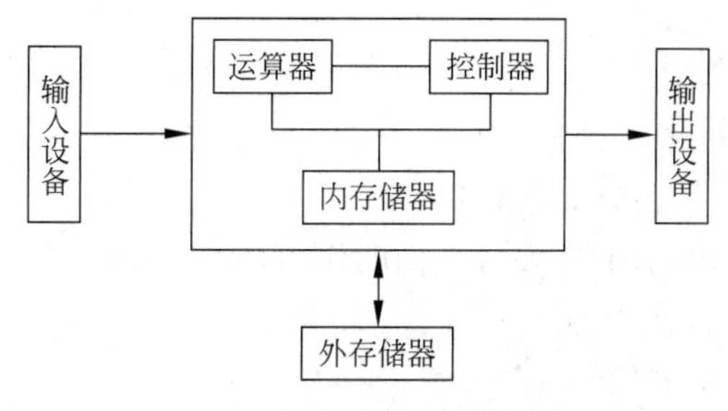

图 1-1 典型的单机系统结构

第一台电子计算机就是采用单机系统。其采用的冯·诺依曼体系结构把程序本身作为数据来对待，程序和该程序处理的数据被以同样的方式存储，确定了存储程序计算机的五大组成部分——控制器、运算器、存储器、输入设备、输出设备。单机结构的优点是设计简单，系统紧凑，对于小规模系统应用具有极高的性价比。但是单机结构难以实现多任务处理和高速运行，因而无法满足大规模系统的应用需求。

1.1.2 单机分布式系统

单机分布式系统由多个单机系统组成，这种结构主要是为了解决单机系统在大规模应用系统中的不足的问题。由于拓扑结构不同，多机结构又分为多级多机分散控制结构与局部网络结构。其中，多级多机分散控制结构的应用比较广泛。

多级多机分散控制结构的典型代表是两级分散控制系统，其结构如图1-2所示。

应用系统的任务被分散到各微机和单机上。其中，第一级主要承担与控制对象直接交互的任务，彼此相互独立地完成对被控对象的控制任务。第二级(一般为微机系统)主要承担系统的综合处理任务，负责监督管理各单机系统的工作，与各单机系统进行通信，处理系统信息。

1.1.3 中心集群系统

中心集群系统由一台中央服务器和多台结点服务器组成。如图1-3所示，系统内的所有数据都存储在中央服务器中，系统内所有的业务也均先由中央服务器处理。多个结点服务器与中央服务器连接，并将自己的信息汇报给中央服务器，由中央服务器统一进行资源和任务调度：中央服务器根据这些信息，将任务下达给结点服务器；结点服务器执行任务，并将结果反馈给中央服务器。

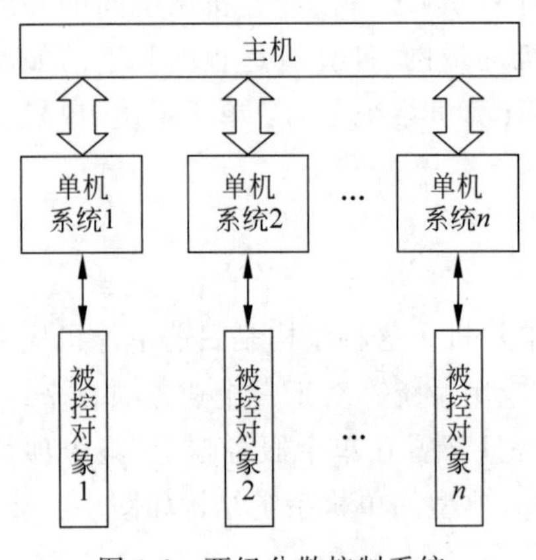

图1-2 两级分散控制系统

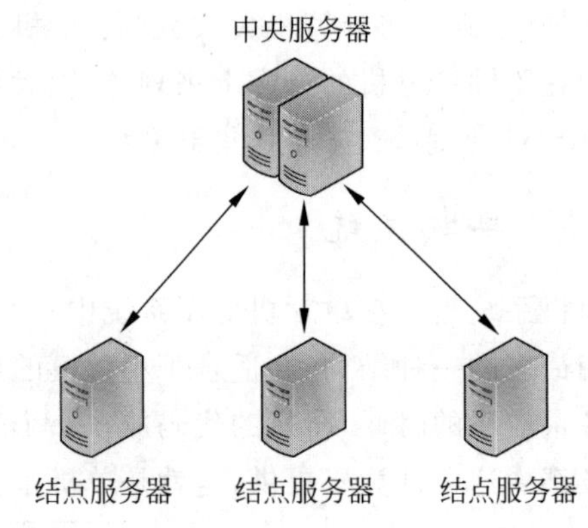

图1-3 中心集群系统

中心集群系统的主要优点如下。

- 信息资源集中，管理方便，规范统一。
- 专业人员集中使用，有利于发挥他们的作用，便于组织人员培训和提高工作效率。
- 信息资源利用率高。
- 系统安全措施实施方便。

中心集群系统的主要缺点如下。

- 随着系统规模的扩大和功能的扩展，中心集群系统的复杂性增长迅速，给管理、维护带来困难。
- 对组织变革和技术发展的适应性差，应变能力弱。
- 不利于发挥用户在系统开发、维护、管理方面的积极性与主动精神。
- 系统比较脆弱，中央服务器出现故障时可能使整个系统停止工作。

1.1.4 分布式集群系统

随着移动终端智能化及移动宽带网络的广泛应用，越来越多的移动设备加入互联网中，网络发展迎来新的高峰。网站及 App 的业务系统所需要处理的业务量快速增长，例如，即时通信、短视频和实时娱乐交互等。

相较于以前，业务系统所面临的重要问题是如何在用户数量快速增长的情况下，快速扩展原有系统，使其可以承受更多的负载，满足用户存储和处理大量数据的需求。而由于资源的有限性，电力成本、空间成本、各种设施的维护成本快速上升，直接导致数据中心的成本上升。那么如何有效地利用这些资源，如何用更少的资源解决更多的问题显得尤为重要。

在分布式集群系统中，服务的执行和数据的存储被分散到不同的服务器集群，服务器集群间通过消息传递进行通信和协调。

在分布式集群的分散式结构中，没有中央服务器和结点服务器之分。如图 1-4 所示，所有的服务器地位都是平等(对等)的。分散式结构可以降低某一个或者某一簇计算机集群的压力。在解决了单点瓶颈和单点故障问题的同时，还提升了系统的并发度，比较适合大规模集群的管理。近年来，Google、Amazon、Facebook、阿里巴巴、腾讯等互联网公司在一些业务中也相继采用了分散式结构，在实际开发过程中也使用了一些典型的分散式架构，如 Akka 集群、Redis 集群和 Cassandra 集群等。

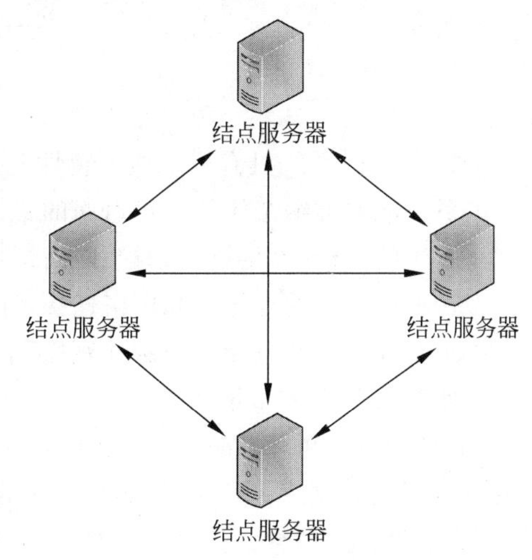

图 1-4 分布式集群系统

1.2 分布式系统的概念

除了单机系统，其他的几类计算机系统都或多或少具有分布式系统的特征。分布式系统(Distributed System)是独立的计算机的集合，但是对用户来说，系统就像一台计算机一样。分布式系统的定义有两个方面的含义：第一，从硬件角度来讲，各台计算机都是自治的；第二，从软件角度来讲，用户将整个系统看作一整台计算机。这两方面的含义缺一不可。

目前，分布式系统还没有一致的定义，但可以用以下特性来区别分布式系统。

(1) 有多个自主的计算实体(Computational Entities)，并且各自拥有本地存储器。

(2) 计算实体间通过消息传递进行联系。

一个分布式系统中的所有计算实体都有一个共同目标，例如，解决一个需要大量计算的问题。或者，每台计算机用户有各自不同的需求，而分布式系统的目的就是合理调度分享的资源或给用户提供交流服务。图1-5(a)是典型的分布式系统，其中，结点(顶点)代表计算机，直线代表计算机连接；图1-5(b)描述的是同一个分布式系统所包含的更加详细的内容：每台计算机都有各自的本地内存(Memory)，并且只通过结点间的可用通信进行连接和交换数据。

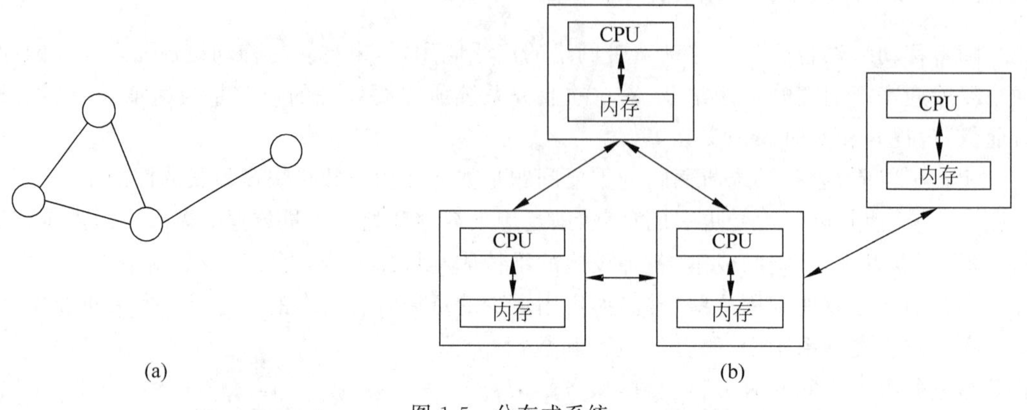

图1-5　分布式系统

另外，分布式系统具有以下典型特性。

- 系统能够容纳个体计算机返回的错误。
- 系统的结构(网络拓扑结构、网络延迟、计算机编号等)是不能够预测的，系统可能包含不同种类的计算机和网络连接，并且会在分布式程序运行过程中出现变化。
- 每台计算机都只能受限制地观察到不完整的系统。有可能每台计算机都只知道受处理信息的一部分。

从软件角度来讲，分布式系统是建立在网络之上的，具有高度的内聚性和透明性。例如，在分布式的数据库系统中，内聚性体现为每一个数据库分布结点高度自治，有本地的数据库管理系统。透明性是指每一个数据库分布结点对用户的应用来说都是透明的，用户感觉不到是本地还是远程，也感觉不到数据是分布存储的。用户无须关注其中的关系是否分割、有无副本、数据存于哪个站点以及事务在哪个站点上执行等烦琐问题。因此，网络和分布式系统之间的区别更多的在于高层软件(特别是操作系统)。

1.3　分布式系统的应用和意义

计算机系统从单机到多机，再到现在的网络系统，应用和需求都发生了巨大的变化。但分布式系统一直是十分热门的话题和技术。本节介绍分布式系统的主要应用及其重要意义。

1.3.1　分布式系统的主要应用

在许多不同类型的应用背后都有分布式系统的存在。以下列出了一些应用，对这些应用而言，使用分布式系统要比其他体系结构如处理机和共享存储器多处理机更优越。

1. 并行和高性能应用

原则上，并行应用也可以在共享存储器多处理机上运行，但共享存储器系统不能很好地扩大规模以包括大量的处理机。高性能计算和通信（High-Performance Computing and Communication，HPCC）应用一般需要一个可伸缩的设计，这种设计取决于分布式处理。

2. 容错应用

因为每个计算机结点是自治的，所以分布式系统更加可靠。一个结点中的软件或硬件的故障不影响其他结点的正常功能。

3. 固有的分布式应用

许多应用是固有分布式的。这些应用是突发模式（Burst Mode）而非批量模式（Bulk Mode）。这方面的实例有事务处理和 Internet Java 程序。这些应用的性能取决于吞吐量（事务响应时间或每秒完成的事务数），而不是一般多处理机所用的执行时间。

1.3.2 分布式系统的意义

1. 解决单机性能瓶颈的问题

单机处理能力，一般来说关注的是计算机的处理器、内存、磁盘、网络等。由于物理定律和技术工艺的原因，处理器的频率、内存容量等在某一时间段内必然存在一个极限和瓶颈。例如，某电商平台中，目前最好的计算机每秒只能处理 2000 个订单请求。如果某个应用每秒需处理 4000 个订单，那该怎么办呢？由于单机的性能在短时间内已经无法再优化和提升，要实现此目标，只有额外再加入 1～2 台计算机形成一个分布式系统，形成计算机集群，才可能解决这个问题。因此，要获得更高的系统性能，分布式系统是一个有效的甚至唯一的解决方案。微处理机的集合能达到单个大型主机无论如何都不能达到的性能表现，分布式的机器集群系统，也是目前大规模系统和软件平台的根本解决方案。

2. 降低系统整体的成本

分布式系统发展的真正驱动力是经济。一台普通的台式计算机的价值为 4000～5000 元，一个小型服务器的价值为 10 000～20 000 元，一台大型计算机价值上百万元甚至达千万元级别。一般来说，较高的处理性能需要以较高的价格来购买。但一台价值 500 万元的大型计算机的处理能力是一台价值 1 万元的小型计算机的 500 倍吗？答案显然是否定的。实践证明，通过在一个系统中集中使用大量的廉价 CPU 和小型计算机，可以得到比单个的大型集中式系统高得多的性价比。事实上，目前的大型分布式系统，如谷歌、亚马逊等都是通过较低廉的价格来实现与大型计算机相似的性能，甚至是高于大型计算机的性能。

此外，渐增式的增长方式也能减低系统的整体成本。当公司繁荣扩充，工作量就会增大，当其增大到某一程度时，原有的主机就不能再胜任了。仅有的解决办法是要么用更大型的机器（如果有）代替现有的大型主机，要么再增加一台大型主机。这两种做法都会引起公司的运行切换和运转的混乱。如果采用分布式系统，仅给系统增加一些处理机就可能解决这个问题，而且这也允许系统在需求增长的时候逐渐进行扩充。

3. 提供稳定性和可用性解决方案

分布式系统能大大提高系统的稳定性和可用性。对于集中式系统，如果主机出现故障了，整个系统将无法使用。如果提供的服务质量随时间呈现较大的波动性，那么使用者在进行上层应用的设计时会遇上系统不协调、实验结果不一致等多种问题。计算机系统的可靠性用平均无故障时间(Mean Time Between Failure,MTBF)来度量,即计算机系统平均能够正常运行多长时间发生一次故障。系统的可靠性越高,平均无故障时间越长。可维护性用平均维修时间(Mean Time To Repair,MTTR)来度量,即系统发生故障后维修和重新恢复正常运行平均花费的时间。系统的可维护性越好,平均维修时间越短。计算机系统的可用性定义为系统保持正常运行时间的百分比。如表1-1所示,业界用"N 个9"来量化可用性,例如,"4个9"就是99.99%的可用性。

表1-1　*N* 个9

描　　述	通俗叫法	可用性级别	年度停机时间
基本可用性	2个9	99%	87.6h
较高可用性	3个9	99.9%	8.8h
具有故障自动恢复能力的可用性	4个9	99.99%	53min
极高可用性	5个9	99.999%	5min

那么,如何来保证高可用性呢?分布式系统把工作负载分散到众多的机器上,单个芯片故障最多只会使一台机器停机,而其他机器不会受任何影响。对于关键性的应用,如核反应堆或飞机的控制系统,采用分布式系统来实现主要是考虑到它可以获得高可靠性。以分布式数据库为例,分布式数据库相当于单独存在的个体。当网络出现故障时,仍然允许对局部数据库的操作。而且一个位置的故障不影响其他位置的处理工作,只有当访问出现故障位置的数据时,在某种程度上才受影响。另外,采用分布式系统,也可以减轻数据传送时中心服务器的压力。

4. 加速网络时代的应用开发

在网络时代,分布式应用的需求客观存在,且层出不穷。例如连锁超市,每个商店都需要采购当地生产的商品,进行本地销售。为了提高效率,每个超市都会自行管理存货清单并通过网络同步于云端,而不是集中于公司总部处理。同时,连锁超市的高层管理者又可以了解全局状况并做出相应决策。整个超市系统既像一台计算机一样,高层能够统筹全局,又像多台计算机那样,在执行上是分布的,这就是一个商业分布式系统。

通过分布式系统,同一时间许多物理上相隔较远的人们可以一起进行交流、工作、娱乐等。例如,大型的网络游戏往往拥有成千上万的在线用户,那如何处理这么多需要实时响应的请求呢?可利用"分而治之"原则将大量客户端发出的服务请求进行适当的划分,不同组分配给不同的服务器来加以处理。例如,所有从厦门电信宽带上网的玩家所发出的服务请求分为一组,然后把服务请求分组分配给放置于福建数据中心的服务器。同时,在各服务器之间建立连接以处理针对全局的事务。

分布式系统的分布性特征对用户来说是看不见的。同时,对开发者提供位置、迁移、复制、并发、并行等不同级别的透明性,降低基于网络的大型系统的开发难度,使得开发者可以把更多的精力集中在系统的应用逻辑和核心流程上。因此,分布式系统为网络时代的各种应用提供了一个大的基础和框架,可大幅提高开发效率,加速网络时代各应用的开发。

综合起来,同集中式系统相比较,分布式系统具有如表1-2所示的优点。

表 1-2　分布式系统相较于集中式系统的优点

项　目	描　述
经济	微处理机提供了比大型主机更好的性能价格比
速度	分布式系统总的计算能力比单个大型主机更强
固有的分布性	一些应用涉及空间上分散的机器
可靠性	如果一个机器崩溃,整个系统还可以运转
渐增	计算能力可以逐渐有所增加

1.4　分布式系统的难点和框架

1.4.1　分布式系统技术难点

比起单机系统,分布式系统的难点主要体现在 CAP 不可能三角原则、网络延迟、系统"不标准"问题、服务依赖性及运维难度高等方面。

首先,是分布式系统的 CAP 不可能三角原则。CAP 原则是由 Eric Brewer 提出的分布式系统中最为重要的理论之一,指在一个分布式系统中,Consistency(一致性)、Availability(可用性)、Partition tolerance(分区容错性)三者不可兼得。

- 一致性(C):在分布式系统中的所有数据备份,在同一时刻是否有相同的值(等同于所有结点访问同一份最新的数据副本)。
- 可用性(A):在集群中一部分结点故障后,集群整体是否还能响应客户端的读写请求(对数据更新具备高可用性)。
- 分区容错性(P):以实际效果而言,分区相当于对通信的时限要求。系统如果不能在时限内达成数据一致性,就意味着发生了分区的情况,必须就当前操作在 C 和 A 之间做出选择。

CAP 原理告诉我们,这三个因素最多只能满足两个,不可能三者兼顾。在 CAP 三者中,"可扩展性"是分布式系统的特有性质。分布式系统的设计初衷就是利用集群多机的能力处理单机无法解决的问题。当需要扩展系统性能时,一种做法是优化系统的性能或者升级硬件,一种做法就是"简单"地增加机器来扩展系统的规模。好的分布式系统总在追求"线性扩展性",即性能可以随集群数量增长而线性增长。CAP 定律其实也是衡量分布式系统的重要指标,另一个重要的指标是性能。

其次,由于服务和数据分布在不同的机器上,每次交互都需要跨机器运行,这带来网络的延迟问题,使得系统整体性能降低。例如,资源的锁定是分布式系统中的常用操作,系统调用一般都要设置一个超时时间进行自我保护。但过度的延迟就会带来系统 RPC 调用超时。系统超时几乎是所有分布式系统复杂性的根源。主要的解决方案包括异步化、失败重试等。此外,网络故障,例如丢包、乱序、抖动等也是分布式系统需要考虑的因素。可通过将服务建立在可靠的传输协议上来解决。

第三,分布式异构系统存在"不标准"问题。分布式系统涉及多台计算机,有时难免会遇到计算机之间的异构系统的不标准问题。主要体现在以下几方面。

- 软件、应用不标准:分布式系统中,互相协同工作的不同计算机上的软件或应用可能因为各种原因(如版本不同、提供商不同)出现不兼容的问题。

- 通信协议、数据格式不标准：在通信方面，不同的软件可能使用不同的协议，即使协议相同，数据格式也不一定相同。以网络通信为例，有些服务的 API 出错，并不返回 HTTP 的错误状态码，而是返回正常状态码 200，然后在 HTTP Body 的 JSON 字符串中加入 Error Message。这就给监控造成很大困难。
- 开发、运维的过程和方法不标准：不同的软件、语言有着不同的开发、测试、运维标准。自然地，会有不同的开发和运维方式，从而引起架构复杂度的提升。

第四，分布式系统架构中存在服务依赖性问题。传统的单体应用中，一台机器宕机，整个软件也会随之挂掉。那么分布式架构是否就不会发生这样的事情呢？事实上，分布式架构下，服务是有依赖的。一个服务依赖链上的某个服务挂了，就有可能引起多米诺骨牌效应。很多分布式架构在应用层上做到了业务隔离，在数据库结点上可能并没有隔离。如果一个非关键业务把数据库卡住，那么会导致整个系统不可用。例如，亚马逊服务器的实践指出：系统间不能读取对方的数据库，只能通过服务接口耦合。这也是微服务的要求，不但要拆分服务，还要为每个服务拆分相应的数据库。无疑，该方案一定程度上增加了实施的技术难度。分布式系统通常会把系统分为以下四层。

基础层：硬件、网络和存储设备等。

平台层：也就是中间件层，包含类似 Tomcat、MySQL、Redis、Kafka 的软件。

应用层：也就是业务软件，包含各种功能的服务。

接入层：接入用户请求网关、负载均衡、CDN、DNS 等。

任何一层的问题都会导致整体问题。因为熟悉整个架构的人占少数，几乎是每层各自管理，所以运维被割裂开来，运维难度更高。

下面简要介绍一些经典的分布式系统框架。

1.4.2 远程调用

在传统的编程概念中，过程或函数是由程序员在本地编译的一段代码。因为每个过程代码都是本地的，所以可以通过加载类库、内存共享和其他机制来调用，但仅限于本地运行和调用。然而，随着分布式计算和网络的发展，被调用程序可能存在网络环境中的另一台机器上，那么如何远程调用过程或服务成为分布式计算环境中的经典问题。通常这个问题可通过传统的套接字编程来解决。但是，这个方法有一个缺点，即所有需要调用远程服务的程序员都必须首先了解传输协议，如 TCP 或 UDP，然后再基于此方法开发功能代码。因此，还有另一种解决方案：提供透明的调用机制，使得开发人员不必显式区分本地调用和远程调用，也不需要关注和理解基础网络技术协议。此解决方案就是远程过程调用(Remote Procedure Call，RPC)协议。关于 RPC 的详细内容会在第 4 章中详细介绍。

1.4.3 分布式计算环境

在网络计算中，分布式计算环境(Distributed Computing Environment，DCE)是一种行业标准的软件技术，是由开放软件基金会(OSF)提出的分布式计算技术的工业标准集，用于提供保护和控制对数据访问的安全服务、寻找分布式资源的名字服务以及高度可伸缩的模型。分布式计算环境通常用于较大的计算系统网络中，其中包括在地理位置上分散的不同大小的服务器。例如，对各大公司的软、硬件系统稍加修改，便可互连构成一个分布式计算环境。分布式计算环境使用客户端/服务器模型。通过分布式计算环境,应用程序用户可以在远程服务器上使用应用程序和数据而不必知道其程序将在哪里运行或数据将在哪里放置。另外,分布式计算环境也包括安全支持,例如,为用户访问数据库(如 IBM 的 CICS、IMS 和 DB2 数据库)提供了安全支持。

1.4.4 群件和分布式开发模型

分布式系统有一个特别的应用称为计算机支持的协同工作(Computer Supported Cooperative Working,CSCW)或群件(Groupware),支持用户协同工作。另一个应用是分布式会议,即通过物理的分布式网络进行电子会议。同样,多媒体远程教学也是一个类似的应用。

为了达到互操作性,用户需要一个标准的分布式计算环境,在这个环境里,所有系统和资源都可用。分布式计算环境可看作一个局域 RPC 的中间件系统,可用于组织极为分散的用户、服务和数据。分布式计算环境可在所有主要的计算平台上运行,并设计成支持异型硬件和软件环境下的分布式应用。分布式计算环境已经被包括 TRANSVARL 在内的一些厂商实现。TRANSVARL 是最早的多厂商组(Multi Vendor Team)的成员之一,它提出的建议已成为 DCE 体系结构的基础。

还有一些基于其他标准开发的模型,例如 CORBA(公共对象请求代理体系结构),它是由对象管理组(OMG)和多计算机厂商联盟开发的一个标准。CORBA 使用面向对象模型实现分布式系统中的透明服务请求。除此之外,还有例如微软的分布式构件对象模型(DCOM)和 Sun Microsystem 公司的 Java Beans 等。

1.5 分布式计算和大数据技术

1.5.1 大数据及其处理技术

大数据是指那些数据量特别大、数据类别特别复杂的数据集,这种数据集无法用传统的数据库进行存储、管理和处理。大数据的主要特点为:数据量大(Volume),数据类别复杂(Variety),数据处理速度快(Velocity)和数据真实性高(Veracity),即 4V。大数据中的数据量非常巨大,达到 PB 级别,而且这庞大的数据中不仅包括结构化数据(如数字、符号等数据),还包括非结构化数据(如文本、图像、声音、视频等数据),这使得大数据的存储、管理和处理很难利用传统的关系数据库去完成。大数据虽然量大且复杂,但是有价值的信息往往深藏其中,这就决定了大数据处理的效率要高,速度要快,才能在短时间之内从大量的复杂数据中获取有价值的信息。在大数据的大量复杂的数据之中,通常不仅包含真实的数据,一些虚假的数据也混杂其中。这就需要在大数据的处理中将虚假的数据剔除,利用真实的数据来分析得出真实的结果。

对于如何处理大数据,计算机科学界有两大方向:第一个方向是集中式计算,就是通过不断增加处理器的数量来增强单个计算机的计算能力,从而提高处理数据的速度;第二个方向是分布式计算,就是把一组计算机通过网络相互连接组成分散系统,然后将需要处理的大量数据分散成多个部分,交由分散系统内的计算机组同时计算,最后将这些计算结果合并得到最终的结果。尽管分散系统内的单台计算机的计算能力不强,但是由于每台计算机只计算一部分数据，而且是多台计算机同时计算，所以就分散系统而言，处理数据的速度会远高于单台计算机。

过去，分布式计算理论比较复杂，技术实现比较困难，因此在处理大数据方面，集中式计算一直是主流解决方案。IBM的大型计算机就是集中式计算的典型硬件，很多银行和政府机构都用它处理大数据。然而，对于互联网公司而言，大型计算机的价格过于昂贵。因此，互联网公司把研究方向放在了可以部署在廉价计算机上的分布式计算上。后来的发展也证明，分布式的计算和存储平台几乎成为互联网公司大规模业务的唯一解决方案。

服务器集群(Server Cluster)是一种提升服务器整体计算能力的解决方案。它是由互相连接在一起的服务器群所组成的一个并行式或分布式系统。服务器集群中的服务器运行同一个计算任务。因此，从外部看，这群服务器表现为一台虚拟的服务器，对外提供统一的服务。尽管单台服务器的运算能力有限，但是将成百上千的服务器组成服务器集群后，整个系统就具备了强大的运算能力，可以支持大数据分析的运算负荷。Google、Amazon、阿里巴巴的计算中心里的服务器集群的规模都达到了上万台。

2003—2004年，Google发表了MapReduce、GFS(Google File System)和BigTable三篇技术论文，提出了一套全新的分布式计算理论。MapReduce是分布式计算框架，GFS是分布式文件系统，BigTable是基于Google File System的数据存储系统，这三大组件组成了Google的分布式计算模型。Google的分布式计算模型相比于传统的分布式计算模型有三大优势：首先，它简化了传统的分布式计算理论，降低了技术实现的难度，可以进行实际的应用；其次，它可以应用在廉价的计算设备上，只需增加计算设备的数量就可以提升整体的计算能力，应用成本十分低廉；最后，它被Google应用在其计算中心，取得了很好的效果。

1.5.2 分布式的大数据处理平台

MapReduce、GFS和BigTable三篇技术论文成为大数据时代的技术核心。各家互联网公司开始利用Google的分布式计算模型搭建自己的分布式计算系统。Hadoop、Spark和Storm是目前最重要的三大分布式计算系统。Hadoop常用于离线的复杂的大数据处理，Spark常用于离线的快速的大数据处理，而Storm常用于在线的、实时的大数据处理。下面简要介绍一些典型的大数据处理技术和平台。

1. MapReduce

MapReduce是Google开发的Java、Python、C++编程工具，用于大规模数据集(大于1TB)的并行运算，也是云计算的核心技术。它是一种分布式运算技术，也是简化的分布式编程模式，适合用来处理大量数据的分布式运算。它是用于解决问题的程序开发模型，也是开发人员拆解问题的方法。MapReduce模式的思想是将要执行的问题拆解成Map(映射)和Reduce(化简)的方式，先通过Map程序将数据切割成不相关的区块，分配给大量计算机处理达到分布运算的效果，再通过Reduce程序将结果汇整，输出开发者需要的结果。

MapReduce的软件实现是指定一个Map(映射)函数，把原本的键值对(key/value)重新映射，形成一系列中间键值对，然后把它们传给Reduce函数，把具有相同中间形式key的value合并在一起。map和reduce函数具有一定的关联性。Map：(k1,v1)→list(k2,v2)；Reduce：(k2,list(v2))→list(v2)。其中，v1、v2可以是简单数据，也可以是一组数据，对应不同的映射函数规则。在Map过程中将数据并行，即把数据用映射函数规则分开，而

Reduce 则把分开的数据用化简函数规则合在一起,也就是说,Map 是一个分的过程,Reduce 则对应着合。MapReduce 应用广泛,包括简单计算任务、海量输入数据、集群计算环境等,如分布 grep、分布排序、单词计数、Web 连接图反转、每台机器的词矢量、Web 访问日志分析、反向索引构建、文档聚类、机器学习、基于统计的机器翻译等。

2. GFS

GFS 是一个可扩展的分布式文件系统,用于大型的、分布式的、对大量数据进行访问的应用。它运行于廉价的普通硬件上,并提供容错功能。它可以给大量的用户提供总体性能较高的服务。GFS 期望的应用场景是大文件,连续读,不修改,高并发。

如图 1-6 所示,一个 GFS 包括一个主服务器(Master)和多个块服务器(Chunk Server),这样一个 GFS 能够同时为多个客户端应用程序(Application)提供文件服务。文件被划分为固定的块,由主服务器安排存放到块服务器的本地硬盘上。主服务器会记录存放位置等数据,并负责维护和管理文件系统,包括块的租用、垃圾块的回收以及块在不同块服务器之间的迁移。此外,主服务器还周期性地与每个块服务器通过消息交互,以监视运行状态或下达命令。应用程序通过与主服务器和块服务器的交互来实现对应用数据的读写,应用与主服务器之间的交互仅限于元数据,也就是一些控制数据,其他的数据操作都是直接与块服务器交互的。这种控制与业务相分离的架构,在互联网产品方案上较为广泛,也较为成功。

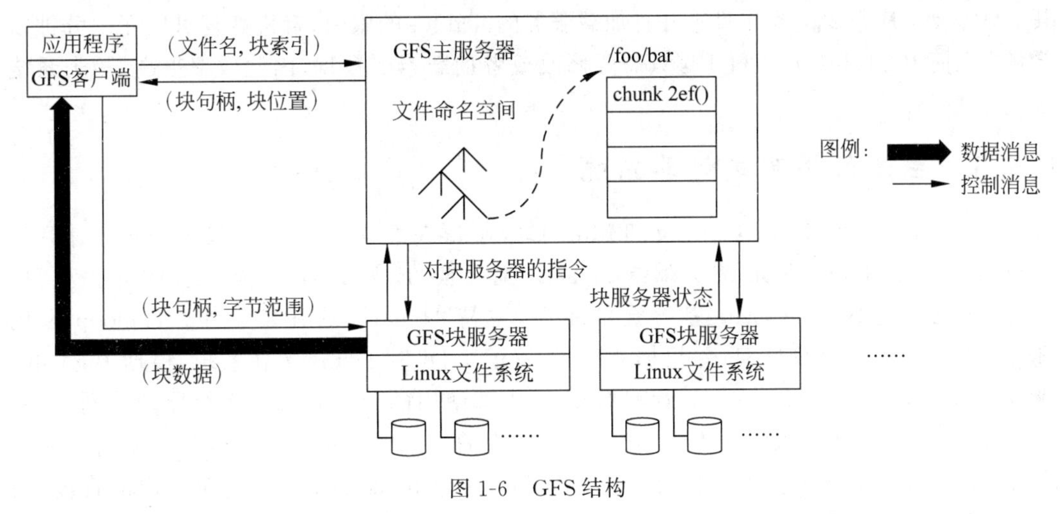

图 1-6 GFS 结构

3. BigTable

BigTable 是 Google 设计的分布式数据存储系统,是用来处理海量数据的一种非关系型的数据库。其设计目的是快速且可靠地处理 PB 级别的数据,并且能够部署到上千台机器上。BigTable 为客户提供了简单的数据模型,利用这个模型,客户可以动态控制数据的分布和格式,用户也可以自己推测底层存储数据的位置相关性。BigTable 不是关系数据库,但是却沿用了很多关系数据库的术语,如 table(表)、row(行)、column(列)等。但本质上说,BigTable 是一个键值(key-value)映射。按作者的说法,BigTable 是一个稀疏的、分布式的、持久化的、多维的排序映射。

BigTable 具有如下特点。

- 适合大规模海量数据,即 PB 级数据。
- 分布式、并发数据处理,效率极高。

- 易于扩展,支持动态伸缩。
- 适用于廉价设备。
- 适合读操作,不适合写操作。
- 不适用于传统关系数据库。

BigTable 已经实现了适用性广泛、可扩展、高性能和高可用性等目标,已经在超过 60 个 Google 的产品和项目上得到了应用,包括 Google Analytics、GoogleFinance、Orkut、Personalized Search、Writely 和 GoogleEarth。这些产品对 BigTable 提出了迥异的需求,有的需要高吞吐量的批处理,有的则需要及时响应数据给最终用户。它们使用的 BigTable 集群的配置也有很大的差异,有的集群只有几台服务器,而有的则需要上千台服务器、存储几百 TB 的数据。

GFS 和 BigTable 两层的设计是一个几乎完美的组合。GFS 本质上是一个弱一致性系统,可能出现重复记录、记录乱序等各种问题。BigTable 是 GFS 之上的一个索引层,为了服务百 PB 级别的应用,采用两级的 B+树索引结构。GFS 保证成功的记录至少写入一次并由 BigTable 记录索引。由于 BigTable 是一个强一致性系统,整个系统对外表现为强一致性系统。为了保证 BigTable 的强一致性,同一时刻同一份数据只能被一台机器服务,且 BigTable 论文中的 Tablet Server 对每个 Tablet 是没有备份的。当 Tablet Server 宕机时,由于只需要排序很少的操作日志并且加载服务的 Tablet 的索引,宕机恢复可以在一分钟以内完成。而 BigTable 分裂和迁移只需要修改或者加载索引数据,因此效率很高,整个系统的扩展性很好。

1.5.3 主流的分布式计算系统

Yahoo 的工程师 Doug Cutting 和 Mike Cafarella 在 2005 年合作开发了分布式计算系统 Hadoop。后来,Hadoop 被贡献给 Apache 基金会,成为 Apache 基金会的开源项目。Doug Cutting 也成为 Apache 基金会的主席,主持 Hadoop 的开发工作。Hadoop 采用 MapReduce 分布式计算框架,并根据 GFS 开发了 HDFS 分布式文件系统,根据 BigTable 开发了 HBase 数据存储系统。尽管和 Google 内部使用的分布式计算系统原理相同,但是 Hadoop 在运算速度上依然达不到 Google 论文中的标准。不过,Hadoop 的开源特性使其成为分布式计算系统事实上的国际标准。Yahoo、Facebook、Amazon 以及国内的百度、阿里巴巴等众多互联网公司都以 Hadoop 为基础搭建自己的分布式计算系统。

Spark 是 Apache 基金会的开源项目,它由加州大学伯克利分校的实验室开发,是另外一种重要的分布式计算系统。Spark 在 Hadoop 的基础上进行了一些架构上的改良,是专为大规模数据处理而设计的快速通用的计算引擎。Spark 拥有 Hadoop、MapReduce 所具有的优点;但不同于 MapReduce 的是,其任务的中间输出结果可以保存在内存中,从而不再需要读写 HDFS。因此 Spark 能更好地适用于数据挖掘与机器学习等需要迭代的 MapReduce 的算法。Spark 启用了内存分布数据集,除了能够提供交互式查询外,它还可以优化迭代工作负载。

Flink 是由 Apache 软件基金会开发的开源流数据处理框架,其核心是用 Java 和 Scala 编写的分布式流数据流引擎。Flink 设计为在所有常见的集群环境中运行,以数据并行和流水线方式执行任意流数据程序,以内存速度和任何规模执行计算。此外,Flink 的运行时本身也支持迭代算法的执行。

Storm 是 Twitter 主推的分布式计算系统，它由 BackType 团队开发，是 Apache 基金会的孵化项目。它在 Hadoop 的基础上提供了实时运算的特性，可以实时地处理大数据流。不同于 Hadoop 和 Spark，Storm 不进行数据的收集和存储工作，它直接通过网络实时地接收数据并且实时地处理数据，然后直接通过网络实时地传回结果。

Spanner 是由 Google 公司研发的、可扩展的、多版本的、全球分布式的、同步复制式数据库。它是第一个把数据分布在全球范围内的系统，并且支持外部一致性的分布式事务。在最高抽象层面，Spanner 就是一个数据库，把数据分片存储在许多 Paxos 状态机上，这些机器位于遍布全球的数据中心内。复制技术具有全球可用性和地理局部性的优点。客户端会自动在副本之间进行失败恢复。随着数据的变化和服务器的变化，Spanner 会自动把数据进行重新分片，从而有效应对负载变化和处理失败。Spanner 被设计成可以扩展到几百万个机器结点，跨越成百上千个数据中心，具备几万亿数据库行的规模。应用可以借助于 Spanner 来实现高可用性，通过在一个洲的内部和跨越不同的洲之间复制数据，保证即使面对大范围的自然灾害时数据依然可用。

小　　结

本章首先主要介绍了分布式系统的基础概念，以及计算机从单机系统到分布式系统的发展历程；分析了分布式系统在某些应用场景的优势和技术难点。简要介绍了分布式系统的常用框架，介绍了分布式系统和大数据之间的联系，以及分布式的大数据计算平台。

思　考　题

1. 分布式系统的“分布”体现在哪些方面？它和单机系统有何区别？

2. 集中式高性能计算机有什么局限性？

3. 简述中心集群系统的优缺点。

4. 分布式系统有哪些常见应用？在这些应用中分布式系统体现出了哪些优点？

5. 为什么说分布式系统发展的真正驱动力是经济因素？

6. 在可靠性、稳定性、容错率方面，分布式系统为何优于单机系统？

7. 简述业界如何用“N 个 9”来量化计算机系统的可用性。

8. 简述分布式系统存在的难点和面临的挑战。

9. 什么是大数据？它与分布式系统有什么联系？

10. 简述 MapReduce、GFS 和 BigTable 三者之间的关系，它们是如何组成一个分布式计算模型的？

11. 目前主流的分布式计算系统有哪些？请列举说明。

第2章 中间件概述

中间件是在克服复杂企业应用的共性问题中不断发展和壮大起来的，是构建应用软件的基础，也是应用软件运行的底层支撑平台，与操作系统、数据库并称三大核心基础软件。中间件也被比喻成“软件胶水”，它使软件开发人员更容易实现通信和输入输出，可为网络分布式计算环境提供通信服务、交换服务、语义互操作服务等系统之间的协同集成服务，解决系统之间的互连互通问题。中间件使得开发人员可以专注于应用程序的特定功能，也解决了较新的应用程序与旧的遗留系统相互兼容的问题。本章将对中间件的历史、概念、功能等做整体的介绍，帮助读者初步了解中间件。

2.1 中间件的概念

计算机网络架构经历了从单机到多机，再到分布式系统的演变。中间件最初产生于多机远程调用的需求，主要是为了屏蔽底层通信异构性，进而实现稳定、可靠和高并发的服务器应用。从软件应用进入多机协同的C/S架构时期开始，特别是进入B/S时期后，部署在不同机器上的应用产生了交互的需求，包括网络通信、数据处理等在内的信息技术底层功能开发变得不可或缺。另一方面，从C/S架构开始，操作系统、开发语言和数据库也在不断演进，如何处理各种异构技术也成为常见的需求。

为了降低应用软件在系统及网络之间的兼容性上的技术实现难度和实现成本，一些企业和组织专门研发了特定的软件，这就是中间件。顾名思义，中间件就是处于中间的软件。但这不是从功能或者特性来定义的概念，而是用“位置”来定义的名字，因此容易被不同的人从不同角度赋予其不同的含义。在众多关于中间件的定义中，比较普遍被接受的是IDC(International Data Corporation)表述的：中间件是一种独立的系统软件或服务程序，分布式应用软件借助这种软件在不同的技术之间共享资源，中间件位于客户机/服务器的操作系统之上，管理计算资源和网络通信。

通俗地说，中间件就是为上层应用提供底层服务的软件。它对用户是透明的，用户并不关心处理是怎样进行的，只要能顺利地完成事务处理和获取所需信息即可。由此可见，中间件是一种独立的服务程序，分布式应用软件借助中间件在不同技术之间共享资源。一般说来，中间件有两层含义。从狭义的角度，中间件意指网络环境下处于操作系统等系统软件和应用软件之间的一种起连接作用的支撑软件，可使得网络环境下的应用方便地交互和协同。从广义的角度，中间件在某种意义上可以理解为中间层软件，通常是指处于系统软件和应用软件之间的中间层次的软件，其主要目的是对分布式应用软件的开发、部署和运行提供更为直接和有效的支撑。

中间件降低了业务系统的实现难度，也降低了业务系统不稳定带来的风险。一方面，中间件处于操作系统、网络和数据库之上，又处于应用软件之下，为上层的应用软件提供运行与开发的环境，帮助用户灵活、高效地开发和集成复杂的应用软件，形象地说就是“上下”之间的“中间”。另一方面，中间件主要为网络分布式计算环境提供通信服务、交换服务、语义互操作服务等系统之间的协同集成服务，解决系统之间的互连互通问题，形象地说就是所谓“左右”之间的“中间”。开发应用程序的企业和组织只需要编写业务逻辑即可实现有关功能，底层功能可直接调用中间件。

2.2 中间件发展历程

2.2.1 中间件发展的历史

1. 中间件的起源

1946年，世界上第一台电子计算机ENIAC诞生，人类进入信息时代。1955年，最早的高级程序语言FORTRAN诞生，产生了现代意义上的软件。1964年，IBM发布OS/360操作系统，软件与硬件实现分离。同时，软件成为一个独立的产业正式登上产业界的舞台。20世纪90年代，互联网的发明成为改变IT业的重大革命性创新。互联网促使分布式系统和网络应用诞生，中间件就是伴随网络技术的产生、发展而兴起的，可以说没有网络就没有现代意义上的中间件。

在中间件产生以前，应用软件直接使用操作系统、网络协议和数据库等开发，这些都是计算机最底层的东西。越底层越复杂，开发者不得不面临如下许多很棘手的问题。

一个应用系统可能跨越多种平台，如UNIX、NT，甚至大型计算机，如何屏蔽这些平台之间的差异？

如何处理复杂多变的网络环境？如何在脆弱的网络环境上实现可靠的数据传输？

一笔交易可能会涉及多个数据库，如何保证数据的一致性和完整性？

如何同时支持成千上万乃至更多用户的并发服务请求？

如何提高系统的可靠性，实现故障自动恢复和故障迁移？如何保证系统7×24h的可用？

如何解决新系统与旧有应用系统的对接，实现新旧系统的互通互连？

这些问题与用户的业务没有直接关系，但又必须解决，耗费了大量有限的时间和精力。于是，有人提出能不能将应用软件所要面临的共性问题进行提炼、抽象，在操作系统之上再形成一个可复用的部分，供成千上万的应用软件重复使用。这一技术思想最终促进了中间件软件的形成。

“中间件”这个词自1968年就开始使用，在20世纪80年代开始流行。中间件是一种计算机软件，是位于网络中分布式计算系统两侧、操作系统和应用程序之间的软件层。1990年诞生于AT&T公司BELL实验室的Tuxedo系统是业界公认的中间件诞生的标志。Tuxedo解决了分布式交易事务控制问题，中间件开始成为网络应用的基础设施并正式成型，这是最早的交易中间件。1994年，IBM发布消息队列服务MQ系列产品，解决分布式系统异步、可靠传输的通信服务问题，消息中间件诞生。1995年，Java之父James Gosling发明Java语言，Java提供了跨平台的通用的网络应用服务，成为今天中间件的核心技术之一。Java是第一个天生的网络应用平台，特别是J2EE发布以来，Java从一个编程语言，演变为网络应用架构,成为应用服务平台的事实标准。应用服务器中间件是中间件技术的集大成者,也是事实上的中间件的核心。2001年,微软发布.NET平台,中间件生态被划分为.NET和Java两大技术阵营。

2. 互联网时代的中间件

到了互联网时代,用户数量爆发增长导致了互联网业务的快速增长,越来越多的应用程序开始部署在分布式的网络环境里运行。用户带来的巨大流量和数据冲击互联网应用,耦合度相对较高的传统中间件难以适配动态多变的互联网环境。传统中间件遇到了越来越大的挑战,主要体现在以下方面。

(1) 传统中间件以类库和框架的形式来加强应用能力,标准化程度和交互性能亟待提升。由于中间件构件模型类库和架构没有统一的标准,不同结点下的中间件自身在构件描述、发布、调用、互操作协议及数据传输等方面呈现出巨大的差异性。

(2) 以类库和框架的形式提供能力必然使得中间件与业务应用有极强的耦合度,存在可移植性差、适应性低等问题,进而使得应用在不同分布式结点上的交互变得困难重重。

(3) 在设计之初仅考虑支撑当前应用的能力,使得中间件在技术上具有较大的局限性,在复杂的分布式互联场景下无法很好地支撑上层应用系统。而多变的互联网流量对基础资源的灵活配置的需求也史无前例的增大,快速增长的业务与僵化的IT基础设施之间的矛盾日益严重。

因此,中间件需要在存在多种硬件系统的分布式异构环境中,去支撑各种各样的系统软件,以及风格各异的网络协议和网络体系结构。这些痛点驱动着软件与中间件的技术革新,如何使用中间件技术更好地复用业务,提升IT基础设施的业务敏捷性,是互联网时代中间件服务应该考虑的关键问题。

3. 云计算环境下的中间件

云计算(Cloud Computing)是分布式计算的一种模型,可实现无处不在的、方便、通过网络按需访问的可配置的共享计算资源池(例如,网络、服务器、存储、应用程序、服务),这些资源可以快速提供,通过最小化管理成本或与服务提供商进行交互。云计算时代的到来为企业灵活多变的业务和僵化的IT基础设施之间的尖锐矛盾提供了完美的解决方案。其主要优势如下。

(1) 弹性的云计算资源可根据业务流量进行扩缩,提高资源利用率。

(2) 平台化的资源托管,解决了传统集群的运维烦琐问题。

(3) 云计算重构了企业IT基础设施,在业务系统逐渐迁移到云上的过程中,中间件起到了至关重要的作用。

业务上云的过程往往不是一蹴而就的。企业在云计算构建及落地过程中,出于对新兴技术未知的顾虑以及对核心数据资产的保护,往往是共有云、私有云的混合部署。这样对企业业务不会造成太大的影响,同时提高了资源调度的灵活性。因此,在原有IT资源、共有云、私有云等不同的平台之间,以及部署其上的不同应用之间进行数据传递和消息互通至关重要。而云计算时代的中间件就扮演了实现不同平台上的应用互连互通标准化的重要角色。同时云计算也为中间件技术的发展提供了更广阔的空间和舞台,中间件逐渐成为云基础构建中的一部分,企业用户能够使用云中间件将业务流程逐步迁移到云集成服务上,最终实现灵活扩展和降本增效。

4. 开源推动中间件技术发展

开源(Open Source)全称为开放源代码,就是要用户利用源代码在其基础上修改和学习的。但开源系统同样也有版权,同样也受到法律保护。作为软件代码标准化的方式,开源在中间件、云计算和大数据等兴起过程中发挥了至关重要的作用。开源打破了技术垄断,为企业提供了一个共同制定事实标准的平等机会。蓬勃发展的新一代软件技术与快速前行的开源发挥了相互促进的作用。目前,在与中间件及云计算相关的虚拟化、容器、分布式存储、自动化运维等领域,开源已经成为技术主流,深刻影响着软件技术的发展方向。

在开源技术开放协作的理念下,传统中间件之间相互孤立的鸿沟将不复存在。随着开源的价值逐渐获得国内外公司的认同,越来越多中间件领域的优质项目涌现出来,如阿里巴巴开源的分布式服务框架 Dubbo、分布式消息队列 RocketMQ,腾讯开源的微服务框架 TARS 等,已经被国内外众多企业用于生产。

2.2.2 中间件发展的驱动力

软件出现最早是用于科学计算,然后是计算机辅助设计、辅助制造等工业应用。在企业管理领域大规模应用后,业务需求不断变化、系统不断增加、流程更加复杂、系统越来越不堪重负,出现了需求交付方面的重大挑战,以至于人们用"软件危机"来描述软件工业所面临的困境。

具体地,软件工业面临的四大问题是:质量问题、效率问题、互操作问题和灵活应变的问题。这四大问题今天依然困扰着软件行业。分布式计算以及互联网引用模式的普及,以及随之而带来的异构性和标准规范的滞后,是造成这个局面的主要原因。软件研发过程碰到的各种问题是中间件发展的驱动力。中间件的出现缓解和解决了软件工业的很多问题,主要体现在屏蔽系统的异构性、凝练共性和复用功能上。

首先,异构性表现在计算机的软硬件之间的异构性,包括硬件(CPU 和指令集、硬件结构、驱动程序等)、操作系统(不同操作系统的 API 和开发环境)、数据库(不同的存储和访问格式)等。长期以来,高级语言依赖于特定的编译器和操作系统 API 来编程,而它们是不兼容的,因此软件必须依赖于开发和运行的环境。异构性的原因源自市场竞争、技术升级以及保护投资等因素。由于异构性,软件依赖于计算环境,不同的软件在不同平台上不能移植,或者移植非常困难。而且,由于网络协议和通信机制的不同,这些系统之间还不能有效地相互集成。造成互操作性不好的原因,主要是标准的滞后。因此,屏蔽异构平台的差异性问题是中间件发展的驱动力之一,解决软件之间的互操作性问题也是促成中间件发展的重要因素。

其次,软件应用领域越来越多,相近领域的应用系统之间许多基础功能和结构具有相似性。每次系统开发都从零开始不是一种好的方法,对质量和效率都有很大的伤害。尽可能多地凝练共性并复用以提高软件开发效率和质量,通过提供简单、一致、集成的开发和运行环境,简化分布式系统的设计、编程和管理,这也是中间件发展的重要驱动力。

解决软件的质量问题、效率问题、互操作问题和灵活应变问题等,总结起来包括两个方面的办法:工程方法、平台与技术,这也是软件工业在长期的探索过程中的结晶。工程方法是用工业工程、系统工程的理论、方法和体系来解决软件研发过程中的管理问题,包括团队管理、项目管理、质量控制等,也就是软件工程所涵盖的内容。除软件工程所包含的方法之外，更多的架构规划、设计和实施的方法，不断累积领域的知识与经验等，也是解决软件相关问题的方法。平台与技术指的是更好的技术手段，包括更好的程序设计语言、更好的平台和软件开发技术，如面向对象、组件开发、面向服务、微服务架构等。这些逐渐发展起来的技术和成果大部分都凝聚在今天的中间件平台之中。从本质上来说，是通过复用、松耦合、互操作（标准）等机制来提高软件质量，加快软件研发速度，提高效率，使研发出来的产品能够相互集成并灵活适应变化。

2.3 中间件的特征和功能

2.3.1 中间件的特征

中间件满足大量应用的需要，运行于多种硬件和OS平台，支持标准的协议和接口，能提供跨网络、硬件和OS平台的透明性的应用或服务的交互功能。总体而言，中间件须具备几个非常重要的特征，包括平台化、应用支撑、软件复用、松散耦合以及互操作性。

1. 平台化

平台化特征是指能够独立运行并自主存在，为其所支撑的上层应用软件提供运行所依赖的环境。显然，不是所有的系统或者应用都可以称为平台。中间件是一个平台，因此中间件必须独立存在，是运行时刻的系统软件，它为上层的业务应用提供一个运行环境，并通过标准的接口和API来隔离底层系统。

软件能够实现其独立性，也就是平台性。按照这个定义，像Java EE应用服务器、消息中间件等提供了运行环境，是经典的中间件。而目前许多的开发语言、组件库和各种报表设计之类的软件，难以满足平台性，一般称为"中间件组件"或者"中间件开发工具"。但有些使用场合，在没有歧义的情况下并未严格区分这两者。

2. 应用支撑

中间件的最终目的是解决上层应用软件的问题，高级程序设计语言的发明，使得软件开发变成一个独立的科学和技术体系。面向服务的中间件为上层应用软件便捷、通用和标准化的研发提供了强有力的支撑。

中间件的最终目的是解决上层应用系统的问题，也是软件技术发展至今对应用软件提供的最完善彻底的解决方案。操作系统平台的出现，使得应用软件通过标准的API，实现了软件与硬件的分离。而高级程序设计语言的发明，使得软件开发变成一个独立的科学和技术体系。现代面向服务的中间件在软件的模型、结构、互操作以及开发方法四方面提供了更强的应用支撑能力。

模型：构件模型弹性粒度化，即通过抽象程度更高的构件模型，实现具备更高的结构独立性、内容自包含性和业务完整性的可复用构件，即服务。并且在细粒度服务基础上，提供了更粗粒度的服务封装方式，即业务层面的封装，形成业务组件，就可以实现从组件模型到业务模型的全生命周期企业建模的能力。

结构：结构松散化，即完整分离服务描述和服务功能实现以及服务的使用者和提供者，从而避免分布式应用系统构建和集成时常见的技术、组织、时间等不良约束。

互操作：交互过程标准化，即将与互操作相关的内容进行标准化定义，如服务封装、描述、发布、发现、调用等契约，通信协议以及数据交换格式等。最终实现访问互操作、连接互操作和语义互操作。

开发方法：应用系统的构建方式由代码编写转为主要通过服务间的快捷组合及编排，完成更为复杂的业务逻辑的按需提供和改善，从而大大简化和加速应用系统的搭建及重构过程。

而要最终解决软件的质量问题、效率问题、互操作问题、灵活应变问题这四大问题，需要在软件技术的内在结构（Structure）、架构（Architecture）层面进行思考。

3. 软件复用

软件复用，即软件的重用，是指同一段代码不做修改或稍加改动就多次重复使用。要提高软件复用技术，就是不断提升抽象级别，扩大复用范围。

表 2-1 列出了常用的软件复用技术。子程序可以在不同系统之间进行复用，但复用范围是在一个可执行程序内、以静态开发的方式复用，效率相对较低。如果子程序修改，所有调用该子程序的程序必须重新编译、测试和发布。组件将复用提升了一个层次。因为组件可以在一个系统内复用（同一种操作系统），而且是动态、运行期复用。这样，组件可以单独发展，组件与组件调用者之间的耦合度降低。企业对象组件，如 Com＋，.NET，EJB 等也叫分布式组件，是解决分布式网络计算之间的组件复用技术。通过远程对象代理，来实现企业网络内部和不同系统之间的复用。

表 2-1　软件复用技术

复用对象	复用范围
子程序	一个可执行程序内复用，静态开发期复用
组件（DLL、Com 等）	系统内复用，动态运行期复用
企业对象组件（Com＋、.NET、EJB 等）	企业网络内复用，不同系统之间复用
服务组件（Web 服务等）	不同企业之间、全球复用，动态可配置

服务组件是最高级别的复用。现代中间件的发展趋势就是以服务为核心，如 Web 服务、微服务等。通过服务或者服务组件来实现更高层次的复用、解耦和互操作。服务是通过标准封装以及服务组件之间的组装、编排和重组，来实现服务的复用，解决构件实现和运行支撑技术之间的异构性问题。这种复用是动态可配置的复用，可以在不同企业之间复用。

4. 耦合关系

耦合（Coupling）就是元素之间依赖的量度。元素既可以是功能、对象（类），也可以指系统、子系统、模块。模块间耦合的高低取决于模块间接口的复杂性、调用的方式以及传递的信息。模块之间联系越紧密，其耦合性就越强，模块的独立性则越差。网络连接、数据转换和业务逻辑是软件的三个核心部分，传统软件将它们全部耦合在一个整体之中，牵一发而动全身，软件就难以适应变化。

中间件的特征之一是缓解和解决软件中的耦合性问题。例如，分布式对象技术将连接逻辑进行分离，消息中间件将连接逻辑进行异步处理，将数据转换进行分离，这些都增加了灵活性。而面向服务的架构（SOA）通过服务的封装，实现了业务逻辑与网络连接、数据转换等的完全解耦。中间件技术的发展，使得软件系统在松耦合和解耦合过程中也发展到了相对成熟的境界。软件技术不断解耦的过程如图 2-1 所示。

5. 互操作性

互联网前所未有的开放性意味着各结点可采用不同的软件平台和技术。但私有化的约

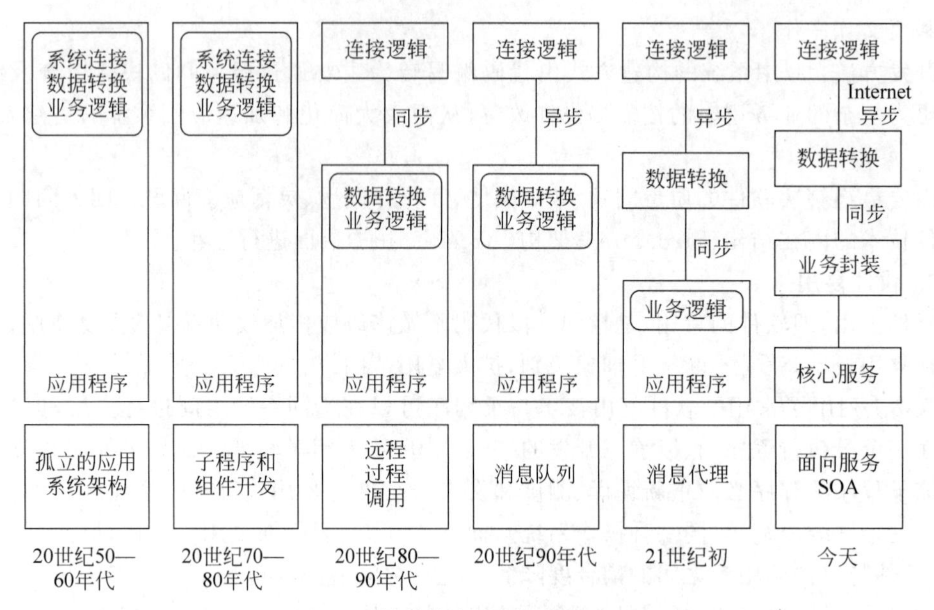

图 2-1　软件技术不断解耦的过程

束、构件模型和架构标准的不统一，导致中间件平台自身在构件描述、发布、发现、调用、互操作协议及数据传输等方面呈现出巨大的异构性。软件系统跨机器和跨互联网的调用和互操作变得困难重重。

互操作性是指不同厂商的设备和软件，应用通用的数据结构和传输标准设置，使之可以互换数据和执行命令的解决方案。从软件调用的层面讲，软件的互操作有 3 种形式：①同一进程内不同模块之间的互操作，可以直接完成；②同一机器中不同进程之间的互操作，要求进程之间通信；③不同机器之间模块之间的互操作，它要求机器间通信，要考虑不同数据格式之间的转换，还要事先约定传输协议。从功能层次上看软件的互操作可大致分为 3 个层次：①访问互操作，通过标准化的 API 实现了同类系统之间的调用互操作；②连接互操作，依赖于特定的访问协议，如 Java 使用 RMI，CORBA 使用 IIOP 等；③语义互操作，通过标准的、支持 Internet 的、与操作系统无关的协议实现连接互操作。如图 2-2 所示，SOA 架构中服务的封装采用的是 XML 协议，具有自解析和自定义的特性。服务化体现的是中间件在完整业务复用、灵活业务组织方面的发展趋势，其核心目标是提升 IT 基础设施的业务敏捷性。

中间件技术使得软件从封闭变得开放，变成可为别人服务，自己也可以扩充，取得了互利互赢的功效。特别是使得软件的开发的重心从功能实现变成了功能组件的组合，解决了跨网络的协同工作问题，允许各应用软件之下所涉及的“系统结构、操作系统、通信协议、数据库和其他应用服务”各不相同。

2.3.2　中间件的功能

在构造分布系统的过程中，开发人员经常会遇到网络通信、同步、激活/去活、并发、可靠性、事务性、容错性、安全性、伸缩性、异构性等问题。一般而言，中间件系统拥有通信支持、并发支持和公共服务等功能。中间件的主旨是简化分布系统的构造，其基本思想是抽取分

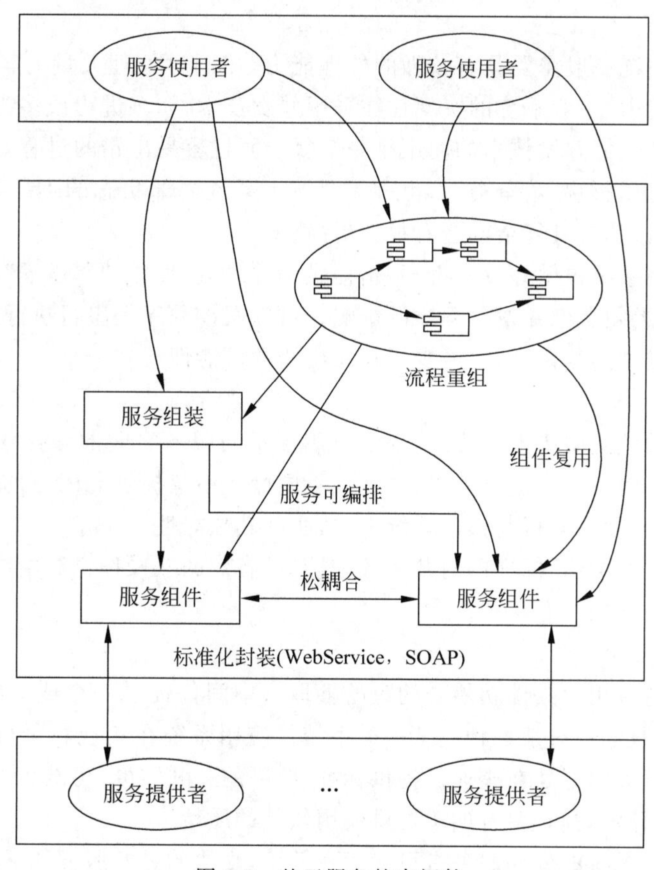

图 2-2　基于服务的中间件

布系统构造中的共性问题，封装这些共性问题的解决机制，对外提供简单统一的接口，从而减少开发人员在解决这些共性问题时的难度和工作量。

1. 通信支持

大多数基于中间件的系统包含分布式操作，系统需要与其他分布式服务或系统进行交互。因此，中间件需要为其所支持的应用软件提供平台化的运行环境，该环境屏蔽底层通信之间的接口差异，实现互操作。通信支持是中间件一个最基本的功能。早期应用与分布式的中间件交互主要的通信方式为远程过程调用(Remote Procedure Call，RPC)和消息两种方式。

通信模块中，远程过程调用通过网络进行通信，通过支持数据的转换和通信服务，从而屏蔽不同的操作系统和网络协议。提供远程过程调用的支持，事实上，需要中间件负责使用操作系统提供的底层编程接口，完成调用数据传输、过程绑定和结果数据传输等底层的、复杂和容易出错的网络编程工作，为上层系统只提供非常简单的编程接口或过程调用模型。

与远程过程调用固有的同步方式不同，消息提供异步交互的机制。一类应用(称为消息的生产者)在将产生的消息放入某个消息队列或主题中之后，并不等待反馈，而是继续执行下去；而另一类应用(称为消息的消费者)则得到通知并从消息队列或主题中取出消息进行处理。

2. 并发支持

分布式应用系统一般需要具有较强的处理能力,需同时处理大量的客户请求。为尽量利用硬件的计算能力,一般系统的实现往往采用并发技术(如多进程或多线程),对多个客户请求同时进行处理。但并发技术的使用是一个复杂而且容易出错的过程:并发执行的程序单元之间可能会互相影响、竞争资源,也可能会产生系统内部状态的不一致。因此,应用程序使用并发技术后,其自身复杂度会有很大提高。

中间件为应用系统提供并发支持,是指提供一种"单线程"或"单进程"的编程模型,开发者在开发系统时,无须考虑并发对程序的影响。可以假设程序是串行执行的,从而极大地简化了程序开发和维护的复杂度,也减少了程序出错的可能性。

3. 应用支持

中间件的目的就是服务上层应用,提供应用层不同服务之间的互操作机制。它为上层应用开发提供统一的平台和运行环境,并封装不同操作系统提供 API,向应用提供统一的标准接口,使应用的开发和运行与操作系统无关,实现其独立性。

中间件松耦合的结构、标准的封装服务和接口、有效的互操作机制给应用结构化和开发方法提供了有力的支持。

4. 公共服务

公共服务是对应用中共性功能或约束的抽取。中间件提供一个或一组公共服务,供系统使用,这组公共服务针对某一种或某一类系统。应用系统在实现和运行时直接使用这些公共服务。公共服务的好处在于通过提供标准、统一的公共服务,可减少上层应用的开发工作量,缩短应用的开发时间,并有助于提供应用软件的质量。

不同中间件中提供的公共服务有可能存在差别,主要的公共服务如下。

(1) 名字和目录服务:提供动态的网络资源定位查找功能,应用系统可以在运行时刻按照名字或目录查找需要使用或进行交互的其他系统或系统组成部分。

(2) 事务服务:提供对应用操作事务性的保证,包括声明型的自动完成事务的启动、提交或回滚,以及编程型的事务接口(由应用程序控制事务流程)。另外,很多中间件还提供分布式的事务支持。

(3) 安全服务:从通信、访问控制等多个层次上保证应用系统的安全特性。

(4) 持久化服务:提供一种管理机制,应用系统可以管理其持久化的数据。例如,在基于面向对象方法设计和实现的系统中完成"对象-关系"映射,将对象存储到关系数据库中。

2.4 中间件的分类和产品

中间件已经成为网络应用系统开发、集成、部署、运行和管理必不可少的工具。由于中间件技术涉及网络应用的各个层面,涵盖从基础通信、数据访问到应用集成等众多的环节,因此,中间件技术呈现出多样化的发展特点。

2.4.1 中间件的分类

从功能的角度来看,按照 IDC 的分类方法中间件可分为六类,分别是终端仿真/屏幕转换中间件、数据访问中间件、远程过程调用中间件、消息中间件、交易中间件、对象中间件等。

从中间件在软件支撑和架构的定位来看，基本上可以分为三大类产品：应用服务类中间件、应用集成类中间件及业务架构类中间件。

应用服务类中间件为应用系统提供一个综合的计算环境和支撑平台，包括对象请求代理(Object Request Broker，ORB)中间件、事务监控交易中间件、Java 应用服务器中间件等。应用集成类中间件提供各种不同网络应用系统之间的消息通信、服务集成和数据集成功能，包括常见的消息中间件、企业集成 EAI、企业服务总线及相配套的适配器等。业务架构类中间件不断把业务和应用模式抽象到中间件的层次，凝练的共性功能越来越多，包括业务流程、业务管理和业务交互等几个业务领域。业务流程中间件为业务提供流程上的支撑，包括架构模型、流程建模、流程引擎、流程执行、流程监控和流程分析等；业务管理中间件提供对业务对象的建模和业务规则的定义、运行和监控等；而业务交互中间件平台为组织的合作伙伴、员工和客户提供通过 Web 和移动设备等交互工具，实现基于角色、上下文、操作、位置、偏好和团队协作需求的个性化的用户体验。

2.4.2 典型的中间件技术

基于目的和实现机制的不同，将中间件分为以下几类，并介绍一些典型的中间件技术和产品。

1. 远程过程调用

远程过程调用(Remote Procedure Call，RPC)中间件又称过程式中间件(Procedural Middleware)。远程过程调用模型是经典的过程调用思想在网络环境下的自然拓广。过程式中间件可以在网络环境下，用过程调用的方式，使得一个主机上的应用可以调用部署在另一个主机上的应用的过程。

一般来说，过程式中间件有较好的异构支持能力，简单易用，但在易剪裁性和容错方面有一定的局限性。过程式中间件是一项比较经典的技术，其主要产品有开放软件基金(Open Software Foundation)的 DCE、微软的 RPC Facility 等。

2. 面向对象中间件

面向对象中间件(Object-Oriented Middleware)又称分布对象中间件(Distributed Object Middleware)，简称对象中间件。分布对象模型是面向对象模型在分布异构环境下的自然拓广。分布对象中间件支持分布对象模型，使得软件开发者可在分布异构环境下采用面向对象方法和技术来开发应用。OMG 组织是分布对象技术标准化方面的国际组织，它制定出了 CORBA 等标准；DCOM 是微软推出的分布对象技术，COM+和.NET 是其进一步的发展与深化；Java/RMI 是 Sun 公司提出的以 Java 语言为核心的分布对象技术。

总的来说，对象中间件是一种标准化较好、功能较强的中间件；它全面支持面向对象模型，具有良好的异构支持能力，是具有广泛适用性的一类应用。分布对象中间件是一类常用的中间件，其主要产品有 OMG 的 CORBA 产品系列、微软的 COM/.NET 系列、Java RMI 等。

3. Web 容器中间件

Web 应用服务器(Web Application Server)是 Web 服务器和应用服务器相结合的产物。在目前主流的三层或多层应用结构中，它处于核心层次。直接与应用逻辑关联，对分布应用系统的构建具有重要的影响。应用服务器中间件技术是为支持开发应用服务器而发展起来的软件基础设施。它不仅支持前端客户与后端数据和应用资源的通信与连接，而且还采用面向对象、构件化等先进技术，为事务处理、可靠性和易剪裁性等多方面提供支持，大幅简化了网络应用系统的部署与开发。

JavaEE架构是目前应用服务器方面的主流标准。由于直接支持三层或多层应用系统的开发，应用服务器受到了广大用户的欢迎，是目前中间件市场上竞争的热点，其主要产品有Pivotal的Spring、Oracle的GlasshFish和WebLogic、IBM的WebSphere，以及Apache的Tomcat等。

4. 面向消息中间件

面向消息中间件(Message-Oriented Middleware)简称为消息中间件，是一类以消息为载体进行通信的中间件。按其通信模型的不同，消息中间件的通信模型有两类：消息队列和消息传递。消息队列是一种基于队列来完成的间接通信模型。而消息传递是一种直接通信模型，其消息被直接发给感兴趣的实体。近年来，对消息中间件技术有较大影响的是JAEE规范中的JMS。

消息中间件在支持多通信规程、可靠性、易用性和容错能力等方面有其特点，易于使用。面向消息中间件是一类常用的中间件，其主要产品有IBM的MQSeries、Apache基金会的ActiveMQ、RabbitMQ、RocketMQ、Kafka、ZeroMQ等。

5. 事务式中间件

事务式中间件(Transactional Middleware)又称事务处理管理程序(Transaction Processing Monitor)。其主要功能是提供联机事务处理所需要的通信、并发访问控制、事务控制、资源管理、安全管理和其他必要的服务。事务式中间件由于其可靠性高、性能优越等特点而得到了广泛的应用，是一类比较成熟的中间件，其主要产品包括IBM的CICS、BEA的Tuxedo、京东数科的JDTX、阿里巴巴的Fescar等。

6. Web服务中间件

为了支持跨边界的企业应用系统间的集成，出现了Web服务及其相关标准。一般说来，Web服务中间件(Web Services Middleware)就是指支持UDDI(Universal Description，Discovery，and Integration)、XML(eXtensible Markup Language)、SOAP(Simple Object Access Protocol)、WSDL(Web Services Description Language)和WSFL(Web Services Flow Language)等各种相关标准的中间件。对于那些在不同类型中间件环境中开发的应用系统，此类中间件可支持它们在统一模式下进行灵活的应用集成和互操作。

Web服务是近年来发展起来的新兴技术，有较好的市场发展前景。与之相关的主要工作有微软的.NET、Pivotal的Spring和Spring Cloud等。

7. 其他类型的中间件

新的应用需求、新的技术创新、新的应用领域促成了新的中间件产品的出现。例如，商务流程自动化的需求推动了工作流中间件的兴起。企业应用集成的需求引发了企业应用集成(Enterprise Application Integration，EAI)服务器的出现；动态B2B(Business to Business)集成的需要又推动了Web服务技术和产品的快速发展，Web服务技术的发展又推动现有中间件技术的变化和新中间件种类的出现。

中间件应用到通信环境，服务于移动电子商务，就出现了移动中间件。移动中间件是连接不同的移动应用、程序和系统的一种软件。移动中间件隐藏了多种复杂性：在移动环境下工作的复杂性、允许设备对设备的流畅交互的复杂性、移动与计算机集成的复杂性和移动应用开发的复杂性。和其他的中间件一样，移动中间件也是通过提供信息服务来使不同的应用之间进行通话的一个典型。随着多样化的平台和设备进入移动空间，移动中间件已经变得越来越重要。随之而来的结果就是，众多移动中间件厂商纷纷提供开发服务，以解决快速增长的移动硬件与移动软件市场的需求。对中间件在开放环境下的灵活性和自适应能力的需求，导致了所谓自适应中间件、反射式中间件和基于主体（Agent）的中间件等新型中间件的研究。

云原生中间件是指在公有云、私有云和混合云等动态环境中，用于构建和运行可弹性扩展的应用，持续交付部署业务生产系统的分布式中间件。云原生赋予中间件新的内涵，即云原生中间件下沉到云基础设施，在保持功能不变的情况下与应用解耦，在运行时为应用动态赋能，支撑上层应用系统。目前，在容器及编排技术、开源、微服务等云原生理念的带动下，将应用部署到云端已经是不可逆转的趋势。在现有业务代码不变的情况下，想要让分布式系统无缝入云，如何设计云原生中间件以支撑应用的云上变迁成为关键问题。云原生时代的应用更加轻量化，在对外提供功能保持一致的前提下，将与核心业务无关的能力剥离出去。这些能力将以中间件的形式下沉到基础设施中，成为云的一部分，从而加强和改善应用的运行环境，实现应用轻量化。云原生中间件能提供应用管理、发布部署、运维编排、监控分析、容灾应急等全生命周期管理的 PaaS（Platform as a Service）能力，支撑云原生应用的开发与管理，满足经典和云原生架构的运维保障需求。云原生中间件在应用开发方面，能提供开发者体验工具支撑、API 开放能力、产品定制能力、微服务中间件平台、服务市场应用商店等，以支持云原生应用的开发与管理。

总之，由于中间件技术正在快速发展，未来肯定会有新的中间件产品出现，与之对应的中间件分类也可能随之调整。

2.5 中间件产业和市场

2.5.1 全球中间件市场

据测算，2018 年全球中间件市场规模达到 320 多亿美元。随着云计算、大数据、物联网等数字化技术普及以及政务大数据、智慧城市、企业上云等行业数字化热点项目的推进，大量新的市场需求将会出现。目前，全球知名中间件厂商包括 IBM、Oracle、Salesforce、微软、亚马逊、TIBCO Software 和 Software AG 等。IBM 和 Oracle 是中间件市场的领导者，微软和 Salesforce 的市场规模较为稳定，亚马逊依托其快速扩展的云服务市场带动云中间件发展，在全球中间件厂商中占据一席之地。

市场老牌企业主要提供的服务是许可型的内部部署应用集成套件产品。居于软件行业巨头的 IBM 和 Oracle 企业通过自身在软件行业的技术优势，并进行收购兼与产业布局，在全球中间件主要厂商年度收入中排名前两位，2017 年度收入分别达 61.24 亿美元和 31.47 亿美元。其中，IBM 利用自身专业知识，为客户提供集成解决方案和产品，在这个过程中完成中间件产品的销售；Oracle 则以其功能强大的关系数据库管理软件为基础，来销售连接该数据库的中间件产品。未来全球中间件市场规模的扩张将依赖于云计算和物联网等新兴技术带来的中间件生产需要。

2.5.2 我国的中间件产业

2018年,我国中间件市场规模达到63.2亿人民币,同比增长6.6%。受益于"十三五"规划,云计算、大数据、人工智能和数字经济相关的政策规划,中间件的市场需求随着多行业信息化发展进程的推进逐渐增大。2019年,中国中间件市场总体规模达到72.4亿元,同比增长11.40%。预计2023年,中国中间件市场空间为13.6亿美元,5年复合增长率为15.7%。

然而,我国中间件市场规模占全球市场规模的比例较低,近年来维持在3%左右,且该比例呈现出缓慢下降的趋势。相比于我国软件产业的高速发展,我国中间件市场尚不够活跃。在中间件行业的主要企业里,国际厂商IBM、Oracle凭借其在企业规模、品牌地位、研发实力、产品功能等方面的绝对优势,在国内市场中占据主导地位,2018年其市场份额分别高达30.7%、20.4%。但随着国产中间件厂商技术的升级,以东方通、宝兰德和普元信息为代表的国产厂商赶超者,在电信、金融、政府、军工等行业客户中不断打破原有的IBM和Oracle的垄断,逐步实现了中间件软件产品的国产化自主可控。表2-2给出我国中间件市场的代表企业及典型产品。

表2-2 我国中间件市场的代表企业及典型产品(资料来源:赛迪智库)

企业名称	典型产品
IBM	WebSphere、IBM MQ
Oracle	Oracle融合中间件
阿里云	数据库连接池Druid、JSON解析库Fastjson、分布式服务框架Dubbo、消息中间件RocketMQ
东方通	应用服务器TongWeb、消息中间件TongLINK/Q、企业服务总线TongESB、交易中间件TongEASY、数据处理工具软件TongETL、数据交换平台TongDXP、文件传输平台TongGTP/WTP、应用交付控制器软件系统TongADC
金蝶	应用服务器(AAS)、企业服务总线(AESB)、消息中间件(AMQ)、数据集成软件(AETL)、基础信息资源管理平台(AIM)、数据交换平台(ADXP)、应用集成平台(AIP)、文件传输管理平台(AFTM)
中创	Infors系列中间件产品,包括应用服务器中间件InforSuite AS、工作流中间件InforSuite Flow、企业服务总线中间件InforSuite ESB、消息中间件InforSuite MQ、网页防篡改InforGuard WebShield、统一监管平台InforGuard UMP、PaaS平台软件InforSuite PaaS等
宝兰德	Web应用服务器BES Application Server、交易中间件BES VBroker、消息中间件BES MQ、数据交换共享平台DataLink DXP、数据集成平台DataLink DI、应用资源管理平台AMDB、应用性能管理平台WebGate、服务可用性检测软件AppChecker、运维管理平台CloudLink和容器管理平台CloudLink CMP
普元	普元SOA系列Primeton EOS、BPS、ESB、Mobile、Portal、AppServer、UTP、DI

在信息安全的前提下,中间件国产化的趋势将日益明显。在IT技术迅猛发展的时代背景下,信息安全被提升到了国家战略的高度。中间件作为网络时代的信息化基础设施,在我国信息化与工业化深度融合、传统产业改造与现代服务业发展、社会管理提升和民生服务工程等方面发挥出不可替代的基础支撑作用。因此,中间件必然是国家信息安全建设的重头兵,特别是在政府、金融、能源等国民经济重点领域,中间件国产化趋势明显。中间件市场主要集中于政府、金融、电信等行业领域。得益于政府数据大集中等新建项目带动的政务信

息化投入力度加大,政府行业的市场份额快速增长,已经成为中国软件基础设施类产品最大的行业应用市场,电信、金融等行业则相对保持稳定。

目前,国外厂商在金融、电信行业中依然占据绝对领先的优势。未来在自主可控的国家信息安全政策影响下,部分产品性能过硬的国内厂商获得了更多机会。目前国内厂商在政府、交通等领域有一定的优势,同时以部委、地方政府、银行、轨道交通、电信作为主打行业。在国家政策的大力扶持下,国产产品已经部分进入了金融、电信、政府等行业的核心系统中。预计国产厂商在电信行业的国产替代空间为14亿元,在金融行业的国产替代空间为21亿元,在政府行业的国产替代空间为23亿元,总替代空间高达57.4亿元。

小　结

中间件一般是指处于操作系统、数据库等系统软件和应用软件之间的一种起连接作用的分布式软件,通过API的形式提供一组软件服务,确保网络环境下的同一机器或跨机器的若干应用或应用模块可以方便有效地进行交互和协同。本章首先介绍了中间件的概念、中间件产生的发展历程,包括中间件产生的原因和驱动力;然后介绍了中间件的特征和功能;再接着介绍中间件的分类,以及一些常用的中间件技术和产品,最后从全球和国内两个方面介绍了中间件的产业和市场。

思考题

1. 何为计算机之间的异构性?体现在哪些方面?
2. 分布式系统为何需要中间件?简述其产生背景。
3. 中间件的主旨和基本思想是什么?
4. 中间件可为分布式系统提供哪些功能?哪些场景下需要这些功能?
5. 什么是软件复用?软件复用如何能够提高软件开发效率?
6. 通信是分布式系统的个体之间合作的基础,简述RPC和消息队列的通信机制。
7. 简述中间件的特征。
8. 软件技术为什么要解耦?解耦有什么好处?
9. 中间件可大致分为几种类型?它们分别适合何种需求?
10. 列举一些典型的中间件技术和产品。

第3章 面向对象中间件框架

计算机之间的通信如果缺乏一个统一的标准，那么它们之间的通信就像不同语言的人互相交流，根本无法有效沟通。20世纪分布式系统就曾面临这样的窘境，之后国际标准化组织提出了OSI-RM标准，为网络的发展打下了基础。从那以后标准不断更新换代，也产生了许多基于统一标准的中间件框架，成为分布式系统中必不可少的通信桥梁。本章将介绍一些经典的面向对象的中间件框架，从宏观上帮助读者了解中间件框架的历史和中间件平台的内部工作原理和机制。

3.1 开放分布式处理参考模型

3.1.1 面向对象技术

面向对象是相对于面向过程来讲的。面向对象方法把相关的数据和方法组织为一个整体来看待，从更高的层次来进行系统建模，更贴近事物的自然运行模式。其中，对象(Object)是面向对象技术中的核心概念，经常用于描述真实世界中具有一定状态和行为的实体。类(Class)是对对象实体的抽象，是对这些实体的属性和行为的统一规范性定义。面向对象有以下四个特征。

1. 继承

继承(Inheritance)体现了一种层次结构和重用机制，它从已有类中派生出一个新的类，这个新类共享该已有类的结构和行为且自身也拥有额外自定义的内容。这很好地体现出了真实世界中的一般与特殊之间的关系。例如，动物与狗之间的关系，狗可以继承来自动物的一些基础属性与行为(例如五脏器官、会呼吸)，也可以拥有属于狗的独特行为(汪汪叫)。面向对象的这一特性使得我们在设计软件系统时更容易将真实世界代入其中，更好地分析与设计整个软件架构。

2. 封装

封装(Encapsulation)是指将对象和类的具体实现细节包装起来，并有选择地决定可供使用者读取的状态和调用的行为。通过这一屏蔽层，使得那些内部的实现对使用者是透明的。使用者只需要关心所要使用的功能和数据，更好地将注意力集中在所要解决的问题上。

3. 抽象

抽象(Abstraction)即抽取一组实体的与应用相关的共同特性并忽略那些不相关的特性。而共同特征是相对的，需要根据应用场景进行判断。例如苹果与计算机，可以抽取“价格”这一共同特征并属于“商品”这个类。而若对于“水果”与“电子设备”来说，苹果与计算机分别归属于这不同的两个类。所以在抽象时，共同与不同，取决于从什么角度上来抽象。

4. 多态

多态(Polymorphism)是指不同的对象可以共享同一行为,并且可以有不同的实现能力。例如,"动物"类拥有"奔跑"的行为,"人"和"狗"类都继承于"动物",且其都拥有"奔跑"的行为。但是两者的对象各自拥有不一样的"奔跑"行为(人通过双腿着地奔跑,而狗通过四肢着地奔跑)。

3.1.2 RM-ODP 标准组成

为了实现计算机异构系统之间的通信,在 20 世纪国际标准化组织(International Organization for Standardization, ISO)提出了 OSI-RM(Open System Interconnection Reference Model)标准,为网络的发展打下了基础。然而 OSI-RM 还是有其局限性,缺乏一个面向应用的模型标准。于是之后又有了开放分布式处理参考模型 RM-ODP(Reference Model of Open Distributed Processing)。RM-ODP 不仅是一个标准,它还提出了一个分布式处理领域内的标准应该严格遵循的模型规范,可以说是对标准提出的标准。

1. 观点

观点把对于一个系统的说明分成若干个不同的侧面。每个观点对同一个分布式系统的某个不同侧面进行描述。观点是一个完整系统规范的细分,在系统的分析或设计过程中,将与某个特定关注领域相关的特定信息集中在一起。虽然单独指定,但观点并不完全独立;每个观点中的关键条目被标识为与其他观点中的条目相关。此外,每个观点实质上都使用相同的基本概念。然而,这些观点是足够独立的,可以简化关于完整规范的推理。由 RM-ODP 定义的体系结构确保了观点之间的相互一致性,使用公共对象模型提供了将它们绑定在一起的黏合剂。

RM-ODP 框架提供了以下五种关于系统及其环境的通用、互补的观点。

企业观点(Enterprise Viewpoint):集中于系统的目的、范围和策略。它描述了业务需求以及如何满足这些需求。

信息观点(Information Viewpoint):关注信息的语义和所进行的信息处理。它描述了系统管理的信息以及支持数据的结构和内容类型。

计算观点(Computational Viewpoint):通过将系统的功能分解为在接口处交互的对象来实现分布。它描述了系统提供的功能及其功能分解。

工程观点(Engineering Viewpoint):集中于支持系统中对象之间的分布式交互所需的机制和功能。它描述了系统为管理信息和提供功能而执行的处理的分布。

技术观点(Technology Viewpoint):集中于系统的技术选择。它描述了为提供信息的处理、功能和表示而选择的技术。

2. 透明性

透明性是对用户(程序员、系统开发人员、用户或应用程序)隐藏的分布式系统的某些方面。透明性是通过在需要透明性的接口下面的一层包含一些机制来提供的。透明性屏蔽了由系统的分布所带来的复杂性。在分布式系统中,透明性使得用户在使用系统时不用去关心系统是分布的还是集中的,从而可以更加集中注意力放在需要做的工作上,提高工作效率。目前已经有许多为分布式系统定义的透明性。

重要的是要认识到并非所有这些都适用于每个系统,或者在相同的接口级别上都可用。

以下所罗列的也并非囊括所有的透明性。事实上，所有的透明性都有一个相关的成本，对于分布式系统实现者来说，意识到这一点非常重要。

(1) 访问透明性(Access Transparency)：本地和远程访问方法之间应该没有明显的区别，换言之，显性交流可能是隐藏的。例如，从用户的角度来看，对远程服务(如打印机)的访问应该与对本地打印机的访问相同。从程序员的角度来看，远程对象的访问方法可能与访问同一类的本地对象相同。

(2) 位置透明性(Location Transparency)：在计算中，使用名称来标识资源，而用户不需要知道这些资源的物理位置，也不必关心系统拓扑结构的细节。由于使用了索引，名称可以用于访问资源，这些资源可以位于本地或远程，并且允许任何有权访问这些资源的人使用这些资源。

(3) 迁移透明性(Migration Transparency)：如果对象(进程或数据)迁移(为了提供更好的性能或可靠性，或者为了隐藏主机之间的差异)，应该对用户隐藏这一点。

(4) 失败透明性(Failure Transparency)：如果发生软件或硬件故障，应该对用户隐藏这些故障。这在分布式系统中很难提供，因为通信子系统可能会出现部分故障，并且可能不会报告。故障透明度将尽可能由与访问透明度相关的机制提供。

(5) 重定位透明性(Relocation Transparency)：在交互中，如果某些对象被替换或移动而导致了某种程度上的不一致，系统仍然可以保持运行。

(6) 复制透明性(Replication Transparency)：如果系统提供了复制(出于可用性或性能原因)，则不应涉及用户。对于数据库而言，复制透明性是指用户不必关心在网络中各个结点的数据库复制情况，更新操作引起的问题将由系统去处理。

(7) 持久透明性(Persistence Transparency)：指在开发人员很少或根本不做任何工作的情况下存储和检索持久性数据。例如，Java序列化是透明持久化的一种形式，因为它可以用来直接将Java对象持久化到文件，而无须付出太多的努力。

(8) 事务处理透明性(Transaction Transparency)：在分布式环境中，往往需要维护一组相关对象之间的协调，而事务处理透明性需要对用户屏蔽这些协调相关的信息。

(9) 缩放透明性(Scaling Transparency)：系统应该能够在不影响应用程序算法的情况下增长。优雅的成长和演进是大多数企业的重要要求。系统还应能够在需要时缩小到小环境，并根据需要节省空间和时间。

(10) 并发透明性(Concurrency Transparency)：用户和应用程序应该能够访问共享数据或对象，而不会相互干扰。这在分布式系统中需要非常复杂的机制，因为存在真正的并发而不是中央系统的模拟并发。例如，分布式打印服务必须为每个文件提供与中央系统相同的原子访问，以便打印输出不会随机交错。

3.1.3 RM-ODP功能组成

RM-ODP平台的通用功能具有如下四种。

(1) 管理功能(Management Functions)：对分布式系统中的基本组成要素的管理，例如，结点管理、对象管理、对象串管理等。

(2) 协作功能(Coordination Functions)：提供多个对象之间的交互协调从而达到某种功能需求，例如，事件通知、取消激活与再激活、复制迁移、事务处理等。

(3) 仓库功能(Repository Functions)：提供分布式系统的信息存储与检索功能，例如，信息组织、重定位、类型仓库等。

(4) 安全功能(Security Functions):提供分布式系统的安全管理机制,例如,访问控制、安全审核、用户认证、密钥管理等。

3.2 CORBA 框架

3.2.1 OMA 介绍

对象管理组织(Object Management Group,OMG)是由几百家信息系统供应商组成的联合体。由 OMG 制定的最关键的规范——对象管理结构(Object Management Architecture,OMA)和它的核心——公共对象请求代理体系结构(Common Object Request Broker Architecture,CORBA),构成了一个完整的体系结构。这个结构以足够的灵活性、丰富的形式适用于各类分布式系统。

OMA 描述了面向对象技术在分布式处理中的运用。它包括两部分:对象模型(Object Model)和参考模型(Reference Model)。对象模型定义如何描述分布式异质环境中的对象,参考模型描述对象之间的交互。

在 OMA 对象模型中,对象是一个被封装的实体,它具有一个不可改变的标识,并能给客户提供一个或多个服务。对象的访问方式是通过向对象发出请求来完成的。请求信息包括目标对象、所请求的操作、0 个或多个实际参数和可选的请求上下文(描述环境信息)。每个对象的实现和位置,对客户都是透明的。

如图 3-1 所示,在 OMA 参考模型中,OMG 定义了一条为对象所公用的通信总线,即 ORB(Object Request Broker)。同时,OMG 又定义了对象进出这一总线的界面。包括:

(1) 公共设施(Common Facilities):通用领域内定义的对象,是面向最终用户的应用。

(2) 域界面(Domain Interface):专用领域内定义的对象,是针对某一特殊应用领域提供的接口。

(3) 对象服务(Object Services):为公共设施和各种应用对象提供的基本服务的集合,对象服务是与具体的应用领域无关的接口。

(4) 应用界面(Application Interface):由厂商针对某一具体应用所定义的界面。

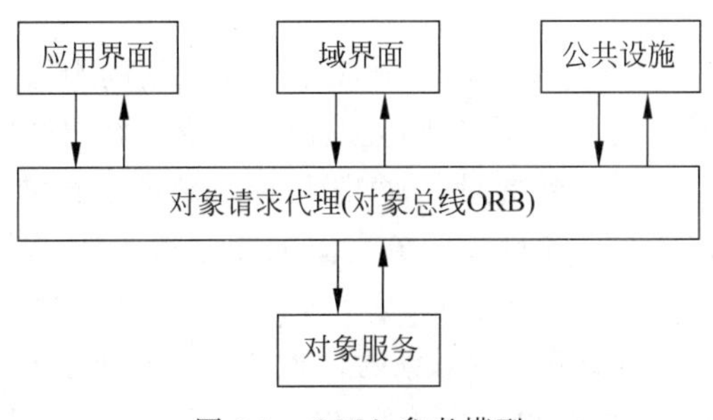

图 3-1 OMA 参考模型

3.2.2 CORBA 介绍

公共对象请求代理体系结构(CORBA)是一种用于创建基于对象的分布式应用程序的

规范。CORBA 的目标是推广一种面向对象的方法来构建和集成分布式软件应用程序。如图 3-2 所示，CORBA 规范包括如下几部分。

- ORB 核心(Object Request Broker Core)。
- 接口定义语言和语言映射(Interface Definition Language and Language Mapping)。
- 存根和框架(Stub and Skeleton)。
- 动态调用(Dynamic Invocation)。
- 对象适配器(Object Adapter)。
- 接口仓库和实现仓库(Interface Repository and Implementation Repository)。
- ORB 之间的互操作(Interoperability between ORB)。

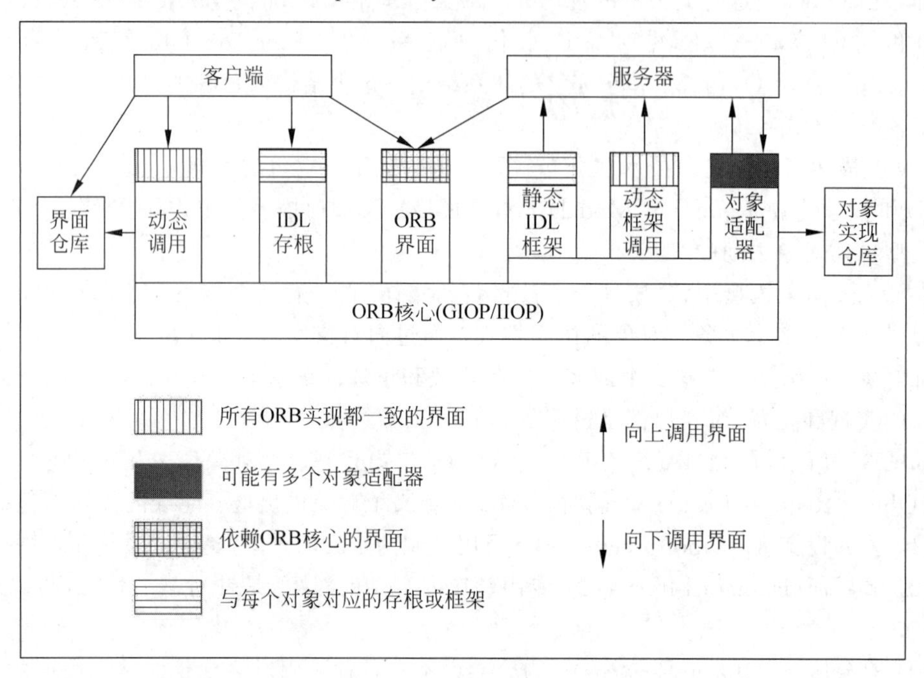

图 3-2　CORBA 体系结构

下面将简要介绍每个部分的内容。

1. ORB 核心

CORBA 将 ORB 定义为客户机和服务器应用程序之间的中介。ORB 将客户端请求传递到适当的服务器应用程序，并将服务器响应返回给请求的客户端应用程序。ORB 核心的功能是把客户发出的请求传递给目标对象，并把目标对象的执行结果返回给发出请求的客户。其重要特征是：提供了客户和目标对象之间的交互透明性，其中屏蔽的内容主要包括以下内容。

(1) 对象位置：客户不必知道目标对象的物理位置。它可能与客户一起驻留在同一个进程中或同一机器的不同进程中，也有可能驻留在网络上的远程机器中。

(2) 对象实现：客户不必知道有关对象实现的具体细节。例如，设计对象所用的编程语言、对象所在结点的操作系统和硬件平台等。

(3) 对象的执行状态：当客户向目标对象发送请求时，它不必知道当时目标对象是否处于活动状态(即是否处于正在运行的进程中)。此时，如果目标对象不是活动的，在把请求传给它之际，ORB会透明地将它激活。

(4) 对象通信机制：客户不必知道ORB所用的下层通信机制，如TCP/IP、管道、共享内存、本地方法调用等。

(5) 数据表示：客户不必知道本地主机和远程主机的数据表示方式(如高位字节在前还是在后等)是否有所不同。

通过ORB，客户机应用程序可以在不知道服务器应用程序的位置或服务器应用程序将如何完成请求的情况下请求服务。这使得程序员不需要关心底层编程的问题，能将更多时间与精力集中在应用层面的设计。

2. 接口定义语言和语言映射

在客户向目标对象发送请求之前，它必须知道目标对象所能支持的服务。对象是通过接口定义来说明它所能提供的服务的。在CORBA中，对象的接口是利用OMG IDL(OMG Interface Definition Language)来定义的，它类似于C++语法。OMG IDL不是编程语言，而是一个纯说明性语言，并且与具体主机上的编程语言无关。这就很自然地将接口与对象实现分离，使得虽然是用不同的语言来实现的对象，但对象之间又可以进行互操作。

由于不能用OMG IDL直接去实现分布式应用，所以需要进行语言映射，即把IDL的特性映射为具体语言的实现。在OMG制定的语言映射标准中已经涵盖多种语言，其中包括C、C++、SmallTalk、Ada95、COBOL、Java等。

3. 存根和框架

除了将IDL特性映射到特定的语言之外，OMG IDL编译器还根据接口定义生成客户端存根和服务端框架。存根的作用是代表客户端创建并发出请求；框架的作用则是把请求交给CORBA对象实现。换句话说，客户端只要把请求交给存根，不用去关心ORB是否存在，存根则负责将请求的参数进行封装和发送，以及接收返回数据和解包。框架在请求的接收端提供类似存根的服务。它解包请求参数，标识客户端请求的服务，调用对象实现，封装执行结果，并将其返回给客户机。

因为存根和框架都是根据用户接口定义编译的，所以它们都与特定的接口相关，而且在请求实际发生之前，存根和框架分别直接连接到客户端程序和对象实现。因此，通过存根和框架进行的调用通常称为静态调用。

4. 动态调用

除了前面所提到的通过存根和框架进行的静态调用，CORBA还支持两种用于动态调用的接口：动态调用接口(Dynamic Invocation Interface)和动态框架接口(Dynamic Skeleton Interface)，它们分别是支持客户端的动态请求调用和支持服务端的动态对象调用。

通过动态调用接口，客户端可以在程序执行过程中动态地向任何对象发送请求，而不必像静态调用那样在编译时就需要提供目标对象的接口信息。使用动态调用接口时需要人为定义所需操作、请求参数等。动态调用接口允许用户在没有静态存根的情况下发送请求，类似地，动态框架接口允许用户在没有静态框架信息的条件下来获取对象实现。

5. 对象适配器

在CORBA中，提供了基本对象适配器和移动对象适配器。对象适配器是对象实现和ORB之间的连接桥梁。而且，对象适配器极大减轻了ORB的任务，从而简化了ORB的设计。具体来说，对象适配器执行以下操作。

(1) 对象注册：使用对象适配器提供的操作，CORBA 实现库中具有编程语言形式的实体可以注册为 CORBA 的对象实现。

(2) 对象引用生成：对象适配器为 CORBA 对象生成对象引用。客户端应用程序通过对象引用访问对象实例。

(3) 服务器进程激活：如果目标对象所在的服务器在客户端发出请求时没有运行，那么对象适配器会自动激活服务器。

(4) 对象激活：根据需要自动激活目标对象。

(5) 对象撤销：如果在预定的时间片内没有向目标对象发送请求，那么对象适配器将撤销该对象以节省系统资源。

(6) 对象调用：对象适配器将请求分配给已注册的对象。

6. 接口仓库和实现仓库

ORB 提供了两个用于存储有关对象信息的服务：接口仓库和实现仓库。

接口仓库存储每个接口的模块信息，包括 IDL 编写的接口定义、常量、类型等。本质上，它也是一个对象。应用程序可以调用接口仓库的方法，就像其他 CORBA 对象提供的方法一样。接口仓库允许应用程序在运行过程中访问 OMG IDL 类型的系统。例如，当应用程序在运行过程中遇到未知类型的对象时，就能利用接口仓库来访问系统中的所有接口信息。由于这些优良特性，接口仓库的引入很好地支持了 CORBA 的动态调用。

实现仓库所完成的功能类似于接口仓库，不同的是，它存储对象实现的信息。当需要激活某一对象类型的实例时，ORB 便会访问实现仓库。

7. ORB 之间的互操作

在发布 CORBA 2.0 之前，ORB 产品的最大缺点是：不同厂商所提供的 ORB 产品之间并不能互操作。为了达到异构 ORB 系统之间互操作的目的，CORBA 2.0 规范中定义了标准通信协议 GIOP(General Inter-ORB Protocol)。GIOP 由以下 3 部分组成。

(1) 公共数据表示(Common Data Representation)：在对 CORBA 分布式对象进行远程调用时，用于表示作为参数或结果传递的结构化或原始数据类型。

(2) GIOP 消息格式(GIOP Message Formats)：它定义了用于 ORB 间对象请求、对象定位和信道管理的 7 种消息的格式和语义。

(3) GIOP 传输层假设(GIOP Transport Assumptions)：GIOP 可运行于多种传输层协议之上，只要传输层协议是面向连接的、可靠的，所传递的数据可以为任意长度的字节流，提供乱序通知功能，连接的发起方式可以映射到 TCP/IP 这样的一般连接模型。

GIOP 只是一种抽象协议，独立于任何特定的网络协议，在实现时必须映射到具体的传输层协议或者特定的传输机制之上。GIOP 到 TCP/IP 的映射又称为 IIOP(Internet Inter-ORB Protocol)。

3.2.3 CORBA 的优势与发展

CORBA 规范通过定义以下内容，为构建分布式应用程序提供了一个广泛而一致的模型。

(1) 用于构建分布式应用程序的对象模型。

(2) 客户端和服务器应用程序使用的一组通用的应用程序编程对象。

(3) 描述在分布式应用程序开发中使用的对象接口的语法。

(4) 支持使用多种编程语言编写的应用程序。

CORBA 规范描述了如何实现 CORBA 模式开发,也描述了开发人员用来开发应用程序的编程语言绑定。为了说明使用 CORBA 体系结构的优势,以下将传统的客户机/服务器应用程序开发技术与 CORBA 开发技术进行比较。

1. 传统客户机/服务器模式

客户机/服务器计算是一种应用程序开发方法,它允许程序员在联网的机器系统之间分配处理,从而能够更有效地利用机器资源。在客户机/服务器计算中,应用程序由两部分组成:客户机应用程序和服务器应用程序。这两个应用程序通常运行在不同的机器上,通过网络连接,如图 3-3 所示。

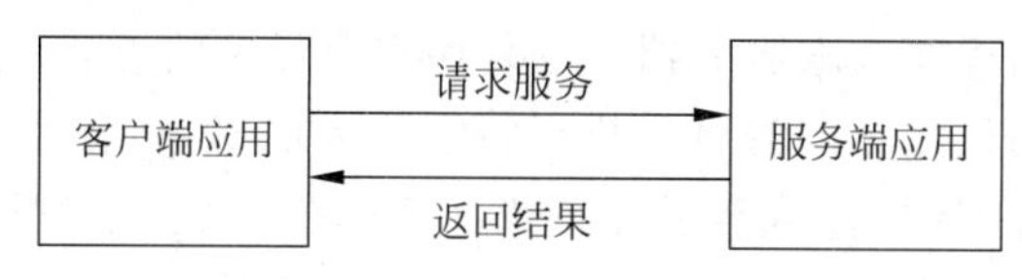

图 3-3　传统客户机/服务器模式

客户机应用程序请求信息或服务,通常为用户提供显示结果的方法。服务器应用程序满足一个或多个客户机应用程序的请求,通常执行计算密集型功能。客户机/服务器模式的主要优点如下。

- 计算功能运行在最合适的机器系统上。
- 开发人员可以在多个服务器之间平衡应用程序处理的负载。
- 服务器应用程序可以在许多客户机应用程序之间共享。

例如,桌面系统为许多业务用户提供了一个易于使用的图形环境来显示信息。但是,桌面系统的磁盘空间和内存可能受到限制,并且通常是单用户系统。更大、更强大的服务器系统更适合执行计算密集型功能,并提供多用户访问和共享数据库访问。因此,较为强大的系统通常运行应用程序的服务器部分。这样,分布式桌面系统和网络服务器为部署分布式客户机/服务器应用程序提供了一个完美的计算环境。

尽管传统客户机/服务器模式提供了在异构网络中分布处理的方法,但它有以下缺点。

- 客户机必须知道以何种网络协议访问服务器。客户机/服务器应用程序可能使用相同的单一网络协议或不同的协议。如果它们使用多个协议,应用程序必须在逻辑上为每个网络重复特定于协议的代码。
- 当计算机之间使用不同数据格式通信时,必须显式处理数据格式转换。例如,有些机器将整数值从最低字节地址读取到最高字节地址(Little-Endian),而其他机器则从最高字节地址读取到最低字节地址(Big-Endian)。一些机器系统也可能对浮点数或文本字符串使用不同的格式。如果应用程序向使用不同数据格式的计算机发送数据,但应用程序不转换数据,则数据会被误解。通过网络传输数据并将其转换为目标系统上的正确表示形式称为数据封送处理。在许多传统客户机/服务器模式中,应用程序必须执行所有数据封送。数据封送处理要求应用程序使用网络和操作系统的功能将数据从一台计算机移动到另一台计算机。它还要求应用程序执行所有数据格式转换,以确保以发送数据的方式读取数据。

- 扩展应用程序的灵活性较差。传统客户机/服务器模式将客户机和服务器应用程序连接在一起。因此，如果客户机或服务器应用程序发生更改，程序员必须更改接口、网络地址和网络传输。此外，如果程序员将客户机和服务器应用程序移植到支持不同网络接口的计算机上，则必须为这些应用程序创建新的网络接口。

2. CORBA 开发模式

CORBA 模型为开发分布式应用程序提供了一种更加灵活的方法。CORBA 模型改进了以下几点。

- 正式分离应用程序的客户端和服务器部分。CORBA 客户机应用程序只知道如何请求完成某项任务，而 CORBA 服务器应用程序只知道如何完成客户机应用程序请求它完成的任务。由于这种分离，开发人员可以更改服务器完成任务的方式，而不影响客户机应用程序请求服务器应用程序完成任务的方式。
- 从逻辑上将应用程序分离为可以执行特定任务的对象，称为操作。CORBA 是基于分布式对象计算模型，它结合了分布式计算（客户机和服务器）和面向对象计算（基于对象和操作）的概念。在面向对象计算中，对象是组成应用程序的实体，而操作是服务器可以对这些对象执行的任务。例如，银行应用程序可以有客户账户的对象，以及存款、取款和查看账户余额的操作。
- 提供数据封送处理以使用远程或本地计算机应用程序发送和接收数据。例如，CORBA 模型根据需要自动格式化 Big-Endian 或 Little-Endian。
- 对应用程序隐藏网络协议接口。CORBA 模型处理所有的网络接口过程中，应用程序只看到对象。这些应用程序可以在不同的机器上运行。而且，由于所有的网络接口代码都由 ORB 处理，因此如果以后将应用程序部署到支持不同网络协议的计算机上，则不需要任何与网络相关的更改。

CORBA 模型允许客户机应用程序向服务器应用程序发出请求，并从服务器应用程序接收响应，而无须直接知道信息源或其位置。在 CORBA 环境中，客户机和服务器应用程序与 ORB 通信。图 3-4 显示了客户机/服务器环境中的 ORB。

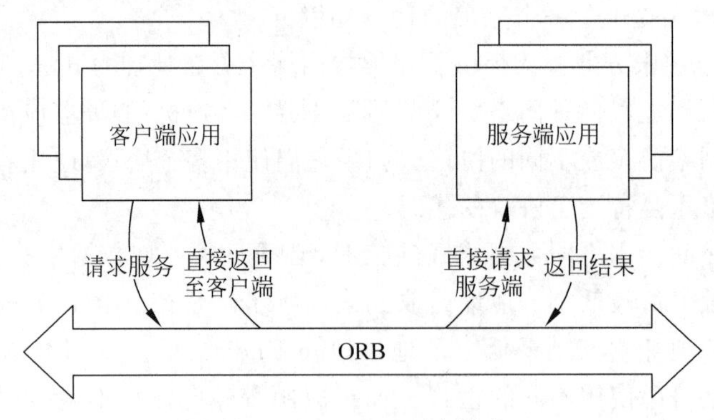

图 3-4　CORBA 开发模式

在 ORB 的协助下，客户机应用程序只需要知道它们可以发出什么请求，以及如何发出请求；它们不需要使用服务器或数据格式的任何实现细节进行编码。服务器应用程序只需要知道如何满足请求，而不需要知道如何将数据返回给客户端应用程序。这意味着程序员可以改变服务器的应用程序及代码，而不必担心因此会影响客户端的程序及代码。例如，只要客户机和服务器应用程序之间的接口不变,程序员就可以在不改变客户机应用程序的情况下发展和创建服务器应用程序的新实现。此外,他们也可以在不改变服务器应用程序的情况下创建新的客户端应用程序。

3. CORBA 产品及其复杂性

CORBA 主要版本的发展历程如下。

1990 年 11 月,OMG 发表《对象管理体系指南》,初步阐明了 CORBA 的思想。

1991 年 10 月,OMG 推出 1.0 版,其中定义了接口定义语言(IDL)、对象管理模型以及基于动态请求的 API 和接口仓库等内容。

1991 年 12 月,OMG 推出了 CORBA 1.1 版,在澄清了 1.0 版中存在的二义性的基础上,引入了对象适配器的概念。

1996 年 8 月,OMG 基于以前的升级版本,完成了 2.0 版的开发,该版本中重要的内容是对象请求代理间协议(Internet Inter-ORB Protocol,IIOP)的引入,用以实现不同厂商的 ORB 真正意义上的互通。

1998 年 9 月,OMG 发表了 CORBA 2.3 版,增加了支持 CORBA 对象的异步实时传输、服务质量规范等内容。宣布支持 CORBA 2.3 规范的中间件厂商包括 Inprise (Borland)、Iona、BEA System 等著名的 CORBA 产品生产商。

著名的 CORBA 产品有 IONA 的 Orbix、ExpertSoft 的 Power CORBA 以及 Inprise 的 Visibroker。还有一些优秀的成果可供研究,如 Mico、Orbacus、TAO 等。尽管有多家供应商提供 CORBA 产品,但是仍找不到能够单独为异种网络中的所有环境提供实现的供应商。不同的 CORBA 实现之间会出现缺乏互操作性的现象,从而造成一些问题。而且,由于供应商常常会自行定义扩展,而 CORBA 又缺乏针对多线程环境的规范,对于像 C 或 C++这样的语言,源码兼容性并未完全实现。另外,CORBA 过于复杂。要熟悉 CORBA 并进行相应的设计和编程,需要许多个月来掌握,而要达到专家水平则需要好几年。这些都制约了 CORBA 技术的发展和普及。

3.3 COM 组件模型

3.3.1 组件的概念

组件是近代工业发展的产物,通过接口的标准化,使得功能模块化。同样的组件可应用于多类产品和多个领域,扩展了市场范围;同时,各功能组件一般由更专业的厂商生产,提高了质量,降低了成本。软件行业借鉴了工业界的这个想法,把数据和方法的封装对象称为组件。

OMG 的“建模语言规范”中将组件定义为“系统中一种物理的、可代替的部件,它封装了实现并提供了一系列可用的接口。一个组件代表一个系统中实现的物理部分,包括软件代码(源代码、二进制代码、可执行代码)或者一些类似内容,如脚本或者命令文件。”

组件(Component)技术是一种优秀的软件重用技术。采用组件开发软件就像搭积木一样容易,组件是具有某种特定功能的软件模型,它几乎可以完成任何任务。组件技术的基本思想是将复杂的大型系统中的基础服务功能分解为若干个独立的单元,即软件组件。利用组件之间建立的统一的严格的连接标准,实现组件间和组件与用户之间的服务连接。连接是建立在目标代码级上的,与平台无关。只要遵循组件技术的规范,任何人可以用自己方便的语言去实现可复用的软件组件,应用程序或其他组件的开发人员也可以按照其标准使用组件提供的服务,而且客户和服务组件任何一方版本的独立更新都不会导致兼容性的问题。这犹如在独立的应用程序间建立了相互操作的协议,从而在更大程度上实现了代码重用和系统集成,降低了系统的复杂程度。

组件技术将面向对象特性(如封装和继承)与(逻辑或物理的)分布结合起来。事实上,组件技术不是一个明确的范畴。在一定程度上,它是进行操作的一个场所。组件技术使面向对象技术进入成熟的实用化阶段。在组件技术的概念模式下,软件系统可以被视为相互协同工作的对象集合,其中每个对象都会提供特定的服务,发出特定的消息,并且以标准形式公布出来,以便其他对象了解和调用。组件间的接口通过一种与平台无关的语言 IDL (Interface Define Language)来定义,而且是二进制兼容的,使用者可以直接调用执行模块来获得对象提供的服务。

3.3.2 COM 的发展历程

以组件对象模型(Component Object Model,COM)为代表的组件技术大幅改变了软件开发的方式。用户可把软件开发的内容分成若干个层次,将每个层次封装成一个一个组件。在构建应用系统时,将这些组件有机地组装起来就成为一个系统,就像是用零件组装出一台机器一样。组件技术的特性如下。

- 组件可替换,以便随时进行系统升级和定制。
- 可以在多个应用系统中重复利用同一个组件。
- 可以方便地将应用系统扩展到网络环境下。
- 部分组件与平台和语言无关,所有的程序员均可参与编写。

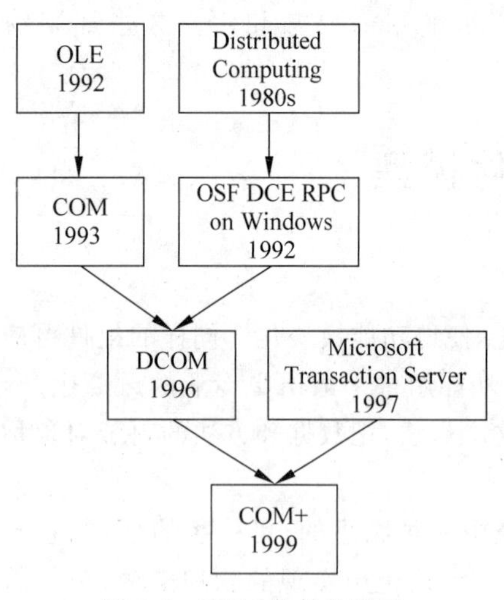

图 3-5　COM 组件的发展

COM 是微软公司于 1993 年推出的基于二进制接口标准的软件组件。它用于在大量编程语言中实现进程间通信和动态对象创建。COM 一词在软件开发行业中经常作为一个总括术语使用,它经历了 DLL、OLE、COM、DCOM、COM+的演变过程,如图 3-5 所示。COM 不是一种语言,而是一种标准、规范,包括一套标准 API、一个标准的接口集以及 COM 用于支持分布式计算的网络协议。

动态链接库(Dynamic Link Library,DLL)包含着许多可以被应用程序调用的函数、数据的库文件。与之相对的则是静态链接库,静态链接库能做到代码共享,但是只能是在编译链接阶段。在运行时,程序调用的是已经链接到自己程序内的库函数。如果每个程序都包含所有用到的公共库函数,则会造成很大的浪费,既增加了链接器的负担,也增大了可执行程序的大小,还加大了内存的消耗。因此,才出现了动态链接库。采用动态链接库,对公用的库函数,系统只有一个副本(位于系统目录的 *. DLL 文件),而且只有在应用程序真正调用时(每个

DLL 都有一个类似于 main 的入口函数)，才加载到内存。在内存中的库函数，也只有一个副本，可供所有运行的程序调用。当再也没有程序需要调用它时，系统会自动将其卸载，并释放其所占用的内存空间。DLL 还不能算组件技术，且看似与 COM 组件没有关系，但它是软件重用的鼻祖，其中的动态链接特性在 COM 中不可或缺。可以说，COM 技术继承了 DLL 的优点并进行了扩展。

对象连接与嵌入技术(Object Linking and Embedding，OLE)是微软推出的应用程序互联技术，它提出了一种允许将应用程序作为对象进行互相连接的机制。OLE 有两个版本，分别为 1.0 和 2.0。其中，1.0 版本是以 Windows 的 DDE 技术来搭建的，性能上差强人意。而 OLE 2.0 引入了 COM 技术，并充分发挥了 COM 的优势，很大程度上提升了运行效率。

1993 年，COM 规范才正式诞生。COM 是一种技术标准，其商业品牌则称为 ActiveX。ActiveX 是 Microsoft 遵循 COM 规范而开发的用于 Internet 的一种开放集成平台。一般常用的 COM 组件有两类：ActiveX DLL 和 ActiveX 控件。

随着分布式计算环境的逐步推广应用，1996 年，微软又推出 DCOM(Distributed COM)，它可以实现不同计算机之间的 COM 调用。DCOM，顾名思义也就是分布式的 COM，它屏蔽了分布式系统中 COM 对象的位置差异性，使得程序员不需要关心 COM 对象的实际位置就可以直接调用 COM 对象。

1999 年，微软又在 Windows 中引入 COM+技术，它将许多编码性的工作转换成了管理性的操作，这是目前 COM 技术的最新应用。COM+目前包含两个功能领域：用于构建软件组件的基本编程架构(最初由 COM 规范定义)，以及一个集成的组件服务套件和一个用于构建复杂软件组件的相关运行环境。在此环境中执行的组件称为配置组件，不利用此环境的组件称为未配置组件。它们均按照 COM 的标准规则运行。

3.3.3 COM 组件

按照 COM 的标准规范，用户可以开发自定义的 COM 组件，就如同开发动态的、面向对象的 API。多个 COM 对象可以连接起来形成应用程序或组件系统，并且组件可以在运行时刻，在不被重新链接或编译应用程序的情况下被卸下或替换掉。

在 Microsoft 公司的开发者网络(Microsoft Developer Network，MSDN)中是这样定义 COM 的："COM 是软件组件互相通信的一种方式，它是一种二进制的网络标准，允许任意两个组件互相通信，而不管它们在什么计算机上运行(只要计算机是相连的)，不管计算机运行的是什么操作系统(只要该操作系统支持 COM)，也不管该组件机是用什么语言编写的。"

在 COM 技术中，有以下比较重要的概念，如图 3-6 所示。

(1) COM 接口：客户与对象之间的协议，客户使用 COM 接口调用 COM 对象的服务。

(2) COM 对象：通过 COM 接口提供服务。COM 对象与其调用方之间的交互被建模为客户机/服务器关系，客户机是从系统请求 COM 对象的调用者，而服务器是向客户机提供服务的 COM 对象。

(3) COM 组件：COM 组件是遵循 COM 规范编写、以 Win32 动态链接库(DLL)或可执行文件(EXE)形式发布的可执行二进制代码，是 COM 对象的载体，能够满足对组件架构的所有需求。遵循COM的规范标准，组件与应用、组件与组件之间可以互操作，极其方便地建立可伸缩的应用系统。

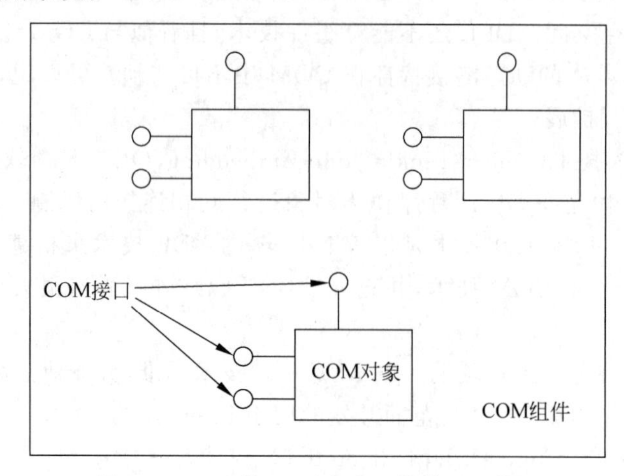

图3-6 COM接口、对象和组件模型示意图

在COM技术中，组件和接口是其核心概念。COM对象通过接口（成员函数的集合）公开其功能。COM接口定义组件的预期行为和责任，并指定一个强类型协定，该协定提供一小组相关操作。COM组件之间的所有通信都是通过接口进行的，组件提供的所有服务都通过其接口公开。调用者只能访问接口成员函数。内部状态对调用者不可用，除非它在接口中公开。

每个接口都有自己唯一的接口标识符，名为IID，它消除了与人类可读名称可能发生的冲突。IID是一个全局唯一标识符（Globally Unique Identifier，GUID），它与开放软件基金会（Open Software Foundation，OSF）分布式计算环境（Distributed Computing Environment，DCE）定义的通用唯一标识符（Universally Unique Identifier，UUID）相同。创建新接口时，必须为该接口创建新标识符。当调用方使用接口时，它必须使用全角唯一标识符。

所有接口都继承自IUnknown接口。IUnknown接口包含多态性和实例生存期管理的基本COM操作。IUnknown接口有三个成员函数，分别名为QueryInterface、AddRef和Release。所有COM对象都需要实现IUnknown接口。QueryInterface成员函数为COM提供多态性。调用QueryInterface在运行时确定COM对象是否支持特定接口。如果COM对象实现了请求的接口，那么它将在ppvObject out参数中返回接口指针，否则返回NULL。QueryInterface成员函数允许在COM对象支持的所有接口之间导航。COM对象实例的生存期由其引用计数控制。IUnknown成员函数AddRef和Release控制计数。AddRef增加计数，Release减少计数。当引用计数为零时，释放成员函数可能会释放实例，因为没有调用方在使用它。

当需要创建COM实例时，则需要向服务器传递CLSID(类的ID，服务器将CLSID与COM类相关联)。创建实例的最简单方法是调用COM函数CoCreateInstance。CoCreateInstance函数创建指定CLSID的一个实例，并返回客户端请求的类型的接口指针。客户端负责管理实例的生存期，方法是在客户端使用完实例后调用其释放函数（调用IUnknown接口的Release函数）。要基于单个CLSID创建多个对象，可调用CoGetClassObject函数。要连接到已创建并正在运行的对象，可调用GetActiveObject函数。

3.3.4 DCOM 组件

微软提出分布式组件对象模型(Distributed Component Object Model,DCOM),用于在联网计算机上的软件组件之间进行通信。DCOM 是分布式环境中的 COM 技术,更确切地说,DCOM 是对 COM 的增强与扩展。就其添加到 COM 的扩展而言,DCOM 必须解决以下问题。

- 编组:序列化和反序列化参数和返回值。
- 分布式垃圾回收:确保在例如客户端进程崩溃或网络连接丢失时,释放接口客户端保留的引用。
- 必须将客户端浏览器中保存的数十万个对象与一次传输结合在一起,以最大限度地减少带宽利用率。

解决这些问题的关键因素之一是使用 DCE/RPC(分布式计算环境/远程过程调用)作为 DCOM 背后的底层 RPC 机制。DCE/RPC 严格定义了关于编组和谁负责释放内存的规则。

20 世纪 90 年代 DCOM 是 CORBA 的主要竞争对手。这两种技术的支持者认为它们有一天会成为互联网上代码和服务重用的模型。然而,这两种技术在因特网防火墙上、在未知和不安全的机器上工作都会遇到困难。这意味着普通的 HTTP 请求与 Web 浏览器结合在一起会战胜这两种技术。微软曾经试图通过向 DCE/RPC 添加一个称为 ncacn_http(网络计算体系结构面向连接的协议)的额外 HTTP 传输来阻止这种情况,但失败了。后来恢复了这个功能,以支持通过 HTTP 的 Microsoft Exchange 2003 连接。

3.3.5 COM+组件

MTS(Microsoft Transaction Server)是微软为其 Windows NT 操作系统推出的一个中间件产品,由于它具有强大的分布事务支持、安全管理、资源管理和多线程并发控制等特性,使其成为在 Windows 平台上开发大型数据库应用系统的首选产品。由于 MTS 屏蔽了底层实现的复杂性,极大地简化了这类应用的开发,程序员可以将精力集中在业务逻辑上,因而有效地提高了软件的开发效率。

COM+是微软组件对象模型(COM)和微软事务服务器(MTS)进一步结合的成果。COM+构建并扩展了使用 COM、MTS 和其他基于 COM 的技术编写的应用程序。COM+处理了许多以前必须自己编程的资源管理任务,例如,线程分配和安全性。COM+还通过提供线程池、对象池和实时对象激活,使应用程序更具可伸缩性。COM+还通过提供事务支持来帮助保护数据的完整性,即使一个事务跨越网络上的多个数据库也是如此。

COM+提供了一个基于微软组件对象模型(COM)的企业开发环境,用于创建基于组件的分布式应用程序。它还提供了创建事务性、多层应用程序的工具。COM+将对传统基于 COM 的开发的增强功能与许多有用的编程和管理服务相结合。增强功能包括线程和安全性的改进,以及同步服务的引入等。对于熟悉 COM 编程的人来说,COM+的改进非常重要,包括以下几点。

- COM+实现了一个称为中性单元线程的线程模型,它允许组件具有序列化访问以及在任何线程上执行的能力。

- COM+支持一个称为 context 的特殊环境的组件，它提供了一组可扩展的属性，这些属性定义了组件的执行环境。
- COM+提供基于角色的安全性、异步对象执行和一个内置的名字对象，它表示对进程外服务器上运行的对象实例的引用。

COM+并不是 COM 的简单升级。COM+的底层结构仍然以 COM 为基础，它几乎包容了 COM 的所有内容。COM+综合了 COM、DCOM 和 MTS 的技术要素，它把 COM 组件软件提升到应用层而不再是底层的软件结构。它通过操作系统的各种支持，使组件对象模型建立在应用层上，同时把所有组件的底层细节留给操作系统。因此，COM+与操作系统的结合更加紧密，且不再局限于 COM 的组件技术，它更加注重于分布式网络应用的设计和实现。

COM+标志着微软的组件技术达到了一个新的高度。它不再局限于一台机器上的桌面系统，它把目标指向了更为广阔的企业内部网，甚至 Internet 国际互联网络。COM+与多层结构模型以及 Windows 操作系统为企业应用或 Web 应用提供了一套完整的解决方案。

3.3.6 .NET 组件

COM 定义了一个组件模型，使得组件可以使用不同的编程语言进行编写，其可以在本地进程中使用，也可以跨进程使用或者在网络上使用。微软 2002 年推出的.NET 组件的目标也是这样，但这些目标的实现方式是不同于 COM 的实现方式的。.NET 组件有着与 COM 类似的目标，但是它引入了新概念，实现起来也更容易。

.NET 的核心技术是用来代替 COM 组件功能的公共语言运行库(Common Language Runtime,CLR)的。.NET 可采用各种编程语言，利用托管代码来访问(例如 C#、VB、MC++)，使用的是.NET 的框架类库(Framework Class Library,FCL)。

.NET 提供了一种全新的建立和展开组件的方法，也就是程序集 Assemblies。使用 COM 进行编程，开发者必须要在服务器上注册组件，系统注册表中的组件信息必须被更新。这样做的目的是保证组件的中心位置，以使 COM 能够找到合适的组件。使用.NET 的 Assemblies，Assembly 文件把所有需要的 Meta Data 都压入一个叫 Manifests 的一个特殊的段中。在.NET 中编程，要使 Assembly 对用户有效，只要简单地把它们放在一个目录中即可。当客户程序请求一个特别的组件的实例的时候，.NET 运行期(Runtime)在同一个目录搜寻 Assembly，在找到后，分析其中的 Manifest，以取得这个组件所提供的类的信息。由于组件的信息是放在 Manifest 里的，所以开发者就没有必要把组件注册到服务器上。因此，就可以允许几个相同的组件安全地共存在一个相同的机器上了。COM 组件与.NET 组件的对比如表 3-1 所示。

表 3-1　COM 组件与.NET 组件的对比

项　目	COM 组件(C++)	.NET 组件(C#)
元数据	组件的所有信息存储在类型库中。类型库包含接口、方法、参数以及 UUID 等。通过 IDL 来进行描述	元数据可以通过定制特性来扩展，不用了解 IDL

续表

项目	COM 组件(C++)	.NET 组件(C#)
内存管理	通过引用计数方法来进行组件内存释放管理。客户程序必须调用 AddRef 和 Release 来进行计数管理,但计数为 0 的时候,销毁组件	通过垃圾收集器来自动完成
接口	拥有三种类型的接口,即从 IUnknown 继承的定制接口、分发接口以及双重接口。接口通过 QueryInterface 函数查询,然后使用	通过强制类型转换来使用不同的接口
方法绑定	一般是早期绑定,采用虚拟表来实现;对于分发接口采用了后期绑定	通过反射机制(System. Reflecting)实现后期绑定
数据类型	在定制接口中,所有 C++的类型可以用于 COM;但是对于双重接口和分发接口,只能使用 VARIANT、BSTR 等自动兼容的数据类型	采用了 Object 替代 VARIANT,能使用 C#的所有数据类型(用 C#实现)
组件注册	所有的组件必须进行注册。每个接口、组件都具有唯一的 ID,包括 CLSID 和 PROGID	分为私有程序集和共享程序集。私有程序集能在一定程度上解决 DLL 版本冲突、重写等问题。共享程序集类似于 COM
线程模式	使用单元模型,增加了实现难度,必须为不同的操作系统版本增加不同的单元类型	通过 System. Threading 来进行处理,相对于 COM 的线程管理更为简单
错误处理	通过实现 HRESULT 和 ISupportErrorInfo 接口,该接口提供了错误消息、帮助文件的链接、错误源,以及错误信息对象	实现 ISupportErrorInfo 的对象会自动映射到详细的错误信息和一个. NET 异常
事件处理	通过实现连接点的 IConnectionPoint 接口和 IConnectionPointContainer 接口来实现事件处理	通过 event 和 delegate 关键字提供事件处理机制

小　　结

本章首先介绍了国际标准化组织(ISO)提出的 RM-ODP 标准,从面向对象的角度阐述其标准组成与功能组成;接着介绍了由 OMG 提出的 OMA 体系结构与 CORBA 规范,同时分析了 CORBA 相比传统开发模式的优势所在;最后介绍了微软公司提出的 COM 组件对象模型和. NET 组件,并介绍了两者之间的区别。

思　考　题

1. 面向对象有哪些特征?相比于面向过程,有哪些不同?
2. 简述 RM-ODP 框架关于系统及其环境的观点。
3. 简述透明性的概念,对于系统开发者来说有哪些透明性?
4. RM-ODP 平台的通用功能有哪些?
5. 简述传统客户机/服务器模式及其优缺点。

6. CORBA规范包含哪些模块？简述这些模块的主要内容。
7. CORBA模式相比于传统客户机/服务器模式有何优势？
8. 什么是接口定义语言？语言映射的作用是什么？
9. 什么是COM组件技术？它有哪些特征？
10. DCOM作为COM的增强与扩展，其主要解决哪些问题？
11. 相比于COM，COM+改进了哪些方面？

实验1　跨语言的调用和编程

一、实验目的

理解和掌握跨语言调用的原理，能够基于提供的框架实现简单的跨语言编程和调用。

二、实验平台和准备

操作系统：Windows或者Linux系统。

需要的软件：Java JDK(1.8或以上)、IDEA或者Eclipse等开发环境。

三、实验内容和要求

搜索跨语言开发调用的常用框架/库，阅读相关文档并实现以下的功能。

某功能A用的是L1语言编程实现的，请把该功能(非源代码)在L2语言的环境下进行调用，并能正确地返回结果。功能A可自己实现，或者仅有第三方的可执行文件。跨语言调用一般可基于语言本身的接口、脚本、第三方的库或解决方案。

(1) 功能A：数据压缩和解压缩功能，语言L1——C++，语言L2——Python和Java。

(2) 功能A：图像基本变换功能(2～3个基本操作)，语言L1——Python，语言L2——C++和Java。

(3) 功能A：加密和解密功能，语言L1——Java，语言L2——C++和Python。

(4) 功能A：矩阵变换或者数学运算(选择2～3个基本变换)，语言L1——Python，语言L2——Node.js和C#。

四、扩展实验内容

请在实验报告中讨论跨语言开发的利弊。除了直接的跨语言调用，还有哪些方式可以进行多语言的协同开发？如果没有第三方的库可以实现直接的跨语言调用，该如何实现多语言的协作呢？请讨论并给出方案。

第4章 远程过程调用

远程过程调用(Remote Procedure Call,RPC)是一个计算机通信协议,该协议允许运行于一台计算机的程序调用存储于另一台计算机的子程序。程序员可以像调用本地程序一样,无须额外地为这个交互作用编程。RPC是实现分布式计算的事实标准之一。由于存在各式各样的变换和细节差异,RPC也派生出了各式远程过程通信协议。其中,RMI(Remote Method Invocation)可以被看作Sun公司对RPC的Java版本的实现,它为编程人员提供了应用Java远程过程调用技术的程序接口。本章将详细介绍RPC和RMI的原理及基本流程。

4.1 远程过程调用

4.1.1 远程过程调用的概念和历史

进程间通信(Inter-Process Communication,IPC)是在多任务操作系统或联网的计算机之间运行的程序和进程所用的通信技术。在传统编程概念中,过程或函数是由程序员在本地编译完成,各个过程互相调用,并都局限在本地运行的一段代码(如图4-1(a)所示)。也就是说,主程序和过程之间的运行关系是本地调用的关系,称为本地过程调用(Local Procedure Call,LPC)。因为各个过程代码都在本地,可以很容易地通过加载类库、内存共享等机制直接调用。

随着分布式计算和网络的发展,被调用的程序可能存放在网络中的另一台机器。如图4-1(b)所示,一个程序存储于计算机A上,想调用计算机B提供的函数或者方法。由于不在一个内存空间,不能直接调用,但可以用传统的C/S Socket网络编程的模式解决这个问题。然而在该模式下,程序员想要调用远程服务,都需要先了解传输协议(如TCP或UDP),然后基于此开发程序调用的代码。所有的开发人员在调用远程过程时都涉及建立网络连接的编程。因此,逐渐出现了另一种解决方案:提供一种透明调用机制,使开发者不必显式地区分本地调用和远程调用,不必关注和了解底层网络技术的协议。这种解决方案就是远程过程调用(Remote Procedure Call,RPC)协议。

RPC思想最早的原型可追溯至1974年发布的RFC 674草案——“过程调用协议文档第2版”。该草案当时的目标是为因特网上的全部70个结点定义一种共享资源的通用方式,在该草案中引入了过程调用范围(PCP)第2版的概念。而在第二年发布的RFC 684草案——“对以过程调用作为网络协议的评论”中,首次分析了RPC这种编程范式存在的三大问题以及这些问题与分布式系统的本质问题之间的关联。这三大问题可以简要地概述如下。

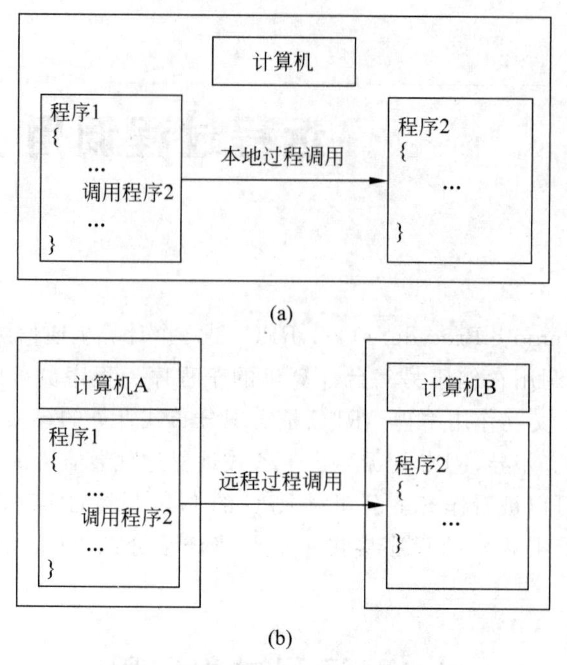

图 4-1　本地过程调用及远程过程调用

(1) 过程调用通常是一种命令式操作,而命令式操作通常是一种来自底层抽象的非常快速的上下文切换操作。

(2) 本地调用与远程调用的不同之处在于:远程调用可能会产生延迟,甚至在产生故障时可能永远也不会返回。

(3) 异步的消息传递,或发送某个消息并等待响应是一种更理想的模型,因为这会使消息的传递变得更加明确。

1981 年,Nelson 就提出 RPC 的概念和技术。1984 年,Birrell 和 Nelson 把其用于支持异构型分布式系统间的通信。Birrell 的 RPC 模型引入存根(Stub)进程作为远程的本地代理,调用 RPC 运行时(RPC Runtime)库来传输网络中的调用。Stub 进程和 RPC Runtime 库屏蔽了网络调用所涉及的许多细节,参数的编码/译码及网络通信是由 Stub 进程和 RPC Runtime 库完成的,因此这一模式被各类 RPC 所采用。

由于分布式系统的异构性及分布式计算模式与计算任务的多样性,RPC 作为网络通信与委托计算的实现机制,在方法、协议、语义、实现上不断发展,种类繁多。其中,Sun 公司和开放软件基金会在其分布式产品中所建立和使用的 RPC 较为典型,即 Sun RPC。后来 IETF ONC 宪章①重新修订了 Sun 版本,使得 ONC RPC 协议成为 IETF 标准协议。在 Sun 公司的网络文件系统(NFS)及开放网络计算环境(ONC)中,RPC 是其基本实现技术。开放软件基金会(OSF)酝酿和发展的另一个重要的分布式计算软件环境(Distributed Computing Environment,DCE)也是基于 RPC 的。在这两个系统中,RPC 既是其自身的实现机制,又是提供给用户设计分布式应用程序的高级工具。由于对分布式计算的广泛需求,ONC 和 DCE 成为客户机/服务器(Client/Server)模式分布式计算环境的主流产品,而 RPC

① Internet Engineering Task Force,Open Network Computer(互联网工程组,开放网络计算机)。

也成为实现分布式计算的事实标准之一。很多语言都内置了 RPC 技术，例如，Java 平台的 RMI 和.NET 平台的 Remoting。

4.1.2 远程过程调用原理

RPC 是一个计算机通信协议，该协议允许运行于一台计算机的程序调用存储于另一台计算机的子程序。程序员可以像调用本地程序一样，无须额外地为这个交互作用编程。即可以通过网络从远程计算机程序上请求服务，而不需要了解底层网络技术的协议。远程过程调用不依赖于具体的网络传输协议，TCP（Transmission Control Protocol）、UDP（User Datagram Protocol）都可以作为底层网络传输协议。

RPC 提供一种透明调用机制让使用者不必显式地区分本地调用和远程调用。调用者只需关注本地程序的实现过程，集中精力对付实现的过程。RPC 让构建分布式更加容易。把程序或者服务部署在网络中的多台工作站上，可方便地实现过程代码共享，实现各工作站的负载平衡，提高系统资源的利用率。通过 RPC，应用程序就像运行在一个多处理器的计算机上一样。

RPC 采用客户端-服务器（Client/Server）模式，请求程序就是一个客户端，而服务提供程序就是一个服务器。首先，客户端调用进程发送一个有进程参数的调用信息到服务进程，然后等待应答信息。在服务器端，进程保持睡眠状态直到调用信息到达为止。当一个调用信息到达，服务器获得进程参数，计算结果，发送答复信息，然后等待下一个调用信息。最后，客户端调用进程接收答复信息，获得进程结果，然后调用执行继续进行。

RPC 流程如图 4-2 所示，主要包括以下部分。

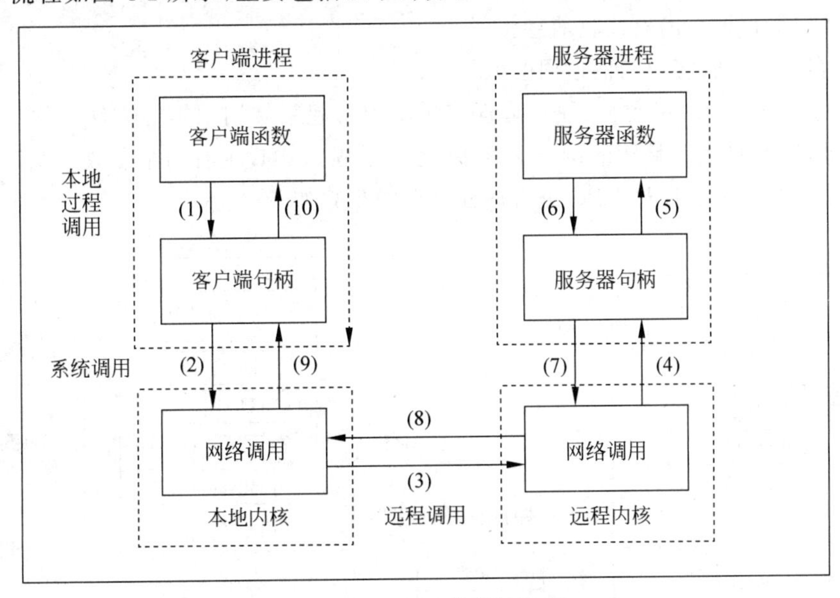

图 4-2 远程过程调用流程

（1）客户函数即客户端程序（client functions），像调用本地方法一样调用客户端句柄（1），接收存根程序的响应信息（10）。

(2) 客户句柄即客户端存根(client stub),表现得就像本地程序一样,在底层调用请求和参数序列化并通过通信模块发送给服务器(2);客户端存根程序等待服务器的响应信息(9),将响应信息反序列化并返回给请求程序(10)。

(3) 网络通信模块即 sockets,用于传输 RPC 请求和响应(3)、(8),可以基于 TCP 或 UDP 实现。

(4) 服务器句柄即服务器存根(server stub),接收客户端发送的请求和参数(4)并反序列化,根据调用信息触发对应的服务程序(5),然后将服务器程序的响应信息(6)序列化并发回给客户端(7)。

(5) 服务器函数即服务器程序(server functions),接收服务端存根程序的调用请求(5),执行对应的逻辑并返回执行结果(6)。

一般而言,运行一次客户端对服务器的 RPC 调用,一次 RPC 调用的内部操作大致包括如下步骤。

(1) 调用客户端句柄,执行传输参数。

(2) 调用本地系统内核发送网络消息。

(3) 将消息传送到远程主机。

(4) 服务器存根得到消息并取得参数。

(5) 执行远程过程。

(6) 执行的过程将结果返回服务器句柄。

(7) 服务器句柄返回结果,调用远程系统内核。

(8) 消息传回本地主机。

(9) 客户端存根由内核接收消息。

(10) 客户端接收客户句柄返回的数据。

RPC 将步骤(2)~(8)封装,使得远程方法调用看起来像调用本地方法一样。图 4-3 展示了一个简单 RPC 远程计算的例子。其中,远程过程 add(i,j) 有两个参数 i 和 j,其结果是返回 i 和 j 的算术和。通过 RPC 进行远程计算的步骤如下。

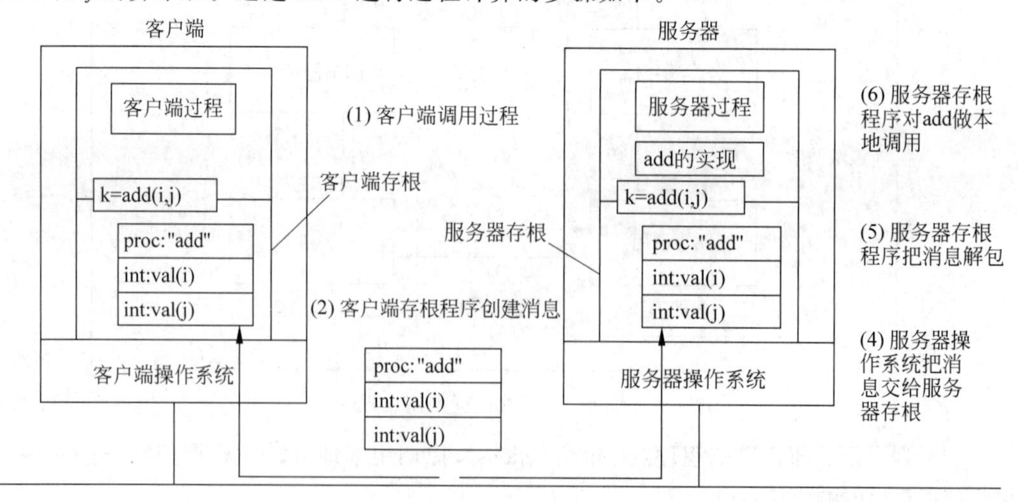

图 4-3　RPC 远程计算实例

(1) 将参数放入消息中，并在消息中添加要调用的过程的名称或者编码(图 4-3 中步骤(1)和(2))。

(2) 消息到达服务器后，服务器存根对该消息进行分析，以判明需要调用哪个过程，随后执行相应的调用(图 4-3 中步骤(3)～(6))。

(3) 服务器运行完毕后，服务器存根将服务器得到的结果打包成消息送回客户端存根，客户端存根将结果从消息中提取出来，把结果值返回给客户端。

这是一个简单的远程过程调用的例子。需要注意的是，在 RPC 中仅传递值参数，而非整个对象。在实际分布式系统中，还需要考虑其他情况。因为不同的机器对于数字、字符和其他类型的数据项的表示方式常有差异。

4.1.3 远程过程调用应用

RPC 在分布式系统中的系统环境建设和应用程序设计中有着广泛的应用，应用包括如下方面。

(1) 分布式操作系统的进程间通信。

进程间通信是操作系统必须提供的基本设施之一。分布式操作系统必须提供分布于异构的结点机上进程间的通信机制，RPC 是实现消息传送模式的分布式进程间通信的手段之一。

(2) 构造分布式计算的软件环境。

由于分布式软件环境本身地理上的分布性，它的各个组成成分之间存在大量的交互和通信，RPC 是其基本的实现方法之一。ONC＋和 DCE 两个流行的分布式计算软件环境都是使用 RPC 构造的，其他一些分布式软件环境也采用了 RPC 方式。

(3) 远程数据库服务。

在分布式数据库系统中，数据库一般驻存在服务器上，客户机通过远程数据库服务功能访问数据库服务器，现有的远程数据库服务是使用 RPC 模式的。例如，Sybase 和 Oracle 都提供了存储过程机制，系统与用户定义的存储过程存储在数据库服务器上，用户在客户端使用 RPC 模式调用存储过程。

(4) 分布式应用程序设计。

RPC 机制与 RPC 工具为分布式应用程序设计提供了手段和方便，用户可以无须知道网络结构和协议细节而直接使用 RPC 工具设计分布式应用程序。

(5) 分布式程序的调试。

RPC 可用于分布式程序的调试。使用反向 RPC 使服务器成为客户并向它的客户进程发出 RPC，可以调试分布式程序。例如，在服务器上运行一个远端调试程序，它不断接收客户端的 RPC，当遇到一个调试程序断点时，它向客户机发回一个 RPC，通知断点已经到达，这也是 RPC 用于进程通信的例子。

4.2 Java 远程调用 RMI

4.2.1 RMI 简介

Java 作为一个分布式面向对象的程序设计语言，能做到让位于任何地方的任意一台计算机应用网络上的应用程序。作为一种面向网络的程序设计语言，Java 可以被程序员用于创建应用程序,之后这些应用程序可以通过互联网下载,然后可在任何计算平台上安全地运行。在Java领域中,远程调用方法有RMI(Remote Method Invocation)、XML-RPC、Binary-RPC、SOAP(Simple Object Access Protocol)、CORBA(Common Object Request Broker Architecture)、JMS(Java Message Service)等,其中,RMI是一个典型的为Java定制的远程通信协议。

Java RMI是一种用于远程过程调用的应用程序编程接口,是纯Java的网络分布式应用系统的核心解决方案之一。它可以被看作RPC的Java版本。RPC可以用于一个进程调用另一个进程(可能是在另一个远程主机上)的过程,从而提供了过程的分布能力,但RPC并不能很好地应用于分布式对象系统。RMI则在RPC的基础上向前又迈进了一步,支持存储于不同地址空间的程序级对象之间彼此进行通信,即提供分布式对象间的通信,实现远程对象之间的无缝远程调用。

RMI的宗旨是尽可能简化远程接口对象的使用,使分布在不同虚拟机中的对象的外表和行为都像本地对象一样。在RMI规范中列出了RMI系统的目标:①支持对存在于不同Java虚拟机上对象的无缝的远程调用;②支持服务器对客户的回调;③把分布式对象模型自然地集成到Java语言;④使编写可靠的分布式应用程序尽可能简单;⑤保留Java运行时环境提供的安全性。

4.2.2 RMI的原理

RMI应用程序通常包括两个独立的程序:服务器程序和客户机程序。RMI需要将行为的声明与行为的实现分别定义,并允许将行为声明的代码与行为实现的代码存放并运行在不同的Java虚拟机上。

在RMI中,远程服务的声明存放在继承了Remote的接口中。远程服务的实现代码存放在实现了该接口的类中。RMI支持两个类实现一个相同的远程服务接口:一个类实现行为并运行在服务器上,另一个类作为一个远程服务的代理运行在客户机上。客户程序发出关于代理对象的调用方法,RMI将该调用请求发送到远程Java虚拟机上,并且进一步发送到实现的方法中。实现方法执行后,将结果发送给代理,再通过代理将结果返回给调用者。

RMI引入了存根(Stub)和框架(Skeleton)这两个特殊的对象。存根是代表远程对象的客户机端对象,具有和远程对象相同的接口或方法列表。当客户机调用存根方法时,存根通过RMI基础结构将请求转发到远程对象,实际上由远程对象执行请求;框架对象处理"远方"的所有细节,框架将远程对象从RMI基础结构分离开来。在远程方法请求期间,RMI基础结构自动调用框架对象。

RMI系统的结构如图4-4所示。一个基于RMI的多层结构分布式应用程序通常包括以下几部分。

(1) 远程对象接口:规定了客户程序与服务程序进行交互的界面,是客户方与服务方双方必须共同遵守的合约。

(2) 远程对象实现:为远程对象接口规定每一个方法提供的具体实现。

(3) 服务程序:远程对象实现并不是服务程序本身,它需要由服务器创建并注册,服务程序中这些真正提供服务的对象实例又称为伺服对象(Servant)。

(4) 客户程序:与终端用户进行交互,并利用远程对象提供的服务完成某一功能。

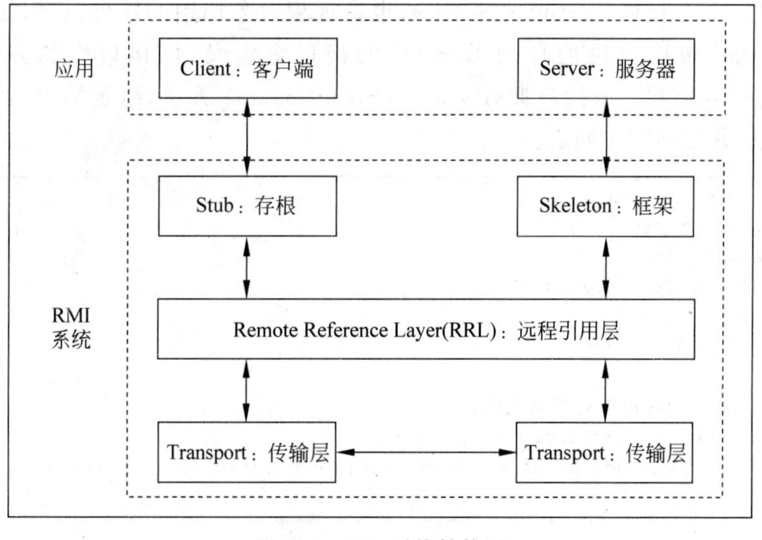

图 4-4 RMI 系统结构图

RMI 方法调用从客户对象经存根(Stub)、远程引用层(Remote Reference Layer)和传输层(Transport Layer)向下传递给主机,然后再次经传输层,向上穿过远程调用层和框架(Skeleton),到达服务器对象。

存根对象扮演着远程服务器对象的代理的角色,使该对象可被客户激活。远程引用层处理语义,管理单一或多重对象的通信,决定调用是应发往一个服务器还是多个。传输层管理实际的连接,并且追踪可以接受方法调用的远程对象。服务器端的框架完成对服务器对象实际的方法调用,并获取返回值。返回值向下经远程引用层、服务器端的传输层传递回客户端,再向上经传输层和远程调用层返回。最后占位程序获得返回值。要完成以上流程,需要进行以下几个步骤。

(1) 生成一个远程接口。

(2) 实现远程对象(服务器端程序)。

(3) 生成存根和框架程序(服务器端程序)。

(4) 编写服务器程序。

(5) 编写客户程序。

(6) 注册并启动远程对象。

RMI 方法调用中,客户端只与代表远程主机中对象的 Stub 对象进行通信,不知道服务端的存在,这就实现了位置的透明性。

4.2.3 RMI 编程案例

Java RMI 扩展了 Java 的对象模型,为分布式对象提供了支持。它允许对象用与本地调用相同的语法调用远程对象上的方法。而且,类型检查也等效地应用到本地调用和远程调用中。远程调用的对象知道它的目标对象是远程的,因此它必须处理 RemoteException;远程对象的实现者也知道它是远程的,因此必须实现 Remote 接口。

下面给出一个远程方法调用的例子。在该例子中,允许用户调用查找函数来获得满足条件的学生信息。服务器为用户提供一个操作,按条件查找满足条件的学生并返回给客户端。

(1) 定义一个远程接口 StudentService,也是远程对象调用的接口,远程接口通过扩展一个在 java. rmi 包中提供的称为 Remote 的接口来定义,该接口中的方法必须抛出 RemoteException 异常。该接口拥有 search(String name) 方法,给定学生名字,将查询学生的具体信息,并返回学生列表。

```
// StudentService.java
package rmi.service;
import java.rmi.Remote;
import java.rmi.RemoteException;
import java.util.List;
import rmi.model.*;

//继承自 Remote 类,远程对象调用的接口
public interface StudentService extends Remote {
    public List<StudentEntity> search(String name) throws RemoteException;
}
```

(2) 实现远程的接口 StudentService 的 StudentServiceImpl 类,服务端就在此远程接口的实现类中。该类将实现学生的查询方法 search(String name)。

```
// StudentServiceImpl.java
package rmi.serviceImpl;
import java.rmi.RemoteException;
import java.rmi.server.UnicastRemoteObject;
import java.util.LinkedList;
import java.util.List;
import rmi.model.StudentEntity;
import rmi.service.*;

//继承自 UnicastRemoteObject,为远程对象的实现类
public class StudentServiceImpl extends UnicastRemoteObject implements StudentService {
    public StudentServiceImpl() throws RemoteException {
        super();
    }

    @Override
    public List<StudentEntity> search(String name) throws RemoteException {
        System.out.println("开始查询!");
        List<StudentEntity> personList = new LinkedList<StudentEntity>();
        //假设查询有两个同学符合查询结果
        StudentEntity person1 = new StudentEntity();
        person1.setAge(25);
        person1.setId(0);
        person1.setName(name);
        personList.add(person1);
        StudentEntity person2 = new StudentEntity();
        person2.setAge(26);
        person2.setId(1);
        person2.setName(name);
        personList.add(person2);
        return personList;
    }
}
```

其中，StudentEntity 是一个在服务器上定义的方便查询的类，其必须实现序列化 Serializable 接口。

```
// StudentEntity.java
package rmi.model;
import java.io.Serializable;

//注意对象必须继承 Serializable
public class StudentEntity implements Serializable {
  private int id;
  private String name;
  private int age;
  public void setId(int id) {
    this.id = id;
  }
  public int getId() {
    return id;
  }
  public void setName(String name) {
    this.name = name;
  }
  public String getName() {
    return name;
  }
  public void setAge(int age){
    this.age = age;
  }
  public int getAge(){
    return age;
  }
}
```

（3）编写服务器程序，发布远程调用服务。

```
// ServerProgram.java
package rmi.remotingservice;
import java.rmi.Naming;
import java.rmi.registry.LocateRegistry;
import rmi.service.*;
import rmi.serviceImpl.*;

public class ServerProgram{
    public static void main(String[] args) {
      // TODO Auto-generated method stub
        try {
          StudentService studentService = new StudentServiceImpl();
          //注册服务的端口
          LocateRegistry.createRegistry(6600);
          //绑定本地地址和服务的路径
          Naming.rebind("rmi://127.0.0.1:6600/SearchService",
                        studentService);
          System.out.println("开始服务!");
        } catch (Exception e) {
```

```
            e.printStackTrace();
        }
      }
    }
```

(4) 创建一个客户程序执行 RMI 调用。任何客户程序都需要从使用绑定程序远程对象引用开始。在客户程序中,通过 lookup 操作为远程对象查找一个远程对象引用。在获取了一个初始的远程对象引用后,调用远程方法。

```
// ClientProgram.java
package rmi.remotingclient;
import java.rmi.Naming;
import java.util.List;
import rmi.model.StudentEntity;
import rmi.service.*;

public class ClientProgram {
  public static void main(String[] args){
    try{
      //调用远程对象,RMI 路径与接口必须与服务器配置一致
      StudentService studentService = (StudentService)
          Naming.lookup("rmi://127.0.0.1:6600/SearchService");
          List<StudentEntity> personList = studentService.search("王明");
          for(StudentEntity person:personList){
              System.out.println("ID:" + person.getId() + ",Age:" + person.getAge() +
                                 "Name:" + person.getName());
          }
        }catch(Exception ex){
          ex.printStackTrace();
        }
    }
}
```

(5) 注册并启动远程服务,在客户端即可进行远程调用。

本案例并没有执行 4.2.2 节中的步骤(3)"生成存根和框架程序"。早期的 Java 版本为了 RMI 运行程序,须使用 rmic 来编译生成 Stub 和 Skeleton 程序;同时使用 rmiregistry 或者 start rmiregistry 命令来运行 RMI 注册工具到系统默认的端口上。从 JDK 5.0 以后,Stub 和 Skeleton 的类的产生不需要使用单独的 rmic 编译器了。RMI 开发流程简化为客户端和服务端,没有中间的存根和框架的环节。但是,存根(Stub)和框架(Skeleton)类实际上还是存在的。它们由 Java 虚拟机自动处理。其中,存根类是通过 Java 动态类下载机制下载,由服务端产生,然后根据需要动态地加载到客户端。下次再运行这个客户端时,该存根类存在于 classpath 中,不需要再下载,而是直接加载。如果服务端的 Skeleton 内容改变,那么客户端的也需要同步更新。

最后,在服务器端的代码中,LocateRegistry 接受服务端服务程序的注册,产生一个类似于数据库,提供存储检索远程对象功能的注册表。这个 RMI 注册表就是 RMI 的命名服务。远程客户端依靠它获得存根并调用远程的方法。

4.3 RPC和RMI的比较

4.3.1 RPC与RMI的区别

传统的远程过程调用(RPC)被设计为以中立的方式支持应用程序间的通信和调用。RPC理论上支持多种语言和平台,它使得程序员不用理会操作系统之间以及语言之间的差异。RMI只用于Java,可看作Java版本的RPC。

RMI和RPC之间最主要的区别在于方法是如何被调用的。RPC中通过网络服务协议向远程主机发送请求,请求包含一个参数集和一个文本值,通常形成“classname.methodname(参数集)”的形式,被请求的方法在名为“classname”的类中,名叫“methodname”。然后RPC远程主机搜索与之相匹配的类和方法,执行该方法并把结果编码通过网络协议返回。这里的参数类型与RPC请求中的类型是匹配的。而在RMI中,通过客户端的存根对象作为远程接口进行远程方法的调用。远程接口使每个远程方法都具有方法签名。如果一个方法在服务器上执行,但是没有相匹配的签名被添加到这个远程接口上,那么这个新方法就无法被RMI客户方所调用。

另外,RPC不支持对象的概念。传送到RPC服务的消息由外部数据表示(External Data Representation,XDR)语言表示。这种语言抽象了字节序(byteorder)和数据类型之间的结构差异。只有由XDR定义的数据类型才能被传递,RPC不允许传递对象。而RMI调用远程对象方法,允许方法返回Java对象及基本数据类型。因此,可以说RMI是面向对象方式的Java RPC。

4.3.2 RMI的优点

RMI是Java面向对象方法的一部分,可采用本地方法与现有系统相连接。这就是说,RMI可采用自然、直接和功能全面的方式提供分布式计算技术,而这种技术可以以不断递增和无缝的方式为整个系统添加Java功能。RMI的优点主要体现在以下几方面。

(1) 面向对象。

RMI可将完整的对象作为参数和返回值进行传递,即可以将类似Java哈希表这样的复杂类型作为一个参数进行传递,而不需要额外的客户程序代码(将对象分解成基本数据类型),直接跨网传递对象。

(2) 可移动属性。

RMI可将属性(类实现程序)从客户机移动到服务器,或者从服务器移到客户机。

(3) 设计方式。

对象传递功能可以在分布式计算中充分利用面向对象技术的强大功能,如二层和三层结构系统。如果用户能够传递属性,那么就可以在自己的解决方案中使用面向对象的设计方式。所有面向对象的设计方式无不依靠不同的属性来发挥功能,如果不能传递完整的对象——包括实现和类型——就会失去设计方式上所提供的优点。

(4) 安全性。

RMI使用专门为保护系统免遭恶意小应用程序侵害而设计的安全管理程序,可保护用户的系统和网络免遭潜在的恶意下载程序的破坏。在情况严重时,服务器可拒绝下载任何执行程序。

(5) 编写一次,到处运行。

RMI是Java“编写一次,到处运行”方法的一部分。任何基于RMI的系统均可100%地移植到任何Java虚拟机上。如果使用RMI/JNI(Java Native Interface)与现有系统进行交互工作,则采用JNI编写的代码可与任何Java虚拟机进行编译、运行。

(6) 分布式垃圾收集。

RMI采用分布式垃圾收集功能收集不再被网络中任何客户程序所引用的远程服务对象。与Java虚拟机内部的垃圾收集类似,分布式垃圾收集功能允许用户根据自己的需要定义服务器对象,并且明确这些对象在不再被客户机引用时会被删除。

(7) 并行计算。

RMI采用多线程处理方法,可使服务器利用这些Java线程更好地并行处理客户端的请求。Java分布式计算解决方案:RMI从JDK 1.1开始就是Java平台的核心部分,因此,它存在于任何一台Java虚拟机中。所有RMI系统均采用相同的公开协议,所以,所有Java系统均可直接相互对话,而不必事先对协议进行转换。

(8) 便于编写和使用。

RMI使得Java远程服务程序和访问这些服务程序的Java客户程序的编写工作变得轻松、简单。近来也出现了基于RMI的一些远程过程调用的框架,如Dubbo。Dubbo是一款高性能、轻量级的开源Java RPC框架。提供了三大核心能力:面向接口的远程方法调用,智能容错和负载均衡,以及服务自动注册和发现等。

小　结

远程过程调用(RPC)是实现分布式计算最核心底层的协议之一,允许运行于一台计算机的程序调用存储于另一台计算机的子程序。本章先概述远程过程调用(RPC)的概念,再详细说明远程过程调用的原理和调用流程;然后介绍了基于Java的远程方法调用(RMI)的概念、原理,并通过实例来理解RMI机制;最后总结了RPC与RMI的区别并介绍了RMI的主要优点。

思 考 题

1. 进程间的通信方式有哪些?有何什么区别?
2. 什么是远程过程调用?
3. 请简述RPC的工作原理。
4. 远程过程调用有哪些应用?请举例说明。
5. 请简述RMI的原理,其与RPC有哪些不同。
6. RMI有哪些优点?

实验2 远程过程调用

一、实验目的

理解和掌握远程过程调用原理，能够基于 Java RMI 进行远程编程和控制。

二、实验平台和准备

操作系统：Windows 或 Linux 系统。

需要的软件：Java JDK（1.8 或以上版本）、IDEA 或者 Eclipse 等开发环境。

三、实验内容和要求

请根据具体要求定义远程接口类及实现类。编写客户端，利用 RMI 实现远程调用服务；并在两台机器之间分别安装服务器端和客户端，以验证结果的正确性。

请从以下的实验内容中选择一项或者多项。

（1）利用 RMI 技术对远程文件夹进行控制。

客户端通过 RMI 操作远程服务器端的文件夹，包括增加文件（文本文件）、修改文件（文本文件）、删除文件、列出文件，同时可统计该文件夹具有多少个文件、占用磁盘空间的总大小。

（2）利用 RMI 技术构建远程会话。

两个或者多个客户端发送消息到服务器端，服务器端把相应的消息中转发送给对应的客户，进行远程对话。

（3）查询和操作远程的图（Graph）数据。

服务器端构建一个图结构（可基于 https://jgrapht.org/）。客户端通过 RMI 往这个图插入结点和边，可删除结点（附带也删除边），可查询图的结点数、边数，以及计算任意两个边的最短路径。

四、扩展实验内容

Dubbo（http://dubbo.apache.org/）是阿里巴巴公司开源的一个高性能的优秀服务框架，使得应用可通过高性能的 RPC 实现服务的输出和输入功能，可以和 Spring 框架无缝集成。它提供了三大核心能力：面向接口的远程方法调用，智能容错和负载均衡，以及服务自动注册和发现。请查阅相关资料和官网文档，尝试把以上的作业用 Dubbo 实现。

第5章 Web容器

Web容器是中间件的重要组成部分,它为处于其中的应用程序组件提供了一个环境。Web容器可以管理对象的生命周期、对象与对象之间的依赖关系,同时对动态语言进行解析,实现了系统软件和应用软件之间的连接。它的作用是将应用程序运行环境与操作系统隔离,从而简化应用程序开发,使程序开发者不用关心系统环境,而只需关注该应用程序在解决问题上的能力。本章将介绍Web容器的概念,介绍典型的Web应用服务器框架和Java EE事实上的标准框架Spring,以及与Web容器紧密相关的依赖注入和面向切面编程等技术。

5.1 Web服务器

5.1.1 Web服务器概述

Web服务器也称为WWW(World Wide Web)服务器,是驻留于因特网上的某种类型的计算机程序,也是因特网上发展最快和目前应用最广泛的服务。它起源于1989年3月,是由欧洲核子研究组织(European Organization for Nuclear Research,通常简称为CERN,即其法语名称的缩写)发展出来的主从结构分布式超媒体系统。通过Web服务器,用户使用简单的方法就可以迅速方便地获取丰富的信息资料。用户在通过Web浏览器访问信息资源的过程中,无须关心一些技术性的细节,且所访问的界面相对友好。Web服务器的出现标志着WWW时代的到来。Web服务器在因特网上一经推出就受到了热烈的欢迎,并得到了爆炸性的发展。

从技术角度上看,Web服务器是运行在互联网上的一个超大规模的分布式系统。其设计初衷是一个静态信息资源发布媒介,通过超文本标记语言(Hyper Text Markup Language,HTML)描述信息资源,通过统一资源标识符(Uniform Resource Locator,URL)定位信息资源,通过超文本传输协议(HyperText Transfer Protocol,HTTP)请求信息资源。HTML、URL和HTTP三个规范构成了Web的核心体系结构,是支撑着Web运行的基石。客户端(一般为浏览器)通过URL找到网站(如www.google.com),发出HTTP请求,服务器收到请求后返回HTML页面。Web服务器基于TCP/IP等协议,Web网页在这个协议族之上将计算机的信息资源连接在一起,形成了万维网(World Wide Web)。

目前主流的Web服务器有Apache①、Nginx②、IIS③。而CGI(Common Gateway Interface)、JSP(Java Server Pages)、Servlets、ASP(Active Server Pages)等技术的发展增强了Web服务器

---

① https://www.apache.org/.

② https://www.nginx.com/.

③ https://www.iis.net/.

获取动态资源的能力，使得 Web 服务器朝着企业级应用方向发展。面对快速的业务变化，Web 容器为开发者提供了快速开发接口，使得开发人员只需关注业务本身即可写出可靠、符合业务需求的程序。

5.1.2 Web 服务器的工作原理

Web 服务器处理浏览器等 Web 客户端的请求，并返回相应响应以及向 Web 客户端提供文档和显示界面。Web 服务器采用的是浏览器/服务器(B/S)结构，其作用是整理和存储各种网络资源，并响应客户端软件的请求，把客户所需的资源传送到 Windows、UNIX 或 Linux 等平台上。Web 服务器传送页面使浏览器可以浏览，而应用程序服务器提供的是客户端应用程序可以调用的方法。换句话说，Web 服务器专门处理 HTTP 请求，而应用程序服务器通过多种协议为应用程序提供商业逻辑。

Web 服务器的工作过程一般可分成如下 4 个步骤：连接过程、请求过程、应答过程以及关闭连接(如图 5-1 所示)。连接过程是 Web 服务器及其浏览器之间建立一种连接的过程，用户可以通过查看套接字 socket 这个虚拟文件确定连接是否建立。请求过程是 Web 浏览器运用 socket 这个文件向其服务器提出各种请求。应答过程是 HTTP 把在请求过程中所提出来的请求传输到 Web 服务器，进而实施任务处理；然后运用 HTTP 把任务处理的结果传输到 Web 浏览器，同时在 Web 的浏览器上面展示上述所请求的界面。关闭连接是当应答过程完成以后，Web 服务器和其浏览器之间断开连接的过程。

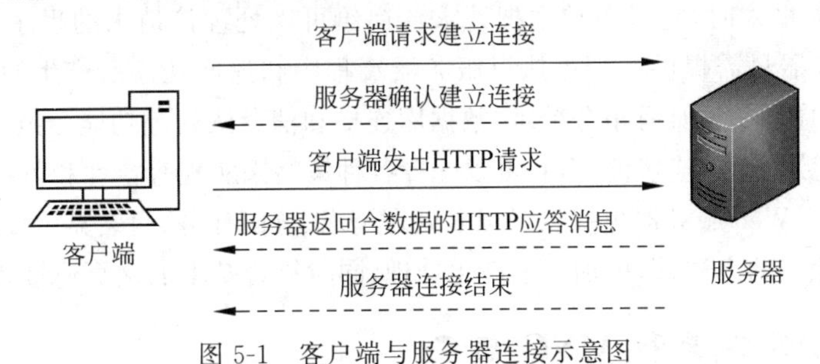

图 5-1 客户端与服务器连接示意图

在典型的 Web 应用中(如图 5-2 所示)，用户在浏览器中输入网址或单击链接，浏览器获得事件后与 Web 服务器建立 TCP 连接，这个过程就是上文所说的连接过程。如果连接成功，浏览器将用户事件按照 HTTP 格式打包成一个数据包，向服务器提出各种请求，这个过程是请求过程。服务端程序接到请求后，以 HTTP 格式解包请求，分析客户端请求，进行分类处理，如提供某种文件、处理数据等；最后将结果打包成 HTTP 格式，返回给浏览器端，这是应答过程。应答过程基于 HTTP，把请求传输到 Web 的服务器，进而实施任务处理。然后把任务处理的结果传输到 Web 浏览器，并在 Web 的浏览器上面展示上述所请求界面，其处理结果一般是 HTML 网页文件。当应答过程完成后，服务器和客户端浏览器会根据约定断开连接。服务器工作的四个步骤环环相扣、紧密相连，可以支持多个进程、多个线程以及多个进程与多个线程相混合的技术。

对于网站服务器而言，连接过程、请求过程和关闭连接都是较为标准的例行程序，关键点在于应答过程，即如何根据请求返回各种各样的结果网页。一般而言，网页可分为静态网页和动态网页两种。静态网页是预先存在服务器上的固定文件，动态网页则是服务器根据用户的

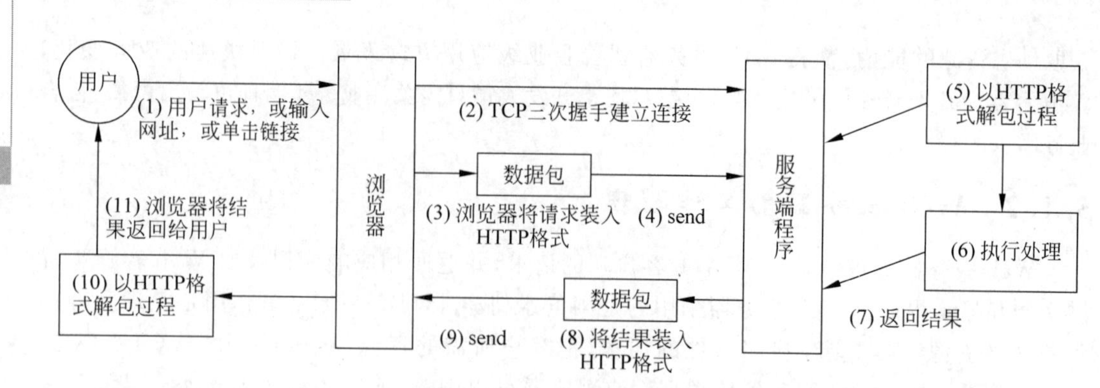

图 5-2　Web 服务器工作原理

请求动态组装而成的。对于不同的请求，动态网页返回的结果一般不同。因此，可以把网站服务器看作一个拥有各种车间和车床的工厂，该工厂可根据用户的订单生产个性化的产品。而网站开发人员的主要任务就是定义工厂的各种组件，安排流程，生产出用户需要的产品。

Web 服务器的代理模型(delegation model)相对简单。为了处理一个请求(request)，Web 服务器可以响应(response)一个静态页面或图片，进行页面跳转(redirect)，或者把动态响应(dynamic response)的产生委托(delegate)给一些其他的程序，例如 CGI 脚本、JSP 脚本、Servlets、ASP 脚本、服务器端 JavaScript，或者一些其他的服务器端技术。不管请求是什么，服务器端的程序通常产生一个 HTML 响应来让浏览器可以浏览。当一个请求被送到 Web 服务器里来时，它只单纯地把请求传递给可以处理该请求的程序(服务器端脚本)即可。Web 服务器只需提供一个可执行服务器端程序和返回程序所产生的响应的环境。

服务器端程序通常也具有事务处理、数据库连接和消息队列等功能。虽然 Web 服务器不支持事务处理或数据库的连接池，但它可以配置各种策略来实现容错性和可扩展性，如负载平衡、缓冲等。同时，Web 服务器也提供了很多处理请求、分配任务、封装显示界面的类。用户继承这些类，覆写相应的方法，即可加入个性化处理，同时符合基本的网页连接和处理流程。

5.1.3　Web 服务器和 MVC 框架

Web 服务器可基于不同的编程语言进行编程，自 2000 年以来各厂商和开源社区提出了多种框架和架构来优化 Web 服务器的工作过程。例如，SSH（Spring、Struts、Hibernate)、Django、Ruby on Rails 架构等都可以帮助开发者在开发、部署、维护 Web 应用程序时变得简单快捷。这些框架细节各不相同，但一个共同之处是会通过抽象，分离出服务器的基本执行流程：例行的标准化的流程由服务器来处理，而用户只需要负责定义个性化的、非标准化的流程。

Web 服务器通常采用 MVC(Model-View-Controller，模型-视图-控制器)框架来抽象客户端和服务器的访问流程。MVC 用一种业务逻辑、数据、界面显示分离的方法组织代码，将业务逻辑聚集到一个部件里面，在改进和个性化定制界面及用户交互的同时，不需要重新编写业务逻辑。控制器(Controller)是应用程序中处理用户交互的部分。通常控制器负责从视图读取数据，控制用户输入，并向模型发送数据。模型(Model)是应用程序中用于处理应用程序数据逻辑的部分，通常模型对象有对数据直接访问的权力，负责在数据库中存取数据。视图(View)是应用程序中处理数据显示的部分。通常视图是依据模型数据创建的，能为应用程序处理不同的数据视图。图 5-3 是一个 MVC 组件之间的合作场景，Controller 读取用户输入，Model 处理业务逻辑，View 根据 Model 的处理结果更新视图。

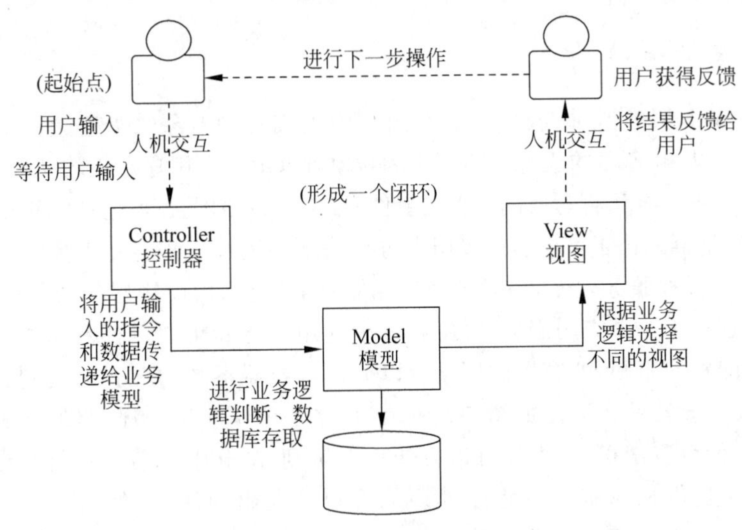

图 5-3　MVC 组件之间的合作

MVC 分层有助于管理复杂的应用程序，使得程序员在一段时间内专门关注一方面。例如，可以在不依赖业务逻辑的情况下专注于视图设计。同时也让应用程序的测试更加容易。MVC 的分层也简化了分组开发，不同的开发人员可同时开发视图、控制器逻辑和业务逻辑。

Java EE 是 MVC 框架的一个具体实现。如图 5-4 所示，Java EE 的组件也大体可以按照模型-视图-控制器的方式来进行划分。其中，控制器 Servlet 是 Java 编写的服务器端程序，主要功能是交互式地浏览和修改数据，生成动态 Web 内容；视图 JSP 部署于网络服务器上，可以响应客户端发送的请求，并根据请求内容动态地生成 HTML、XML 或其他格式文档的 Web 网页，然后返回给请求者。实体模型 Java Bean 封装数据操作，将功能、处理、值、数据库访问和其他任何可以用 Java 代码生成的对象进行打包，以供其他类使用。

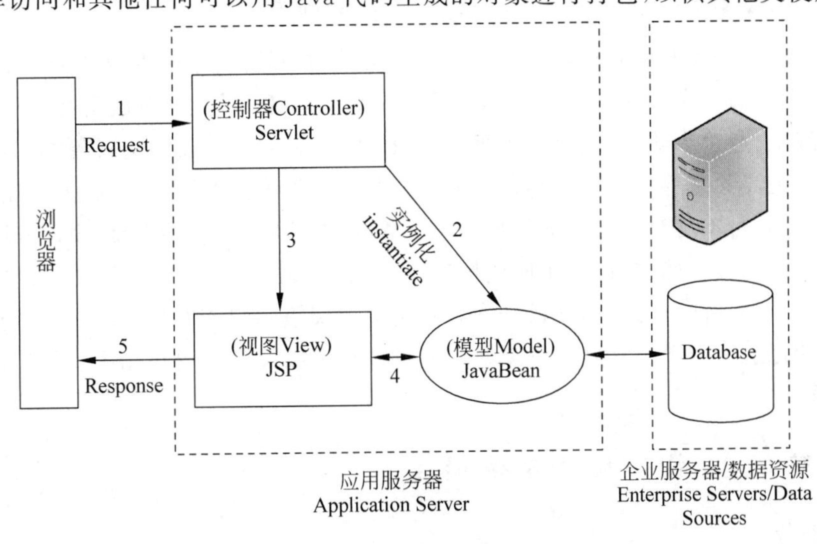

图 5-4　Java EE 技术架构示意图

5.2 Web 容器简介

5.2.1 容器的概念

用户访问 Web 服务器时,服务器会在内存中生成各种对象来处理请求和处理业务逻辑。这就出现了 Web 容器的概念。容器中的对象可以由一个用户定义的模板来生成。例如 JavaBean,它是一种 Java 语言写成的可重用组件。JavaBean 的类必须是具体的和公共的,并且具有无参数的构造器。由于可能有很多用户访问,因此内存中一般存在很多的对象实例。

Web 容器是一种服务程序,一般位于应用服务器之内,由应用服务器负责加载和维护。一个容器只能存在于一个应用服务器之内,一个应用服务器可以创建和维护多个容器。容器一般遵守可配置的原则,即容器的用户可以通过对容器参数的配置来达到自己的使用需求,而不需要修改容器的代码。如图 5-5 所示,容器是位于应用程序/组件和服务器平台之间的接口集合,使得应用程序/组件可以方便地部署到 Web 服务器上运行。在服务器的一个端口就有一个提供相应服务的程序处理从客户端发出的请求,如 Java 中的 Tomcat 容器、ASP 的 IIS 或 PWS 都是这样的容器。一个服务器可能不止一个容器,容器给处于其中的应用程序/组件(JSP、Servlet)提供一个环境,使组件直接跟容器中的环境变量交互,而不必关注其他的系统问题。

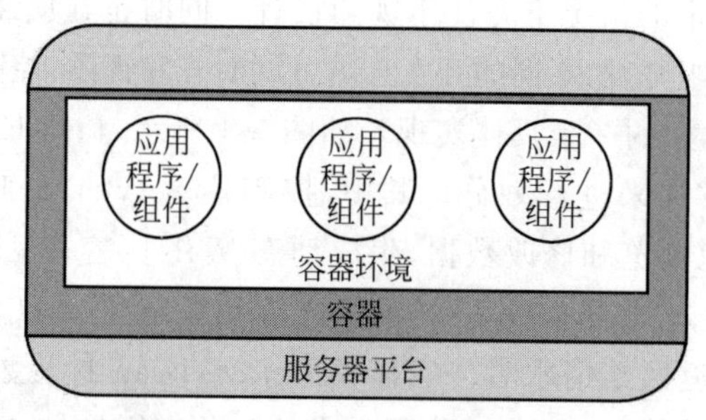

图 5-5　容器与服务器的联系

在 Spring 和 EJB(Enterprise Java Beans)框架结构中,都将中间件服务传递给耦合松散的 POJO(Plain Old Java Objects)对象,而容器则负责对象的创建、对象间的关联和对象的生命周期管理。通过容器的配置(如常见的 XML 配置文件),可以定义对象的名称、产生方式、对象间的关联关系等。在启动容器之后,容器自动地生成这些对象,而无须用户编码来产生对象或建立对象与对象之间的依赖关系。Web 容器是自动化例行程序,是减少用户工作量的一个有效方法。它提供一个应用框架,屏蔽和掩藏例行的或者复杂的事物(如事务、安全或持久性),支持弹性配置,使得开发者只把关注聚焦到应该的地方,是简化企业软件开发的关键。因此,一个设计良好的框架及中间件架构可以提高代码重用率、开发者的生产力及软件的质量。

5.2.2 解耦合、控制反转及依赖注入

1. 解耦合

在采用面向对象方法设计的软件系统中,底层实现是由 N 个对象组成,所有的对象通

过彼此合作，共同实现系统的业务逻辑。图 5-6 是软件系统中耦合的对象的示例，各模块之间互相依赖，耦合度较高。如果其中一个模块出了问题，就可能影响到整个系统的正常运转。并且随着工业级应用的规模越来越庞大，对象之间的依赖关系也越来越复杂，经常会出现对象之间的多重依赖性关系。对象之间耦合度过高的系统，不利于系统的维护。

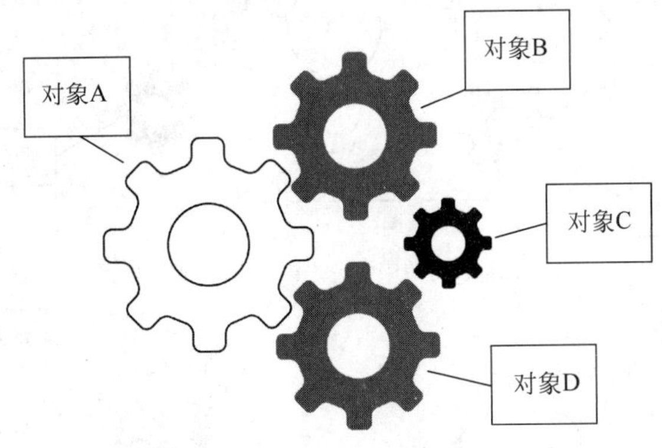

图 5-6 软件系统中耦合的对象

耦合关系不仅会出现在对象与对象之间，也会出现在软件系统的各模块之间，以及软件系统和硬件系统之间。如何降低系统之间、模块之间和对象之间的耦合度，是软件工程追求的目标之一。

2. 控制反转

为了解决对象之间的耦合度过高的问题，软件专家 Michael Mattson 提出了反转控制(Inverse of Control，IoC)理论，用来实现对象之间的"解耦"。

在图 5-7(a)中，由于引进了中间位置的"第三方"IoC 容器，A、B、C、D 这 4 个对象没有了耦合关系。齿轮之间的传动全部依靠"第三方"了，全部对象的控制权全部交给"第三方"IoC 容器。所以，IoC 容器成了整个系统的关键核心。它起到一种类似"黏合剂"的作用，把系统中的所有对象黏合在一起发挥作用。如果没有这个"黏合剂"，对象与对象之间会彼此失去联系，这就是有人把 IoC 容器比喻成"黏合剂"的由来。而如果拿掉中间的容器(即容器无须开发人员实现)，如图 5-7(b)所示的就是开发人员要实现的整个系统所需要完成的内容。这时候，A、B、C、D 这 4 个对象之间去除了耦合关系，彼此毫无联系。当实现 A 的时候，无须再去考虑 B、C 和 D 了，对象之间的依赖关系已经降到了最低。如果实现了 IoC 容器，对于系统开发而言，参与开发的成员只要实现自己的类而无须关注其他的工作。

因此，控制反转，简单来说就是把复杂系统分解成相互合作的对象。这些对象类通过封装以后，内部实现对外部是透明的，不仅降低了解决问题的复杂度，而且可以灵活地被重用和扩展。IoC 借助于"第三方"实现具有依赖关系的对象之间的解耦。软件系统在没有引入 IoC 容器之前，如图 5-6 所示，对象 A 依赖于对象 B，那么对象 A 在初始化或者运行到某一点的时候，自己必须主动去创建对象 B 或者使用已经创建的对象 B。无论是创建还是使用对象 B，控制权都在自己手上。软件系统在引入 IoC 容器之后，创建对象的对象改变了，如图 5-7(a)所示，由于 IoC 容器的加入，对象 A 与对象 B 之间失去了直接联系。所以，当对象 A 运行到需要对象 B 的时候，IoC 容器会主动创建一个对象 B 注入对象 A 需要的地方。通过这两种情况的对比，不难看出：对象 A 获得依赖对象 B 的过程，由主动行为变为了被动行为，控制权颠倒过来了，这就是"控制反转"这个名称的由来。

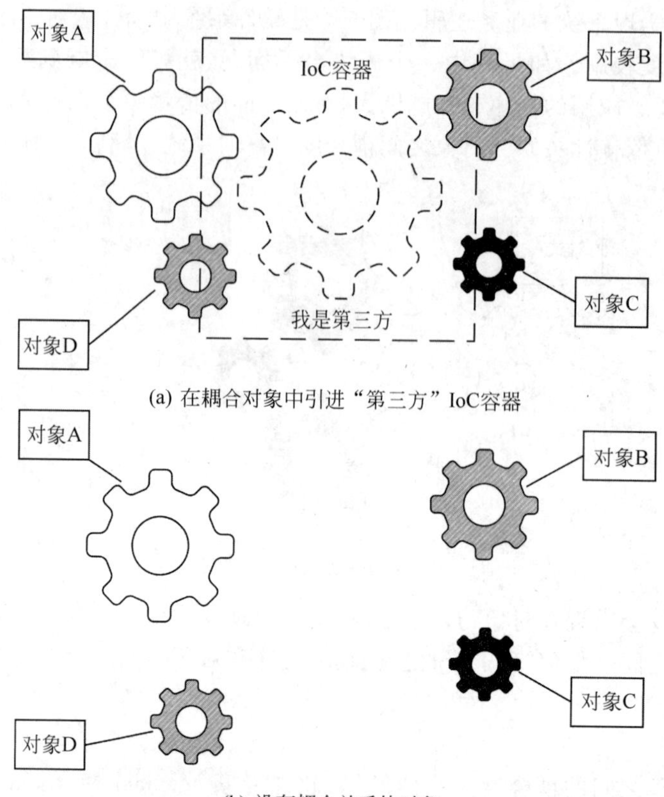

(a) 在耦合对象中引进“第三方”IoC容器

(b) 没有耦合关系的对象

图 5-7 IoC 解耦过程

3. 依赖注入

2004 年,著名的软件专家 Martin Fowler 给“控制反转”取了一个更合适的名字叫作“依赖注入”(Dependency Injection,DI)。控制被反转之后,获得依赖对象的过程由自身管理变为由 IoC 容器主动注入。所谓依赖注入,就是由 IoC 容器在运行期间,动态地将某种依赖关系注入对象之中。所以,依赖注入(DI)和控制反转(IoC)是从不同的角度描述的同一件事情。通过引入 IoC 容器,利用依赖关系注入的方式,实现对象之间的解耦。而组件对象之间的解耦,将大大提高程序的灵活性、重用性和可维护性。目前,依赖注入(DI)和控制反转(IoC)理论已经被成功地应用到实践当中,很多的 Java EE 项目均采用了 IoC 框架产品。

从另一个角度看,依赖注入和控制反转都符合依赖倒置原则(Dependence Inversion Principle,DIP)。DIP 设计原则指出,高层模块不应该依赖底层模块的实现,而应该依赖底层模块的抽象,也就是接口。IoC 是一种设计模式,它指导程序员应该怎么做才能保证遵循 DIP 原则。它将底层模块的实例化和为高层模块提供底层实现这两件事交给第三方系统负责,而依赖注入是容器为高层模块提供底层实现的方式。

5.2.3 面向切面的编程

1. 面向切面的编程

AOP(Aspect Oriented Programming,面向切面的编程)是通过预编译方式和运行期动态代理的方式,实现程序功能的统一维护的一种技术。AOP 是面向对象程序设计(Object

Oriented Programming,OOP)的延续,也是 Spring 框架中的一个重要内容。利用 AOP 可以对业务逻辑的各个部分进行隔离,从而使得业务逻辑各部分之间的耦合度降低,提高程序的可重用性,同时提高了开发的效率。

面向切面的编程是促使软件进行关注点分离的一项技术。软件系统由许多不同的组件组成,每一个组件各负责一定功能。有些组件除了实现自身的核心功能之外,还负责额外的职责。如图 5-8 所示,持久化管理、日志管理、事务管理、调试管理和安全管理等系统服务经常会融入其他具有核心业务的组件中去。这些系统服务常被称为"方面",因为它们跨越系统的多个组件。如果将这些关注点分散到多个组件中去,代码会出现一些问题。例如,实现系统关注点功能的代码重复出现在多个组件中,且组件会因为那些与自身核心业务无关的代码而变得混乱。

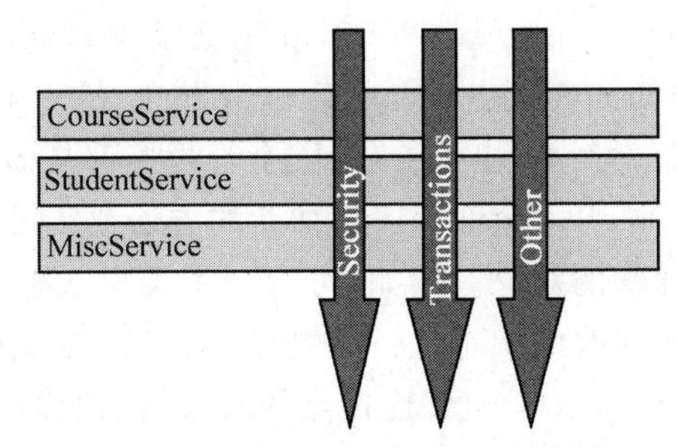

图 5-8 "方面"应用逻辑跨越多个应用程序对象

AOP 提供的解决方法是使这些服务模块化。AOP 将应用系统分为核心业务逻辑和横向通用逻辑两部分。横向通用逻辑也就是所谓的"方面"。如图 5-9 所示,在 Spring 中提供了面向切面编程的丰富支持,允许通过分离应用的业务逻辑与系统级服务(如审计和事务管理)进行内聚性的开发。应用对象只需实现业务逻辑,而无须负责其他的系统级关注点,如日志或事务支持。

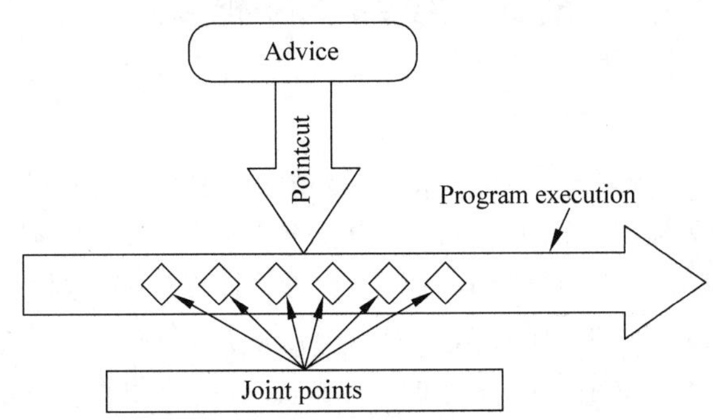

图 5-9 "方面"功能在一个或多个连接点处编织到程序的执行中

2. AOP 的核心概念

在 5.4.4 节将具体介绍面向切面的编程实例,此处先给出 AOP 的几个核心概念。

(1) 连接点(Join Points):程序执行过程中某一个方面可以切入的点,如特定方法的调用或特定的异常被抛出。

(2) 通知(Advice):在特定的连接点,AOP 框架执行的动作。各种类型的通知包括"Around""Before""Throws"和"After returning"等。许多 AOP 框架(包括 Spring)都是以

拦截器作通知模型，维护一个“围绕”连接点的拦截器链。“Around”通知是包围一个连接点（如方法调用）的通知。“Around”通知在方法调用前后完成自定义的行为，它们负责选择继续执行连接点，或返回自己的返回值，或抛出异常来短路执行（即通过控制条件跳过某些程序片段）。“Before”通知是在一个连接点之前执行的通知，但它不能阻止连接点前的执行（除非它抛出一个异常）。“Throws”通知是在方法抛出异常时执行的通知。Spring 提供了强制类型的“Throws”通知，因此用户可书写代码捕获感兴趣的异常（和它的子类），而不需要从 Throwable 或 Exception 强制类型转换。“After returning”通知是在连接点正常完成后执行的通知。例如，一个方法正常返回，没有抛出异常时。

（3）切入点（Pointcut）：指定通知将被引发的一系列连接点的集合。AOP 框架必须允许开发者指定切入点，例如，使用正则表达式来匹配连接点的集合。如果通知 Advice 是定义了横切时“What”和“When”，则切入点 Pointcut 定义了 Where。

（4）方面（Aspect）：通知和切入点合在一起称为方面，是一个关注点的模块化，这个关注点实现可能横切多个对象。例如，事务管理、安全管理等都是横切关注点。

（5）引入（Introduction）：引入允许程序添加新的方法或字段到被通知的类。Spring 允许引入新的接口到任何被通知的对象。例如，可为一个类引入 IsModified 接口和保存其状态数据的对象来记录对象被修改的状态，而不必更改原有类的代码。

（6）目标对象（Target Object）：包含连接点的对象，也被称作被通知或被代理对象。

（7）AOP 代理（AOP Proxy）：AOP 框架创建的对象，包含通知。在 Spring 中，AOP 代理可以是 JDK 动态代理或 CGLIB 代理。

（8）编织（Weaving）：把方面应用到目标对象，从而创建一个新的代理对象的过程。编织可以在编译时完成（例如使用 AspectJ 编译器），也可以在运行时完成。Spring 和其他纯 Java AOP 框架一样，在运行时完成织入。

5.3 Java EE 框架

5.3.1 概述

Java EE（Java Platform，Enterprise Edition）是 Sun 公司（2009 年 4 月被甲骨文收购）推出的企业级应用程序版本。这个版本以前称为 J2EE（1.2～1.4 版本），从版本 1.5 开始正式使用 Java EE 这个名字。它能够帮助我们开发和部署可移植、健壮、可伸缩且安全的 Web 应用和企业应用。这些应用通常设计为多层的分层应用，包括 Web 框架的前端层，提供安全和事务的中间层，以及提供持久性服务的后端层。这些应用程序具备快速响应性和适应用户需求增长的伸缩性。

Java EE 是在 Java SE 的基础上构建的，平台为每个层中的不同组件定义了 API，它提供 Web 服务、组件模型、管理和通信服务，可以用来实现企业级的面向服务体系结构（Service-Oriented Architecture，SOA）和 Web 2.0 应用程序。此外，还提供一些额外的服务，例如，命名、注入和跨平台的资源管理等。这些组件提前部署在提供运行期支持的容器中。容器为应用组件提供底层的 Java EE API 联合视图，Java EE 组件间通过容器的协议和方法彼此交互，或者与平台的服务交互。同时，容器可以透明地注入组件所需要的服务，例如，事务管理、安全检查、资源池和状态管理等。这种基于容器的模型和对资源的访问，使得开发人员可以从底层基础任务中解脱出来，而聚焦于应用的模型和应用商业逻辑。

5.3.2 Java EE 框架组成

Java EE将传统的C/S两层结构细分为四层：应用层、服务层、业务层、数据层，如图5-10所示。Java EE应用层可以是浏览器网页，也可以是Application客户端，或者是Applets(一种运行在浏览器Java虚拟机上的小程序)。服务层组件包括Servlet、JSP、JSF。业务层组件一般是与业务需求相对应的代码，通常被称为Enterprise JavaBeans。例如，如何从客户端接收信息、如何根据具体业务逻辑处理信息、数据以什么样的格式存储在数据库中。数据层可以是数据库或者一个企业级的信息系统，也可以用于业务数据的保存。

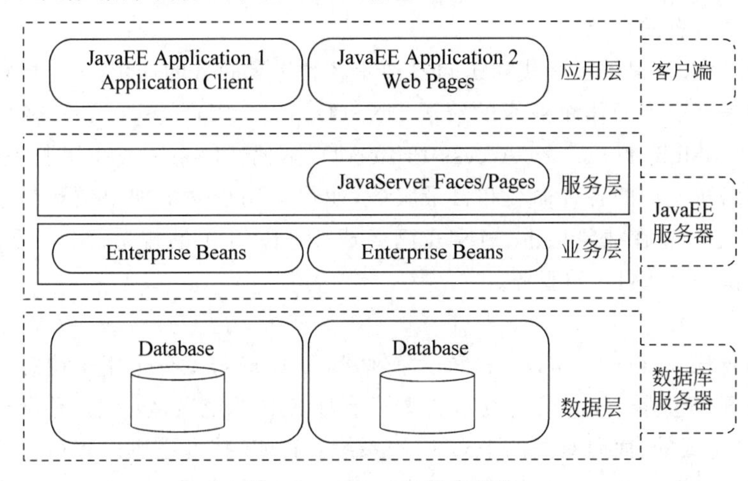

图5-10 Java EE体系结构

近年来工业界和开源社区涌现了许多的框架，使得创建企业的应用程序更加容易。服务层有Struts、JSF、Tapestry、WebWork、Velocity等框架。业务层可以用普通的Java Beans，也可以用EJB(Session Bean)。数据层可以选择JDBC、ORMapping框架(如Hibernate、toplink等)、SQLMapper tools(IBatis)、JDO、Entity Bean等。

5.3.3 Java EE 的主要技术

Java EE平台由一整套服务、应用程序接口和协议构成。它对开发基于Web的多层应用提供了功能支持，提供了一个基于组件的方法来加快设计、开发、装配和部署企业应用程序。下面简单介绍Java EE的一些技术规范。

1. JDBC

JDBC(Java Database Connectivity，Java数据库连接)是Java语言中用来规范客户端程序如何访问数据库的应用程序接口，提供了诸如查询和更新数据库中数据的方法。它提供连接各种关系数据库的统一接口，可以为多种关系数据库提供统一访问。它由一组用Java语言编写的类和接口组成。JDBC为工具/数据库开发人员提供了一个标准的API，数据库开发人员能够用纯Java API编写数据库应用程序，为JDBC开发者屏蔽了一些细节问题。JDBC对数据库的访问也具有平台无关性。Java开发中，使用JDBC操作数据库需要如下几个步骤。

(1) 加载数据库驱动程序。

(2) 连接数据库。

(3) 操作数据库。

(4) 关闭数据库,释放连接。

JDBC除了代表Java数据库编程接口以外,同时也是Sun Microsystems的商标。

2. JNDI

JNDI(Java Name and Directory Interface,Java命名和目录接口)是Sun公司提供的一种标准,是用于从Java应用程序中访问名称和目录服务的一组API。命名服务将服务名称与对象关联起来,从而使得开发人员在开发过程中可以使用名称来访问对象。目录服务是命名服务的一种自然扩展,两者之间的关键差别是目录服务中对象不但可以有名称还可以有属性(例如,用户有E-mail地址),而命名服务中对象没有属性。命名或目录服务允许程序集中管理共享信息的存储。

JNDI为开发人员提供了查找和访问各种命名和目录服务的通用、统一的接口。它提供了一致的模型来存取和操作企业级的资源DNS(Domain Name System)、轻型目录访问协议LDAP(Lightweight Directory Access Protocol)、本地文件系统或应用服务器中的对象。屏蔽了企业网络所使用的各种命名和目录服务,使得应用程序更加一致和易于管理。类似JDBC,JNDI也是构建在抽象层上。JNDI已经成为Java EE的规范之一,所有的Java EE容器都必须提供一个JNDI的服务。

3. EJB

EJB(Enterprise Java Beans)又被称为企业Java Beans,是一个用来构筑企业级应用的服务器端可被管理组件。Sun公司发布的文档中对EJB的定义是:EJB是用于开发和部署多层结构的、分布式的、面向对象的Java应用系统。J2EE技术之所以赢得广泛重视的原因之一就是EJB。它提供了一个框架来开发和实施分布式商务逻辑,显著地简化了具有可伸缩性和高度复杂的企业级应用程序的开发。EJB规范定义了EJB组件在何时如何与它们的容器进行交互作用。容器负责提供公用的服务,例如,目录服务、事务管理、安全性、资源缓冲池以及容错性。

4. RMI

RMI(Remote Method Invoke,远程方法调用)是一种用于过程调用的应用程序编程接口,是纯Java的网络分布式应用系统的核心解决方案之一。它使用了序列化的方式在客户端和服务器之间传递数据。RMI是一种被EJB使用的更底层的协议。

5. Java IDL/CORBA

Java IDL(Interface Definition Language,Java接口定义语言)是Java 2开发平台中的CORBA(Common Object Request Broker Architecture)功能扩展,可实现与异构对象的互操作性和连接性。它基本上是JDK提供的对象请求代理(Object Request Broker,ORB)。在Java IDL的支持下,开发人员可以将Java和CORBA集成在一起。可以创建Java对象并使之可在CORBA/ORB中展开,还可以创建Java类并和其他ORB一起服务CORBA对象客户。后一种方法提供了一种途径,通过它Java可以被用于将新的应用程序和旧的系统集合在一起。

6. JSP

JSP(Java Server Pages,Java服务器页面)是由Sun Microsystems公司主导创建的一种动态网页技术标准。JSP页面由HTML(标准通用标记语言下的一个应用)代码和嵌入其中的 Java 代码组成，将特定变动内容嵌入到静态的页面中，实现以静态页面为模板的动态网页。JSP 部署于网络服务器上，可以响应客户端发送的请求，并根据请求内容动态地生成 HTML、XML 或其他格式文档的 Web 网页，然后返回给请求者。JSP 技术以 Java 语言作为脚本语言，为用户的 HTTP 请求提供服务，并能与服务器上的其他 Java 程序共同处理复杂的业务需求。

7. Java Servlet

Servlet 是用 Java 编写的服务器端程序，主要功能是交互式地浏览和修改数据，生成动态 Web 内容。Servlet 运行于支持 Java 的应用服务器中。从实现上讲，Servlet 可以响应任何类型的请求，但绝大多数情况下，Servlet 只用来扩展基于 HTTP 的 Web 服务器。当 Servlet 被部署在应用服务器中后，由容器控制 Servlet 的生命周期。除特殊指定外，在容器启动的时候，Servlet 是不会被加载的，Servlet 只会在第一次请求的时候被加载和实例化。Servlet 在服务器的运行生命周期为：在第一次请求时被加载并执行一次初始化方法，接着执行正式运行方法，之后会被常驻，于是接下来每次被请求时直接执行正式运行方法，直到服务器关闭或被清理时执行一次销毁方法后实体销毁。

Java 服务器页面 JSP 是 Http Servlet 的扩展。由于 Httpservlet 大多是用来响应 HTTP 请求，并返回 Web 页面(例如 HTML、XML)，所以在编写 Servlet 时会涉及大量的 HTML 内容，这给 Servlet 的书写效率和可读性带来很大障碍。JSP 通常是大多数的 HTML 代码中嵌入少量的 Java 代码，将程序员从复杂的 HTML 中解放出来，更专注于 Servlet 本身的内容。JSP 在首次被访问的时候被应用服务器转换为 Servlet，在以后的运行中，容器直接调用这个 Servlet，而不再访问 JSP 页面。所以，JSP 的实质仍然是 Servlet。

8. XML

XML(eXtensible Markup Language，可扩展标记语言)是一种用于标记电子文件使其具有结构性的标记语言。在电子计算机中，标记指计算机所能理解的信息符号，通过此种标记，计算机之间可以处理包含各种的信息，例如文章等。可以选择国际通用的标记语言，例如 HTML，也可以使用像 XML 这样由相关人士自由决定的标记语言，这就是语言的可扩展性。

XML 可以从 HTML 中分离数据。即能够在 HTML 文件之外将数据存储在 XML 文档中，这样可以使开发者集中精力使用 HTML 做好数据的显示和布局，并确保数据改动时不会导致 HTML 文件也需要改动，从而方便维护页面。XML 也可以在不兼容的系统之间交换数据，可用于交换数据。XML 的发展和 Java 是相互独立的，但是，它和 Java 同样具有平台独立性。

9. JMS

JMS(Java Message Service，Java 消息服务)应用程序接口是一个 Java 平台关于面向消息中间件的 API，是用于和面向对象消息的中间件(Message Oriented Middleware，MOM)相互通信的应用程序接口。JMS 用于在两个应用程序之间，或分布式系统中发送消息，进行异步通信。JMS 是一个与具体平台无关的 API，绝大多数 MOM 提供商都对 JMS 提供支持，因此程序员可以在他们的分布式软件中实现面向消息的操作，这些操作将具有不同面向消息中间件产品的可移植性。JMS 提供企业消息服务，如可靠的消息队列、发布和订阅通信，以及有关推送/拉取(Push/Pull)技术的各个方面。

10. JTA

JTA(Java Transaction API)是 Java 平台上处理事务的应用程序接口。JTA 定义了一组标准 API,应用程序可以通过它访问各种事务监控。JTA 允许应用程序执行分布式事务处理,可以在两个或多个网络计算机资源上访问并且更新数据。JTA 事务比 JDBC 事务更强大。一个 JTA 事务可以有多个参与者,而一个 JDBC 事务则被限定在一个单一的数据库连接。

11. JTS

JTS(Java Transaction Service)是 Java 事务服务,规定了事务管理的实现方法,是 CORBA OTS 事务监控的基本实现。该事务管理器是在高层支持 JTA 规范,并且在较低层次实现 OMG OTS 规范[①]和 Java 映像。JTS 事务管理器为应用程序服务器、资源管理器、独立的应用以及通信资源管理器提供了事务服务。

12. Java Mail

Java Mail 是提供给开发者处理电子邮件相关的编程接口,它提供了一套邮件服务器的抽象类。Java Mail 不仅支持 SMTP 服务器,也支持 IMAP 服务器。

13. JAF

JAF(JavaBeans Activation Framework)是一个专用的数据处理框架,它用于封装数据,并为应用程序提供访问和操作数据的接口。JAF 的主要作用是让 Java 应用程序知道如何对一个数据源进行查看、编辑和打印等操作。应用程序通过 JAF 提供的接口可以完成:访问数据源中的数据、获取数据源数据类型、获知可对数据进行的操作,用户执行操作时,自动创建该操作的软件部件的实例对象。JavaMail 利用 JAF 来处理 MIME(Multipurpose Internet Mail Extensions)编码的邮件附件。MIME 的字节流可以被转换成 Java 对象,大多数应用都可以不需要直接使用 JAF。

除了上述 13 种技术规范之外,Java 中还有其他一些重要的技术规范。如 JMAPI(Java Management API)为异构网络系统、网络和服务管理的开发提供一整套丰富的对象和方法;JMF(Java Media Framework API)可以帮助开发者把音频、视频和其他一些基于时间的媒体放到 Java 应用程序或 Applet 小程序中去,为多媒体开发者提供了捕捉、回放、编解码等工具,是一个弹性的、跨平台的多媒体解决方案。从 JDK 1.5 开始,注解 Annotation 成为 Java 的重要特色。注解提供一种机制,将程序的元素,如类、方法、属性、参数、本地变量、包和元数据联系起来。这样编译器可以将元数据存储在 Class 文件中,虚拟机和其他对象可以根据这些元数据来决定如何使用这些程序元素或改变它们的行为。Java 管理扩展(Java Management Extensions,JMX)是一个管理和监控接口,用于管理应用程序、设备、系统等植入。JMX 可以跨越一系列异构操作系统平台、系统体系结构和网络传输协议,灵活地开发无缝集成的系统、网络和服务管理应用。Java 持久性接口(Java Persistence API,JPA)通过 JDK 5.0 注解或 XML 描述对象-关系表的映射关系,并将运行期的实体对象持久化到数据库中。

---

① Object Management Group's,Object Transaction Service(对象管理组,对象事务服务)。

5.3.4 企业级 Java 中间件

1. EJB 简介

JavaBeans 是 Java 技术中值得关注的技术。它是一个开放的标准的组件体系结构，它使用 Java 语言但独立于平台。JavaBean 是满足 JavaBeans 规范的 Java 类，通常定义了一个现实世界的事物或概念。JavaBean 的主要特征包括属性、方法和事件。在一个支持 JavaBeans 规范的开发环境中，可以可视化地操作 JavaBean，也可以使用 JavaBean 构造出新的 JavaBean。JavaBean 的优势还在于 Java 带来的可移植性。

EJB(Enterprise Java Bean)即企业级 JavaBean，是一个可重用的、可移植的 Java EE 组件。它将 JavaBean 概念扩展到 Java 服务端组件体系结构，这个模型支持多层的分布式对象应用。除了 EJB，典型的分布式结构还有前面章节介绍过的 DCOM 和 CORBA。

EJB 由封装了业务逻辑的多个方法组成。例如，一个 EJB 可以包括一个更新客户数据库中数据的方法的业务逻辑。多个远程和本地客户端可以调用这个方法。EJB 在容器中运行，允许开发者只关注于 Bean 中的业务逻辑而不用考虑像事务支持、安全性和远程对象访问等复杂和容易出错的事情。此外，EJB 以 POJO(Plain Ordinary Java Object，简单传统 Java 对象)的形式开发，开发者可以使用元数据注释来定义容器如何管理这些 Bean。

图 5-11 描述了 EJB 的环境构成。EJB 是以组件为基础的技术模型，组件运行在 EJB 容器之中，EJB 容器提供 EJB 组件运行的环境，并对 EJB 进行管理。EJB 容器一般包含在 EJB 服务器中，一个 EJB 服务器可以拥有一到多个 EJB 容器。EJB 容器可以在任何一个 EJB 服务器中部署，不需要定制专用的服务系统和容器。调用 EJB 组件的一方被称为 EJB 客户端，可以是运行在 Web 容器中的 JSP、Servlet 或其他的 Java 程序。EJB 客户端可以对 EJB 进行重新组装和重新定义，能够利用这一特性和其他组件一起构造出符合使用需求的应用系统，而且可以同时为多个系统提供服务。因此，EJB 结构平台完全是独立的，具有极强的独立性。

基于 EJB 开发出来的应用程序不用进行任何修改，即可被复制到另外的平台中。EJB 部署到应用服务器上之后，容器会自动生出三个对象，分别是 Home 对象、Remote 对象、Enterprise Java Bean 对象，客户端通过 JNDI 机制，绑定与定位 EJB，就可以调用它来完成各种功能。

2. EJB 的种类

EJB 中有三种类型的组件：会话 Bean(Session Bean)、实体 Bean(Entity Bean)和消息驱动 Bean(Message Driven Bean)。会话 Bean 执行独立的、解除耦合的任务，如检查客户的信用记录。实体 Bean 是一个复杂的业务实体，它代表数据库中存在的业务对象。消息驱动 Bean 用于接收异步 JMS 消息。以下简要介绍 EJB 3.0 规范中的这些类型。

(1) 会话 Bean

会话 Bean 主要负责业务逻辑的处理，代表着业务流程中"处理订单"这样的操作。"会话"意味着 Bean 只存在于某一时间段，而当服务器容器关闭或故障时将被销毁。根据会话状态的保持性，会话 Bean 可分为有状态或者无状态。

无状态会话 Bean 不维护会话状态，其服务任务须在一个方法调用中结束。它没有中间状态，也不保持追踪方法传递的信息。一个无状态业务方法的每一次调用都独立于它的前

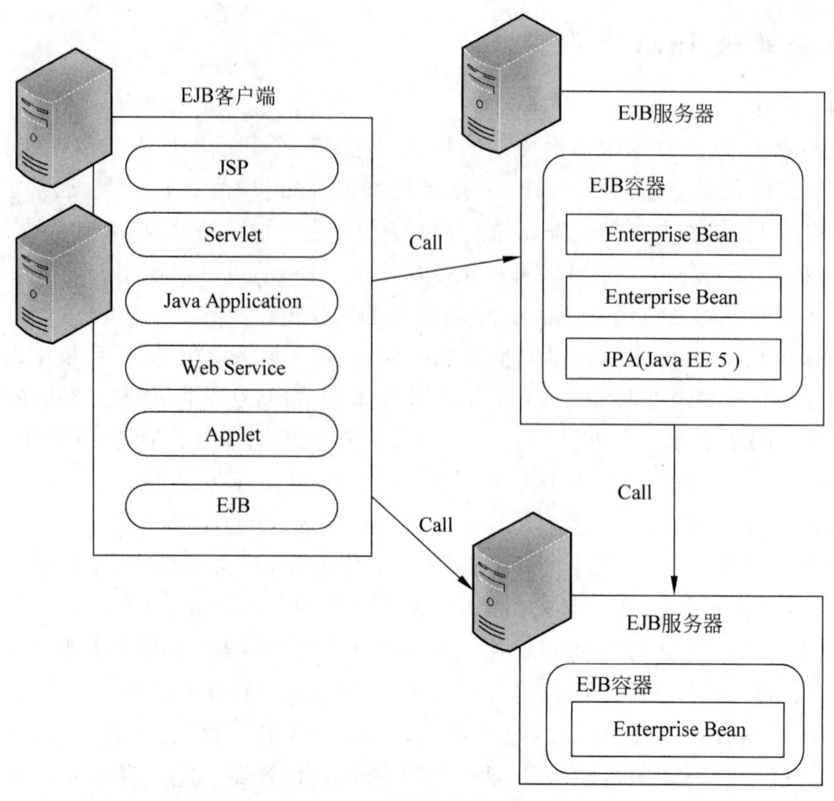

图 5-11 EJB的环境构成

一个调用。例如，当计算税费额的方法被调用时，只需计算税费值并返回给调用者，没有必要存储税费的值以及调用者的信息。多个用户可以无差别地调用无状态会话 Bean 的方法。因此，为了能够重用一些无状态会话 Bean 的实例，一般会采用"会话池"技术。即容器可以维护一定数量的实例来为大量的客户端服务。会话池中的无状态会话 Bean 能够被共享，当客户端请求一个无状态的 Bean 实例时，它可以从池子中选一个空闲状态的 Bean 实例进行调用处理。当请求达到了会话池设置的最大数量，新请求将被加入队列，以等待无状态 Bean 的服务。EJB 通过添加@Stateless 标注来指定一个 Java Bean 作为无状态会话 Bean 被部署和管理。

有状态的会话 Bean 维护一个跨越多个方法调用的会话状态。当一个客户端请求一个有状态会话 Bean 实例时，客户端将会得到一个会话实例，该 Bean 的状态只为该客户端维持。例如在线购物篮应用，当客户开始在线购物时，从数据库获得客户的详细信息，定义购物篮列表。当客户从购物篮中增加或者移除商品等操作时，这些用户信息和购物篮信息，都将被再次被访问。不同的客户端调用，都将产生新的有状态的会话 Bean 实例。但会话 Bean 是暂时的，因为该状态在会话结束、系统崩溃或者网络失败时都不会被保留。通过向方法增加标注@Remove，可以告知容器某个方法调用结束后，该有状态会话 Bean 实例应该被移除。

(2) 实体 Bean

实体 Bean 是管理持久性数据的一个对象，有可能使用几个相关的 Java 对象，可以通过主键实现唯一性。通过添加@Entity 注释，可以把某类指定为实体 Bean。实体 Bean 代表数据库中的持久性数据，如客户表中的一行或者员工表中的一条员工记录。实体 Bean 还可以在多个客户端之间共享。如某个员工实体 Bean 可以由多个客户端用于计算某员工的年薪或者更新员工地址。与之前的版本相比，EJB 3.0 中的实体 Bean 是纯粹的 POJO，它表达和 Hibernate 持久化实体对象同样的概念。可通过注解来定义映射，注解分别是逻辑映射注解和物理映射注解，通过逻辑映射注解可以描述对象模型、类之间的关系等，而物理映射注解则描述了物理的模式、表、列、索引等。

(3) 消息驱动 Bean

消息驱动 Bean(MDB)提供了一个实现异步通信的方法，该方法比直接使用 Java 消息服务(JMS)更容易。可以通过创建 MDB 接收异步 JMS 消息。当一个业务执行的时间很长，而执行结果无须实时向用户反馈时，适合使用消息驱动 Bean。例如，订单成功后给用户发送一封电子邮件或发送一条短信等。对客户机来说，消息驱动 Bean 是一个在服务器上实现某些业务逻辑的 JMS 消息使用者。客户机发送消息到 JMS Destination(Queue 或 Topic)来访问消息驱动 Bean。在服务器端，EJB 容器处理 JMS 队列和上下文所要求加载处理的大部分工作。当 JMS 消息到达时，它向相关的 MDB 发送消息，激发该 MDB 来处理消息。消息驱动 Bean 实例没有会话状态，因此当不涉及服务客户机消息时，所有的 Bean 实例都是等同的。

5.4 Spring 框架

5.4.1 Spring 框架的历史

JavaEE(J2EE)应用程序的广泛实现是在 2000 年左右开始的。它的出现带来了诸如事务管理之类的核心中间层概念的标准化，但是在实践中并没有获得绝对的成功。其主要原因是其开发效率、开发难度和实际的性能都令人失望。特别是 EJB 要严格地继承各种不同类型的接口，类似的或者重复的代码大量存在，而配置相对复杂和单调。因此，对于大多数初学者来说，学习 EJB 实在是一件代价高昂的事情。较低的开发效率，极高的资源消耗，都造成了 EJB 的使用困难。

Spring 出现的初衷就是为了解决类似的这些问题，它的一个最大的目的就是使 Java EE 开发更加容易。Spring 兴起于 2003 年，是一个轻量级的 Java 开源框架，由 Rod Johnson 所著的 *Expert One-On-One J2EE Development and Design* 中阐述的部分理念和原型衍生而来。Spring 是为解决企业应用开发的复杂性而创建的，主要优势之一就是其分层架构。分层架构允许使用者选择使用哪一个组件，同时为 J2EE 应用程序开发提供集成的框架。Spring 使用基本的 JavaBean 来完成以前只可能由 EJB 完成的事情。它可以独立或在现有的应用服务器上运行，用于服务器端的开发。

总的来说，Spring 是一个分层的 Java SE/EE 全栈式(full stack)轻量级开源框架。Spring 的核心是控制反转(Inversion of Control，IoC)、依赖注入(Dependency Injection，DI)和面向切面编程(Aspect Oriented Programming，AOP)等。同时，Spring 与 Struts、Hibernate 等单层框架不同，它致力于提供一个统一的、高效的方式构造整个应用，并且可以将单层框架以最佳的组合揉合在一起建立一个连贯的体系。因此，从简单性、可测试性和松耦合的角度而言，任何 Java 应用都可以从 Spring 中受益，其用途不限于服务器端的开发。

5.4.2 Spring 的体系结构

Spring 框架是一个分层架构，它包含一系列的功能要素并被分为大约 20 个模块。如图 5-12 所示，这些模块分为核心容器（Core Container）、面向切面编程（Aspect Oriented Programming）、设备支持（Instrument）、数据访问及集成（Data Access/Integration）、Web、报文发送（Messaging）、Test 等模块。

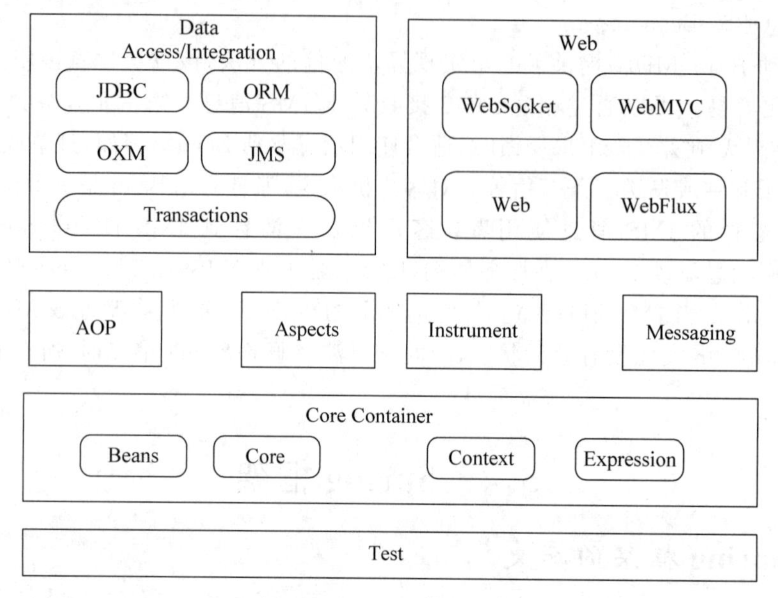

图 5-12 Spring 体系结构

1. 核心容器模块

Spring 核心容器提供 Spring 框架的基本功能，它由 Spring-Beans、Spring-Core、Spring-Context、Spring-Expression 4 个模块组成。

Spring 以 Bean 的方式组织和管理 Java 应用中的各个组件及其关系，它将管理对象称为 Bean，其 Beans 模块提供了工厂模式的经典实现 BeanFactory。BeanFactory 使用控制反转对应用程序的配置和依赖性规范与实际的应用程序代码进行了分离。

Spring-Core 是 Spring 的核心控制反转（IoC）和依赖注入（Dependency Injection，DI）的基本实现。控制反转是一种设计思想，即将设计好的对象交由容器控制，而不是传统的在对象内直接控制。

Spring-Context 模块建立在 Core 和 Beans 模块的基础之上，提供一个框架式的对象访问方式，是访问定义和配置的对象的媒介。它扩展了 BeanFactory，为它添加了 Bean 生命周期控制、框架事件体系以及资源加载透明化等功能。此外，该模块还提供了许多企业级支持，如邮件访问、远程访问、任务调度等。ApplicationContext 是该模块的核心接口，它是 BeanFactory 的超类，与 BeanFactory 不同，ApplicationContext 容器实例化后会自动对所有的单实例 Bean 进行实例化与依赖关系的装配，使之处于待用状态。

Spring-Expression 模块提供了强大的表达式语言去支持运行时查询和操作对象图。它是对 JSP 2.1 规范中规定的统一表达式语言（Unified EL）的扩展。该语言支持设置和获取属性值、属性分配、方法调用、访问数组、集合和索引器的内容、逻辑和算术运算、变量命名以及从 Spring 的 IoC 容器中以名称检索对象。除此之外，它还支持列表投影、选择以及常用的列表聚合。

2. 面向切面编程模块

AOP 模块通过配置管理特性，直接将面向切面的编程功能集成到了 Spring 框架中，提供了一个符合 AOP 要求的面向切面的编程实现，允许定义方法拦截器和切入点，将代码按照功能进行分离，降低了它们之间的耦合性。同时，AOP 模块为基于 Spring 的应用程序中的对象提供了事务管理服务，通过 AOP 模块，不用依赖 EJB 组件，就可以将声明性事务管理集成到应用程序中。

3. 设备支持模块

Spring-Instrument 模块提供了在特定应用程序服务器中使用的类工具支持和类加载器实现。它是基于 Java SE 中的 java. lang. instrument 进行设计的，是 AOP 的一个支援模块，主要作用是在 JVM(Java Virtual Machine)启用时，生成一个代理类，程序员通过代理类在运行时修改类的字节，从而改变一个类的功能，实现 AOP 的功能。

4. 数据访问及集成模块

Data Access/Integration 模块包括 JDBC(Java Database Connectivity)、ORM(Object Relational Mapping)、OXM(Object-to-XML-Mapping)、JMS(Java Message Service)和 Transactions 模块。

其中，Spring-JDBC 模块是 Spring 提供的 JDBC 抽象框架的主要实现模块，用于简化 Spring JDBC。主要提供 JDBC 模板方式、关系数据库对象化方式、SimpleJdbc 方式、事务管理来简化 JDBC 编程。它的主要实现类是 JdbcTemplate、SimpleJdbcTemplate 以及 NamedParameterJdbcTemplate。Spring-ORM 模块是 ORM 框架支持模块，主要集成 Hibernate、Java Persistence API (JPA) 和 Java Data Objects (JDO)，可用于资源管理、数据访问对象(DAO)的实现和事务策略。Spring-OXM 模块主要提供一个抽象层以支撑 OXM(Object-to-XML-Mapping，将 Java 对象映射成 XML 数据，或者将 XML 数据映射成 Java 对象)。Spring-JMS 模块提供对 JMS 的支持，能够发送和接收信息。Spring-Transactions 模块是 Spring JDBC 事务控制实现模块。该模块支持编程和声明式事务管理，用于实现特殊接口和所有 POJO(普通 Java 对象)的类。

5. Web 模块

Web 模块由 Spring-Web、Spring-Web MVC、Spring-WebSocket、Spring-Webflux 四个模块组成。Spring-Web 模块为 Spring 提供了最基础的 Web 支持，它主要建立于核心容器之上，通过 Servlet 或者 Listeners 来初始化 IoC 容器以及 Web 应用上下文。Spring-WebMVC 模块是一个 Web-Servlet 模块，实现了 Spring MVC(Model-View-Controller)的 Web 应用。Spring-WebSocket 提供了 WebSocket 功能，它提供了通过一个套接字实现全双工通信的功能。Spring-Webflux 是一个非阻塞函数式 Reactive Web 框架，可以用来建立异步的、非阻塞事件驱动的服务，并且它的扩展性非常好。

6. 报文发送模块

Messaging 模块仅包括一个模块，它的主要职责是为 Spring 框架集成一些基础的报文传送应用。

7. Test 模块

Test 模块也只由一个模块组成，主要为测试提供支持。

5.4.3 Spring 容器中的依赖注入

1. POJO 对象

Spring 和 EJB 框架结构都有一个共同的核心设计理念：将中间件服务传递给耦合松散的 POJO 对象(Plain Old Java Objects)。POJO 对象可以理解为简单的实体类，实际就是普通的 JavaBeans。POJO 有一些私有的(private)的参数作为对象的属性，然后针对每个参数定义了 get 和 set 方法作为访问的接口。

以下是一个 POJO 对象的例子。

```
    //Student.java
package xmu.edu.cn;

public class Student{
  private long id;
  private String name;
  public void setId(long id) {
    this.id = id;
  }
  public void setName(String name) {
    this.name = name;
  }
  public long getId() {
    return id;
  }
  public String getName() {
    return name;
  }
}
```

POJO 类没有任何特别之处，无须装饰，不继承自某个类。但是，它却可以作为 Spring 的组件(Component)使用，发挥强大的功能。

2. Spring 依赖注入

传统编程通过 new 关键字创建对象，对象须负责寻找或创建其依赖的对象，一般通过显式代码来进行对象关联。但在基于 Spring 的应用中，这些组件及对象生存在 Spring 容器中(如图 5-13 所示)，而容器将负责对象的创建、对象间的关联，并管理对象的生命周期。负责对象创建和关联的，就是 Spring 框架的“依赖注入”(Dependency Injection，DI)技术。

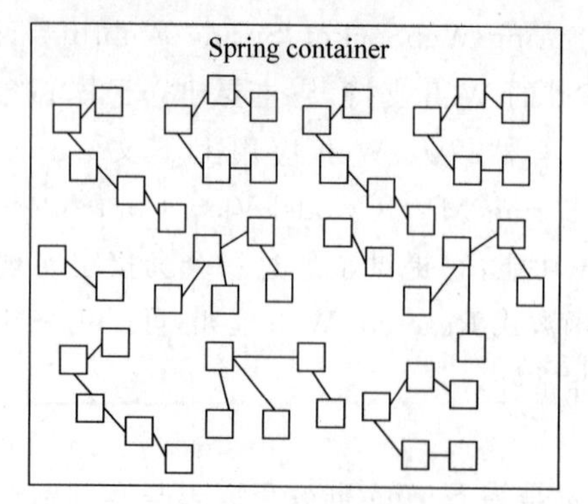

图 5-13 Spring 容器

DI 通过截取执行上下文或在运行时信息，为组件和对象注入它们之间的依赖关系。DI 能提供类似胶水的功能，自动地把某些对象“缠绕”起来实现对象之间的协作。对象本身并不关心这种“缠绕”,对这种框架结构也没有什么依赖。因此,开发者可专注于业务逻辑和脱离框架的 POJO 类对象单元测试。除此之外,由于 POJO 类并不需要继承框架的类或实现其接口,开发者能够极其灵活地搭建继承结构和建造应用。以下通过一个简单的例子来说明 Spring 中的依赖注入技术。

首先,定义一个接口 Service,其提供服务方法 serve()。

```
//Service.java
package xmu.edu.cn;

public interface Service {
  void serve();
}
```

教师给学生上课。因此,定义教师类 Teacher 和学生类 Student。其中,教师类将实现 Service 接口,而学生类实现方法 learn()。类的定义非常简单,与普通的 Java 类基本相似,唯一不同的是多了@Component 的标注,告知 Spring 容器这是一个组件。

```
// Teacher.java
package xmu.edu.cn;
import org.springframework.stereotype.Component;

@Component
public class Teacher implements Service {
  private String course = "English";
  public void serve() {
    System.out.println("Giving the " + course + " lecture!");
  }
}

  // Student.java
package xmu.edu.cn;
import org.springframework.stereotype.Component;
import org.springframework.beans.factory.annotation.*;

@Component
public class Student {
  private Service service;
  public Student(Service s){
    service = s;
  }
  public void learn(){
    service.serve();
  }
}
```

在定义了以上简单的类之后,Spring 可通过另外的配置文件,来定义各个类之间的关系。例如,Spring 可以通过 Java 代码、XML、注解,以及三者混合的模式来进行配置。在以下的 Java 代码中,标注@Configuration 说明这是一个 Java 方式的配置文件,标注@Bean 则告知 Spring 容器该方法将返回一个对象 Bean,并同时注册到容器的上下文环境中。该实例对象的 id 默认为类名的小写字符,Spring 容器生成的对象默认是仅有一份的,方法内的代码将生成该类的实例对象；即使多次调用该方法，也将返回同一个实例。

```
//StudentConfig.java
package xmu.edu.cn;
import org.springframework.context.annotation.Configuration;
import org.springframework.context.annotation.Bean;

@Configuration
public class StudentConfig {
  @Bean
  public Service service(){
    return new Teacher();
  }
  @Bean
  public Student student(){
    return new Student(service());
  }
}
```

因此，通过以上配置文件，Spring容器将生成两个实例对象Bean，id分别是service和student。以下的代码，则可以验证容器是否辅助生成了student对象，并进行调用。

```
// StudentJavaMain.java
package xmu.edu.cn;
import org.springframework.context.ApplicationContext;
import org.springframework.context.annotation.AnnotationConfigApplicationContext;

public class StudentJavaMain {
  public static void main(String[] args) throws Exception {
    ApplicationContext context =
           new AnnotationConfigApplicationContext(StudentConfig.class);
    Student s = context.getBean(Student.class);
    s.learn();
  }
}
```

基于Java配置使用AnnotationConfigApplicationContext类。该类是ApplicationContext接口的一个实现，能够注册所注释的配置类。在本例中，配置类是使用@Configuration标注声明的StudentConfig。因此，注册配置类将根据配置类StudentConfig所描述的逻辑初始化上下环境context。Spring将自动扫描标注为@Bean的类并生成组件对象，其对应的Bean就是service(类型为Teacher)和student(类型为Student)。随后可以使用getBean方法来获取相关的Bean，并调用其业务方法。编写Java的配置类并将其注册到Spring上下文非常简单。当然，也可以通过XML文件进行同样的配置。

```
<?xml version="1.0" encoding="UTF-8"?>
<beans xmlns="http://www.springframework.org/schema/beans"
        xmlns:xsi="http://www.w3.org/2001/XMLSchema-instance"
        xsi:schemaLocation="http://www.springframework.org/schema/beans
        http://www.springframework.org/schema/beans/spring-beans.xsd">
  <bean id="service" class="xmu.edu.cn.Teacher"/>
  <bean id="student" class="xmu.edu.cn.Student">
```

```
        <constructor-arg ref="service"></constructor-arg>
    </bean>
</beans>
```

其中，除了加载基本的 XML 模式，< beans >标签下还通过< bean >标签定义了 id 为 service 的 Teacher 对象和 id 为 student 的 Student 对象。同时，service 是 student 对象的构造函数的参数。当然，除了设置构造函数的参数，在 XML 配置文件中还可以设置对象的属性值和参数。也就是说，Spring 允许通过 Java 和 XML 的配置文件，动态设置各个对象的依赖和关联；而不必在源组件的代码中预先定义。其验证的代码如下。

```
//StudentXmlMain.java
package xmu.edu.cn;
import org.springframework.context.support.ClassPathXmlApplicationContext;

public class StudentXmlMain {
    public static void main(String[] args) throws Exception {
        ClassPathXmlApplicationContext context =
                new ClassPathXmlApplicationContext( "META-INF/spring/student-bean.xml");
        Student s = context.getBean(Student.class);
        s.learn();
        context.close();
    }
}
```

当容器中对象很多的时候，配置文件本身也是一个不小的工作。为了克服这个问题，Spring 容器引入了自动编织技术(Auto Wiring)。即容器根据对象自身的需求，自动匹配各对象之间的关联。自动编织技术的关键标注是@Autowired 和@ComponentScan。

```
// StudentAutoConfig.java
package xmu.edu.cn;
import org.springframework.context.annotation.ComponentScan;
import org.springframework.context.annotation.Configuration;

@Configuration
@ComponentScan
public class StudentAutoConfig {
}
```

在新的配置文件中，并未显式标注容器内的组件，而是添加了@ComponentScan 标注。Spring 容器将从源代码中查看标注为@Component 的对象，并尝试自动匹配和关联各对象的关系。Teacher 类被标注为 Component，因此 Spring 容器将为之创建一个对象；Student 类也被标注为 Component，Spring 容器也将尝试为之创建一个对象。Spring 首先调用 Student 类的构造函数，该构造函数需要类型为 Service 的对象作为参数。因此，Spring 将自动从容器中寻找类型为 Service 的对象。如果找到，则自动把该对象注入作为 Student 类的构造函数的参数，自动构建和编织成功；否则，Spring 将抛出异常，提示无法自动创建该对象。

XML 配置文件,也可以注明自动编织。代码如下。

```
<?xml version = "1.0" encoding = "UTF - 8"?>
< beans xmlns = "http://www.springframework.org/schema/beans"
        xmlns:xsi = "http://www.w3.org/2001/XMLSchema - instance"
        xmlns:context = "http://www.springframework.org/schema/context"
        xsi:schemaLocation = "http://www.springframework.org/schema/beans
        http://www.springframework.org/schema/beans/spring - beans - 3.0.xsd
        http://www.springframework.org/schema/context
        http://www.springframework.org/schema/context/spring - context - 3.0.xsd">
  < context:component - scan base - package = "xmu.edu.cn" />
</beans >
```

其中,<context:component-scan base-package="xmu.edu.cn"/>表示将进行组件扫描和自动编织,且 base-package 指出了具体扫描组件时的范围。

此外,Spring 还可以通过@Scope 注释 Bean 的使用范围,以及利用 initMethod 和 destroyMethod 管理 Bean 的生命周期。感兴趣的读者可以深入研究。

5.4.4 Spring 中的 AOP 编程

以下用一个例子来说明 Spring 容器中面向切面的编程。

首先,定义一个教师类 Teacher,其实现 Service 接口中的 serve()方法。即教师提供的服务是讲课。但是在讲课之前,一般要求学生要按要求入座,并把手机静音;课堂讲完了,还会问学生是否有问题,进行答疑。因此,按传统的编程方法,serve()方法定义如下。

```
//Service.java
package xmu.edu.cn;

public interface Service {
  void serve();
}

    //Teacher.java
package xmu.edu.cn;

import org.springframework.stereotype.Component;
@Component
public class Teacher implements Service {
  private String course = "English";
  public void serve() {
    //嵌入对学生对象的调用,使其坐好座位,手机静音
    System.out.println("students, please taking the seats… ");
    System.out.println("students, please silencing cell phones…");
    System.out.println("Giving the " + course + " lecture!");
    System.out.println("class is over, is there any questions?");
  }
}
```

可以发现,Teacher 类的 serve 方法包含很多与上课无关的代码,且须显式地调用 Student 对象来进行操作,代码耦合度高。如何能使老师只关注课堂,只负责认真讲课,而把学生入座之类的事情放到其他的地方呢?在这个例子中,老师上课是核心业务,而学生入

座、关手机等可以看作横向逻辑业务，即“方面”。因此，可以把 Teacher 方法中的 serve 方法作为连接点，在其之前和之后分别切入相应的关于学生的方法。

```
//Student.java
package xmu.edu.cn;
import org.aspectj.lang.annotation.AfterReturning;
import org.aspectj.lang.annotation.AfterThrowing;
import org.aspectj.lang.annotation.Aspect;
import org.aspectj.lang.annotation.Before;
import org.aspectj.lang.annotation.Pointcut;

@Aspect
public class Student {
  @Pointcut("execution( ** xmu.edu.cn.Teacher.serve(..))")
  public void giveLecture() {}
  @Before("giveLecture()")
  public void silenceCellPhones() {
    System.out.println("Silencing cell phones...");
  }
  @Before("giveLecture()")
  public void takeSeats() {
    System.out.println("Taking seats...");
  }
  @AfterReturning("giveLecture()")
  public void askQuestion() {
    System.out.println("Class is over, is there any Questions?");
  }
  @AfterThrowing("giveLecture()")
  public void haveClassAccident() {
    System.out.println("A teaching accident, ask for an investigation... ");
  }
}
```

在以上代码中，@Pointcut("execution(** xmu.edu.cn.Teacher.serve(..))")定义了一个连接点。execution(** xmu.edu.cn.Teacher.serve(..))声明了切入点表达式。execution()是最常用的切点函数，其语法如下。

execution(* com.sample.service.impl..*.*(..))整个表达式可以分为以下五个部分。

- execution()：表达式主体。
- 第一个 * 号：表示返回类型，* 号表示所有的类型。
- 包名：表示需要拦截的包名，后面的两个句点表示当前包和当前包的所有子包，com.sample.service.impl 包、子孙包下所有类的方法。
- 第二个 * 号：表示类名，* 号表示所有的类。
- *(..)：最后这个星号表示方法名，* 号表示所有的方法，后面括弧里面表示方法的参数，两个句点表示任何参数。

该连接点定义为函数 public void giveLecture() {}，以方便在其他地方引用。@Before("giveLecture()")和@AfterReturning("giveLecture()")则声明该函数在切入点之前及之后执行。方法 public void takeSeats()则是注入的 Advice。

在本例中，Teacher 是目标对象，Student 类中定义了“方面”。那如何织入呢？在 Spring 框架中使用配置文件，把方面应用到目标对象。如代码所示，配置文件 ClassRoomConfig 定义了 Student 和 Teacher 这两个 Bean，并进行自动扫描，在容器中生成对象。同时，标注 @EnableAspectJAutoProxy 声明了将创建代理对象，进行自动编织。

```
//ClassRoomConfig.java
package xmu.edu.cn;
import org.springframework.context.annotation.Bean;
import org.springframework.context.annotation.ComponentScan;
import org.springframework.context.annotation.Configuration;
import org.springframework.context.annotation.EnableAspectJAutoProxy;

@Configuration
@EnableAspectJAutoProxy
@ComponentScan
public class ClassRoomConfig {
  @Bean
  public Student student() {
    return new Student();
  }
  @Bean
  public Service teacher(){
    Teacher p = new Teacher();
    p.setName("Lai");
    return p;
  }
}
```

Teacher 类则简化为如下代码。教师无须关注学生的状况，可以只关注讲课。事实上，Teacher 类与 Student 类是独立的模块，Teacher 类甚至不用知道有学生类的存在。

```
//Teacher.java
package xmu.edu.cn;
import org.springframework.stereotype.Component;
@Component
public class Teacher implements Service {
  private String course = "English";
  public void serve() {              //只负责专心讲课
    System.out.println("Giving the " + course + " lecture!");
  }
}
```

可以用以下代码进行验证。

```
//StudentMain.java
package xmu.edu.cn;
import org.springframework.context.ApplicationContext;
import org.springframework.context.annotation.AnnotationConfigApplicationContext;

public class StudentMain {
  public static void main(String[] args) throws Exception {
    ApplicationContext context = new
```

```
        AnnotationConfigApplicationContext(ClassRoomConfig.class);
    Service teacher = context.getBean(Service.class);
    teacher.serve();
  }
}
```

运行结果如下。

```
Silencing cell phones...
Taking seats...
Lai : Giving a lecture...
Class is over, is there any Questions?
```

在以上示例中,Spring 通过配置文件把一些组件对象编织起来,并可以实现自动装配。这大大降低了各组件之间的耦合度,且让开发人员可以更加聚焦到自己的模块上。

小　结

Web 容器是位于应用程序/组件和服务器平台之间的接口集合,它可以管理对象的生命周期、对象与对象之间的依赖关系,是减少用户工作量的一个有效方法。本章首先介绍了 Web 服务器的概念,并阐述其工作原理。接着介绍了 Web 容器及 Web 容器所用到的技术和思想——解耦合、控制反转、面向切面编程。然后介绍了 Java EE 和 Spring 框架的主要技术组成部分。最后通过编程案例,帮助读者学习 Web 容器编程和 AOP 编程的原理。

思 考 题

1. 简述 Web 服务器的工作原理。
2. MVC 框架由哪些部分组成?有哪些优点?
3. 什么是 Web 容器?请概述 Web 容器的作用。
4. 解释解耦、控制反转、依赖注入的概念。
5. 什么是面向切面的编程?其主要用于解决什么问题?
6. 在面向切面编程中,连接点、通知、切入点、方面、编织分别指什么?
7. 请简述 Java EE 框架的基本组成模块。
8. 请列出三种 Java EE 的主流技术并说明其内容。
9. EJB 容器由哪些模块组成?EJB 组件有什么特性?
10. Spring 产生的背景是什么?与 EJB 有哪些异同点?

实验 3　Spring 和 AOP 编程

一、实验目的

掌握 Spring MVC 编程,能够基于 Spring 或者 Spring Boot 实现简单的网页页面;同时掌握基于 Spring 的面向切面的编程。

二、实验平台和准备

操作系统：Windows 或 Linux 系统。

需要的软件：Java JDK(1.8 或以上版本)、Spring、IDEA 或者 Eclipse 等开发环境，安装 MySQL 数据库(https://www.mysql.com)。

三、实验内容和要求

构建一个校友的信息收集系统。系统有两个表格：管理员权限表 Admin，校友信息表 Alumni。Admin 数据表定义的字段有{id，名字，密码，权限}，Alumni 数据表定义的字段有{姓名、性别、生日、入学年份、毕业年份、工作城市/地区、工作单位、职务、手机、邮箱、微信}。

采用 Spring MVC 框架，构建该校友信息系统，实现以下功能。

(1) 随机生成 20 个录入员，生成 100 个校友用户信息。验证操作用户(录入人员等)的登录信息是否正确，把校友的数据插入到数据库中，对校友目录进行检索、修改、删除、统计等功能。同时，可对信息进行增删改的操作。操作用户登录后，显示本次登录的次数和上一次登录的时间，操作用户退出时，显示用户连接的时间长度，并把此次登录记录到数据库。

(2) 构建一个日志记录的切面。要求对于所有的 Alumni 表的查询操作，记录各个操作的时间、用户，读取内容存入 ReadLog 表中；对于所有的 Alumni 表的更新(更新和删除)操作，记录各个操作的时间、用户，修改的新值和旧值，存入 UpdateLog 表中。

(3) 构建一个用户记录的切面。要求对于所有的登录操作，记录各次登录的时间、用户，存入 UserLog 表中；对于所有的登出操作，记录各次登录的时间、用户，存入 UserLog 表中；对于用户新的输入操作，记录其表单值，存入 InsertLog 表中。

四、扩展实验内容

可自学前端编程和人机交互设计的知识，针对网页界面进行美化；学习关系型数据库的相关知识。

同时构建一个安全验证的切面。要求对于所有的 Alumni 表的查询操作，验证用户已经登录；如果用户没有登录，先导航到登录页面；对于所有的 Alumni 表的更新(更新和删除)操作，在 Read 权限的基础上验证用户具有 Update 的权限。如果没有，该操作取消，并导航到错误页面；对于所有的 Alumni 表的汇总和下载操作，验证用户具有 Aggregate 权限；如果没有，该操作取消，并导航到错误页面。

第6章 消息中间件

消息中间件是在分布式系统中完成消息发送和接收的基础软件，可支持和保障分布式应用程序之间同步或异步的消息收发。消息中间件为分布式应用程序提供通信接口，可实现发布者和订阅者在时间、空间和流程三个方面的解耦。本章将介绍中间件技术的概念和技术架构，并通过详细的编程案例介绍消息中间件的技术特征和使用方法。

6.1 消息中间件概述

6.1.1 消息中间件的概念

在消息通信方面，分布式对象调用(如 CORBA、RMI 和 DCOM)提供了一种通信机制，能透明地在异构的分布式计算环境中传递对象请求。对象可以位于本地或远程机器，分布式对象调用在对象与对象之间提供一种统一的接口，使对象之间的调用和数据共享不再关心对象的位置、实现语言及所驻留的操作系统。然而，面对大规模的复杂分布式系统，分布式对象调用也显示出了一些局限性，主要表现在以下两方面。

(1) 同步通信：客户发出调用后，一般需要等待服务对象完成处理并返回结果后才能继续执行。

(2) 客户和服务对象的生命周期紧密耦合：客户进程和服务对象进程都必须正常运行，如果由于服务对象崩溃或网络故障导致客户请求不可达，客户会收到异常。

面向消息的中间件可较好地解决以上的问题。消息中间件采用异步的通信方式，消息发送方在发送消息时不必知道接收方的状态，更无须等待接收方的回复。接收方在收到消息时也不必知道发送方的目前状态，更无须进行同步的消息处理。消息的收发双方完全是松耦合的，通信是非阻塞的；收发双方彼此不知道对方的存在，也不受对方影响。而且，消息发送者可以将消息间接传给多个接收者，大大提高了程序的性能、可扩展性及健壮性。

因此，消息中间件(Message Oriented Middleware，MOM)是在分布式系统中完成消息发送和接收的基础软件。分布式应用程序之间的通信接口可由消息中间件提供，消息中间件支持和保障分布式应用程序之间同步或异步的消息收发。如图 6-1 所示，应用 A 和应用 B 都和消息中间件打交道，而这两个应用之间并不直接联系。

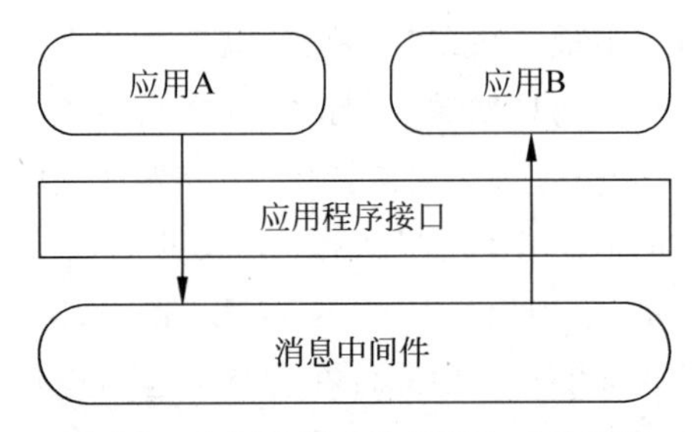

图 6-1 应用与消息中间件交互示意图

6.1.2 消息中间件的发展历史

消息起源于分布式操作系统进程通信模型和分布式应用互操作技术的研究。20世纪80年代,随着开放系统互连参考模型OSI的兴起,作为开放系统网络模式中底层的包交换通信范型的一种自然扩充,分布式系统消息机制的研究和应用得到极大的发展。统一处理消息发送、接收和管理的消息中间件的概念和平台也开始出现。20世纪80年代后期,IBM公司推出了消息中间件产品MQSeries,成为消息中间件成熟的一个标志。

进入20世纪90年代,由于应用需求的推动,消息中间件技术得到极大的发展,并在世界范围内涌现出大量的消息中间件产品。为了有助于消息中间件技术的传播,由众多消息中间件厂商、用户和咨询机构组成了消息中间件协会(MOMA)。MOMA是一个非盈利机构,旨在推动消息技术在跨平台、跨层次的分布计算中的广泛应用。国际对象管理组织(Object Management Group,OMG)制定了公共对象服务标准(Common Object Service Specification,COSS),其中对消息服务进行了规范。

早期的消息中间件由于缺乏大家认可的统一的规范和标准,基于消息中间件的应用不可移植,不同的消息中间件也不能互操作,这大大阻碍了消息中间件的发展。因此,Sun及其伙伴公司提出了旨在统一各种消息中间件系统接口的规范JMS(Java Message Service,Java消息服务)。JMS定义了一套通用的接口和相关语义,提供了诸如持久、验证和事务的消息服务,它最主要的目的是允许Java应用程序访问现有的消息中间件。JMS规范没有指定在消息结点间所使用的通信底层协议,以保证应用开发人员不用与其细节打交道,一个特定的JMS实现可能提供基于TCP/IP、HTTP、UDP或者其他的协议。

进入21世纪,消息中间件技术得到进一步的发展。在规范化方面,由于Java EE技术的广泛应用,其消息服务规范JMS得到消息中间件厂商的广泛采纳,并逐渐成为消息中间件的事实标准。与此同时,由于Web服务技术的兴起,与Web服务相关的标准体系得到发展,在消息方面,W3C组织定义了Web服务的可靠消息传送规范(WS-Reliable Messaging)。

目前,企业信息系统开始从部门级应用向企业级、跨企业集成的方向转变。在这一过程中,传统的消息中间件体系架构也暴露出它的局限性。传统的消息中间件通常采用点对点的消息传输结构,即在发送方对消息进行打包时需要显明地标注接收方的地址。因此,尽管消息的接收方和发送方是松耦合连接的,相互通信不必保持同步,但由于在消息中必须绑定接收方地址,导致在广域、大型应用系统中使用消息中间件不够灵活,系统扩展比较困难。为了增加消息发送方和接收方之间对地址的透明性,20世纪90年代末期以后消息中间件开始向发布/订阅架构转变,并成为企业应用集成中间件的一种核心机制。基于发布/订阅架构的消息中间件通常称为发布/订阅消息中间件(Publish/Subscribe Middleware,P/S MOM)或消息代理(Message Broker),以与传统的消息中间件相区别。

目前的消息中间件在支持多通信规程、可靠性、易用性和容错能力等方面各有特点,易于使用。面向消息中间件是一类常用的中间件,其主要产品有IBM的MQSeries、Apache基金会的ActiveMQ、RabbitMQ、RocketMQ、Kafka、ZeroMQ等。

6.2 消息中间件产品和使用场景

6.2.1 消息中间件产品

20世纪90年代初，随着不同厂商消息中间件大量上市，消息中间件技术得到了长足的发展。IBM和甲骨文的中间件产品在银行、证券、电信以及IT等行业中得到广泛应用。IBM凭借其在1999年推出的应用服务器WebSphere，扎根金融、证券等行业，在超大型以及系统整合型应用方面优势突出；甲骨文收购了专门从事中间件开发的公司BEA，它的应用服务器WebLogic在美国市场占有率超过60%，在国内电信及证券行业占据主要地位；Sun、Oracle、Sybase和Borland等厂商也都有自己的应用服务器；近年来，以阿里巴巴、金蝶、东方通等公司为代表的国产中间件产品也发展迅速。

目前，许多厂商采用并实现了JMS API，JMS规范逐渐成为消息中间件的事实标准，其产品能够为企业提供一套完整的消息传递功能。除了JMS产品，其他厂商也推出一些自己定义的消息中间件产品。下面简要介绍一些比较流行的消息中间件软件和开源产品。

1. IBM MQSeries

IBM MQ系列产品提供的服务使得应用程序可以使用消息队列进行相互交流，通过一系列基于Java的API，提供了MQSeries[①]在Java中应用开发的方法。它支持点到点和发布/订阅两种消息模式，在基本消息服务的基础上增加了结构化消息类，通过工作单元提供数据整合等内容。

2. WebLogic

WebLogic[②]是BEA公司实现的基于工业标准的J2EE应用服务器，支持大多数企业级Java API，它完全兼容JMS规范，支持点到点和发布/订阅消息模式。

它具有以下一些特点。

(1) 通过使用管理控制台设置JMS配置信息。

(2) 支持消息的多点广播。

(3) 支持持久消息存储的文件和数据库。

(4) 支持XML消息，动态创建持久队列和主题。

3. SonicMQ

SonicMQ是Progress公司实现的JMS产品。除了提供基本的消息驱动服务之外，SonicMQ也提供了很多额外的企业级应用开发工具包，它具有以下一些基本特征：①提供JMS规范的完全实现，支持点到点消息模式和发布/订阅消息模式；②支持层次安全管理；③确保消息在Internet上的持久发送；④动态路由构架(DRA)使企业能够通过单个消息服务器动态地交换消息；⑤支持消息服务器的集群。

4. Active MQ

Active MQ[③]是一个基于Apache license 2.0发布，开放源码的JMS产品。其特点如下。

---

① http://www.mqseries.net.

② https://www.oracle.com/middleware/technologies/weblogic.html.

③ http://activemq.apache.org.

(1) 提供点到点消息模式和发布/订阅消息模式。

(2) 支持JBoss、Geronimo等开源应用服务器,支持Spring框架的消息驱动。

(3) 新增了一个P2P传输层,可以用于创建可靠的P2P JMS网络连接。

(4) 拥有消息持久化、事务、集群支持等JMS基础设施服务。

5. OpenJMS

OpenJMS① 是一个开源的JMS规范的实现。它包含以下几个特征: ①支持点到点模型和发布/订阅模型; ②支持同步与异步消息发送; ③可视化管理界面,支持Applet; ④能够与Jakarta Tomcat这样的Servlet容器结合; ⑤支持RMI、TCP、HTTP与SSL协议。

6. RocketMQ

RocketMQ② 是阿里系下的一款开源、分布式、队列模型的消息中间件,原名Metaq,3.0版本改名为RocketMQ,是阿里巴巴参照Kafka的设计思想使用Java实现的一套消息中间件产品。同时,将阿里系内部多款消息中间件产品进行整合,只维护核心功能,去除了其他运行时依赖,保证核心功能最简化,在此基础上配合阿里巴巴其他开源产品实现不同场景下的消息中间件架构。RocketMQ具有以下特点: ①保证严格的消息顺序; ②提供针对消息的过滤功能; ③提供丰富的消息拉取模式; ④实时的消息订阅机制; ⑤亿级的消息堆积能力。

7. RabbitMQ

RabbitMQ③ 是使用Erlang编写的一个开源的、重量级的消息队列。因为本身支持很多的协议: AMQP、XMPP、SMTP、STOMP,更适合于企业级的开发。同时实现了Broker架构,生产者不会将消息直接发送给队列,消息在发送给消费者时先在中心队列排队。RabbitMQ对路由(Routing)、负载均衡(Load balance)、数据持久化都有很好的支持,多用于进行企业级的ESB整合。

8. Kafka

Kafka④ 是Apache下的一个子项目,是使用scala语言实现的一个高性能分布式Publish/Subscribe消息队列系统。Kafka具有以下特性: ①快速持久化: 通过磁盘顺序读写与零拷贝机制,可以在$O(1)$的系统开销下进行消息持久化; ②高吞吐: 在一台普通的服务器上可以达到10W/s的吞吐速率; ③高堆积: 支持topic下消费者较长时间离线,消息堆积量大; ④完全的分布式系统: Broker、Producer、Consumer都原生自动支持分布式,依赖ZooKeeper自动实现复杂均衡; ⑤支持Hadoop数据并行加载: 可以对于像Hadoop一样的日志数据和离线分析系统,但又有实时处理限制,这是一个可行的解决方案。

9. ZeroMQ

ZeroMQ⑤ 号称最快的消息队列系统,专门为高吞吐量/低延迟的场景开发。在金融界的应用中较为常见,偏重于实时数据通信场景。ZeroMQ能够实现RabbitMQ不擅长的高级/复杂的队列,但是开发人员需要自己组合多种技术框架,开发成本相对较高。因此

---

① http://openjms.sourceforge.net.

② http://rocketmq.apache.org.

③ https://www.rabbitmq.com.

④ http://kafka.apache.org.

⑤ https://zeromq.org.

ZeroMQ 具有一个独特的非中间件的模式，更像一个开源网络库(Socket Library)。不需要安装和运行一个消息服务器或中间件，因为应用程序本身就是使用 ZeroMQ API 完成逻辑服务的角色。此外，ZeroMQ 仅提供非持久性的队列，如果系统宕机数据将会丢失。

10. Redis

Redis[①] 是使用 C 语言开发的一个 Key-Value 的 NoSQL 数据库，开发维护很活跃。虽然它是一个 Key-Value 数据库存储系统，但它本身支持 MQ 功能，所以可以当作一个轻量级的队列服务来使用。

6.2.2 消息中间件应用场景

代理化、服务化、流程化、平台化是目前消息中间件发展的主要趋势。代理化是指消息中间件体系架构逐渐向消息代理架构靠拢；服务化是指消息中间件在应用高端支持面向服务的体系架构；流程化是指消息中间件在应用形态上逐渐与业务流程管理机制相融合，成为企业应用集成中间件的一个核心组成部件；而平台化是指围绕消息处理，各种应用开发和管理工具与消息中间件有机结合在一起，为分布式应用的消息处理提供一个有机的统一平台。

消息中间件一般可以用于以下场景。

(1) 异步通信：有些业务不想也不需要立即处理消息，消息队列提供了异步处理机制，允许用户把一个消息放入队列，但并不立即处理它。想向队列中放入多少消息就放多少，然后在需要的时候再去处理它们。

(2) 解耦合：在项目启动之初来预测将来项目会碰到什么需求，是极其困难的。通过消息系统在处理过程中间插入了一个隐含的、基于数据的接口层，两边的处理过程都要实现这一接口，当应用发生变化时，可以独立地扩展或修改两边的处理过程，只要确保它们遵守同样的接口约束，以此来降低工程间的强依赖程度，针对异构系统进行适配。

(3) 增加冗余：有些情况下，处理数据的过程会失败。除非数据被持久化，否则将造成丢失。消息队列把数据进行持久化直到它们已经被完全处理，通过这一方式规避了数据丢失风险。许多消息队列所采用的“插入-获取-删除”范式中，在把一个消息从队列中删除之前，需要处理系统明确指出该消息已经被处理完毕，从而确保数据被安全地保存直到使用完毕。

(4) 增强扩展性：因为消息队列解耦了处理过程，所以增大消息入队和处理的频率是很容易的，只要另外增加处理过程即可。不需要改变代码，不需要调节参数，便于分布式扩容。

(5) 过载保护：在访问量剧增的情况下，应用仍然需要继续发挥作用，但是这样的突发流量无法提前预知；如果以为了能处理这类瞬间峰值访问为标准来投入资源随时待命无疑是巨大的浪费。使用消息队列能够使关键组件顶住突发的访问压力，而不会因为突发的超负荷的请求而完全崩溃。

(6) 增强可恢复性：消息队列降低了进程间的耦合度，所以即使一个处理消息的进程挂掉，加入队列中的消息仍然可以在系统恢复后被处理。系统的一部分组件失效时，不会影响到整个系统。

---

① http://www.redis.cn.

（7）顺序保证：在大多使用场景下，数据处理的顺序都很重要。大部分消息队列本来就是排序的，并且能保证数据会按照特定的顺序来处理。

（8）缓冲：在任何重要的系统中，都会有需要不同的处理时间的元素。消息队列通过一个缓冲层来帮助任务最高效率地执行，该缓冲有助于控制和优化数据流经过系统的速度，以调节系统响应时间。

（9）数据流处理：分布式系统产生的海量数据流，如业务日志、监控数据、用户行为等，针对这些数据流进行实时或批量采集汇总，然后进行大数据分析是当前互联网的必备技术，通过消息队列完成此类数据收集是最好的选择。

6.3 消息中间件的架构和协议

6.3.1 点对点和消息代理结构

传统的点对点消息中间件通常由消息队列服务、消息传递服务、消息队列和消息应用程序接口 API 组成，其典型的结构如图 6-2 所示。

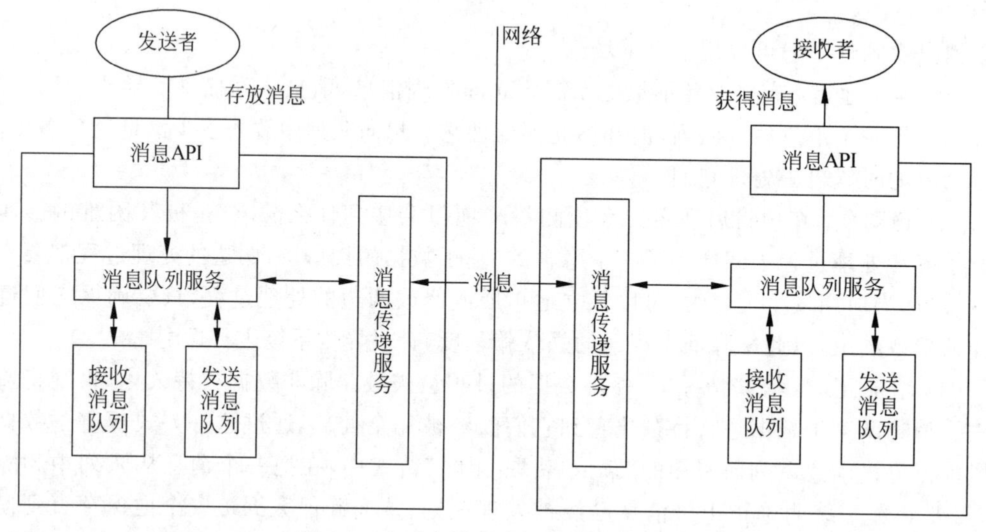

图 6-2 点对点消息中间件结构示意图

消息发送的基本流程如下。

（1）消息发送者调用发送消息的 API 函数，将需要发送的消息经消息队列服务存储到发送消息队列中。

（2）通过双方消息传递服务之间的交互，消息队列服务将需要发送的消息从发送队列取出，并送到接收方。

（3）接收方的消息队列服务将接收到的消息存放到接收消息队列中。

（4）消息接收者调用接收消息的 API 函数，同样经过消息队列服务，将需要的消息从接收队列中取出，并进行处理。

（5）消息在发送或接收成功后，消息队列服务将对相应的消息队列进行管理。

在基于消息代理的分布式应用系统中，消息的发送方称为发布者（Publisher），消息的接收方称为订阅者（Subscriber），不同的消息通过不同的主题进行区分。发布者向消息代理出版其他应用系统感兴趣的消息，而订阅者从消息代理接收自己感兴趣的消息，发布者和订阅者之间通过消息代理进行关联。消息代理的基本结构如图 6-3 所示。

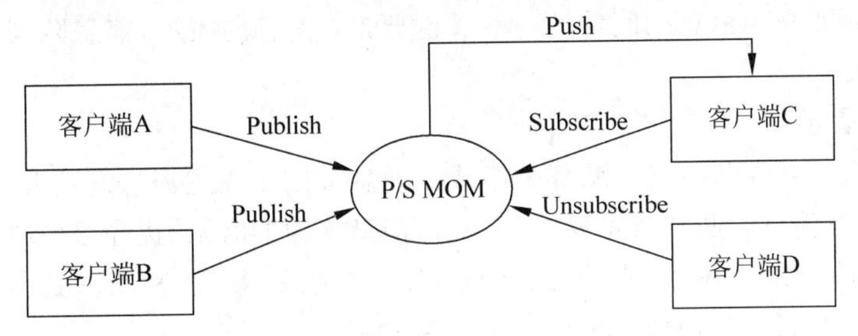

图 6-3 消息代理的基本结构示意图

消息代理具有很好的灵活性和可扩展性，并支持主动、实时的信息传递方式，当消息发布者有动态更新的数据产生时，消息代理会通过事件的发布主动通知消息订阅者存在新的可用数据，而无须消息订阅者进行频繁的查询。消息代理适合于具有实时性、异步性、异构性、动态性和松耦合的应用需求。消息代理的工作流程如下。

(1) 消息发布者和订阅者分别同消息代理进行通信。消息发布者将包含主题的消息发布到消息代理；消息订阅者向消息代理订阅自己感兴趣的主题。

(2) 消息代理对双方的主题进行匹配后，不断将订阅者感兴趣的消息推(Push)给订阅者，直到订阅者向消息代理发出取消订阅的消息。

消息代理实现了发布者和订阅者在时间、空间和流程三个方面的解耦。

时间解耦——发布方和订阅方无须同时在线就能够进行消息传输，消息中间件通过存储转发提供了这种异步传输的能力。

空间解耦——发布方和订阅方都无须知道对方的物理地址、端口，甚至无须知道对方的逻辑名字和个数。

流程解耦——发布方和订阅方在发送和接收数据时并不阻塞各自的控制流程。

6.3.2 消息中间件的要素

无论是点对点消息中间件还是消息代理，消息中间件的结构都是清晰简单的。但由于分布式应用及其环境的多样性和复杂性，导致了消息中间件的复杂性。消息中间件的复杂性主要体现在下面几方面。

- 消息中间件需要为分布在企业各个物理服务器上的应用系统提供消息服务，而这些服务器可能采用不同硬件平台，相互之间可能通过不同的网络协议进行连接，这就要求消息中间件能够跨越不同的网络和硬件平台。
- 分布式应用可能采用不同开发语言或工具实现，因此需要消息中间件为这些应用程序提供各类应用程序接口。
- 由于企业网络结构的复杂性和分布式应用传输消息的多样性要求，在分布式应用之间传递的消息往往需要在消息中间件之间进行多次传输才能到达接收方，因此要求消息中间件具有存储转发或消息路由的能力。
- 对消息传输的安全性、事务性、时限等质量要求，均需要消息中间件系统进行相应的处理。

- 为了保证消息不会因为网络或服务器等物理故障而在传输过程中丢失，往往需要消息中间件具备消息的持久存储能力。

接下来将简要介绍消息中间件的一些关键要素：消息的表示，消息队列，消息路由以及消息 QoS 机制。

1. 消息的表示

消息通常由消息头和消息体两部分组成。消息头用于描述消息发送者和接收者的地址或消息主题，以及消息的服务质量要求。例如，消息传输的时限、优先级、安全属性等。消息体用于描述消息中具体携带的信息内容。目前多采用 XML（Extensible Markup Language，可扩展标记语言）作为消息表示的格式。

2. 消息队列

消息队列是为了有效控制消息收发过程而在消息中间件中内置的存储消息的数据结构。由于消息多采用先进先出的控制方式，因此，通常采用队列作为消息的存储结构。从消息传递过程来看，消息队列分为发送消息队列、接收消息队列、死信队列（无法投递或过期的消息构成队列）。消息队列也可以按消息发送的质量要求进一步细分，如将优先级高的队列组织成一个优先队列，以便于处理。从队列存储介质来看，消息队列一般分为持久消息队列、内存队列和高速缓存队列。

（1）持久消息队列：基于数据库或文件系统，提供消息持久存储功能，同时又具有最小的内存开销，适合于消息需要可靠传输的应用环境。

（2）内存队列：基于内存的消息队列。不提供消息持久功能，完全基于内存来进行消息的缓存和分发。适合对性能要求非常苛刻，但是消息无须可靠持久的应用环境。

（3）高速缓存队列：基于数据库和内存 Cache 的持久消息队列。提供可靠持久功能，同时又使用内存作为 Cache，因此具有最大的资源开销，同时又具有很高的性能。适合于大部分应用场合。

3. 消息路由

消息路由借用了 IP 层的路由和路由器中路由的概念，但不同之处在于：消息路由属于应用层的概念。它是为了保证应用之间的消息交换处于可控的状态而设计的软件功能模块，其机制是按照消息路由规则将消息从发送者传送到目标应用，并提供消息流量控制功能。因此，消息路由有时也称为“流量控制”“基于内容的路由”“智能路由”。

4. 消息 QoS 机制

服务质量（Quality of Service，QoS）是指与用户对服务满意程度相关的各种性能效果。消息 QoS 机制是指消息中间件提供的消息传送过程中在性能、安全、可靠性等方面的各种非功能型需求约束。消息中间件通常具有以下几种 QoS 特性。

（1）可靠性：消息中间件的可靠性分为消息可靠性和连接可靠性。消息可靠性控制消息失效时的处理方式，连接可靠性控制连接失败时的系统行为。

（2）事务性：为了使应用和消息中间件之间的消息传递在一个逻辑相关的序列层次上得到控制而不是仅控制单个的传递过程，消息中间件需要将这些逻辑相关的序列组成一个事务，来保证整个消息传递过程的 ACID 特性。

（3）安全性：提供消息的授权、认证、加密传输等手段，支持安全的消息传输。

（4）优先级：优先级用来描述消息传递的优先程度。考虑到具体的网络传输情况，消息中间件无法保证每个消息都能按时传递给接收者，所以，消息发送者通过指定消息的紧急程度，使消息按照优先级的顺序传递给消息接收者。

(5) 时间约束：时间约束是指消息只在特定的时期内有效，包括消息的开始时间、有效时间和最迟交付时间。开始时间是指消息的起始传输时间，有效时间是指消息的有效期，最迟交付时间是指消息最晚到达接收者的时间，如果消息过了这个时间仍未到达，则被废弃。

(6) 队列管理：队列管理主要从消息发送的空间约束上进行控制，主要包括：队列长度、接收消息的最大数目、消息的最大长度和丢弃策略等。队列长度是内存中用来存储消息的 Cache 的大小，接收消息的最大数目是控制消息接收者接收消息的最大数目，丢弃策略是指当消息缓存溢出时废弃消息的顺序，常见的策略包括：FIFO(先进先出)、LIFO(后进先出)、优先级和任意顺序等。

6.3.3 消息中间件常用协议

1. AMQP

AMQP(Advanced Message Queuing Protocol，高级消息队列协议)是一个提供统一消息服务的应用层标准高级消息队列协议，是应用层协议的一个开放标准，为面向消息的中间件设计。基于此协议的客户端与消息中间件可传递消息，并不受客户端/中间件不同产品、不同开发语言等条件的限制。该协议具有可靠、通用的优点。

2. MQTT

MQTT(Message Queuing Telemetry Transport，消息队列遥测传输)是 IBM 开发的一个即时通信协议，有可能成为物联网的重要组成部分。该协议支持所有平台，几乎可以把所有联网物品和外部连接起来，被用来当作传感器和制动器的通信协议。该协议具有格式简洁、占用带宽小等特点，适用于移动端通信及嵌入式系统。

3. STOMP

STOMP(Streaming Text Orientated Message Protocol，流文本定向消息协议)是一种为 MOM(Message Oriented Middleware，面向消息的中间件)设计的简单文本协议。STOMP 提供一个可互操作的连接格式，允许客户端与任意 STOMP 消息代理(Broker)进行交互。由于协议简单且易于实现，几乎所有的编程语言都有 STOMP 的客户端实现，但是它在消息大小和处理速度方面并无优势。

4. XMPP

XMPP(Extensible Messaging and Presence Protocol，可扩展消息处理现场协议)是基于可扩展标记语言(XML)的协议，多用于即时消息(IM)以及在线现场探测。适用于服务器之间的准即时操作。核心是基于 XML 流传输，这个协议可能最终允许因特网用户向因特网上的其他任何人发送即时消息，即使其操作系统和浏览器不同。该协议具有通用公开、兼容性强、可扩展、安全性高等特点，但 XML 编码格式占用带宽大。

5. 其他自定义协议

一些特殊框架(如 Redis、Kafka、ZeroMQ 等)根据自身需要未严格遵循 MQ 规范，而是基于 TCP/IP 自行封装了一套协议，通过网络 socket 接口进行传输，实现了 MQ 的功能。

6.4 Java消息中间件规范JMS

6.4.1 JMS简介

JMS即Java消息服务(Java Message Service),是Java平台上有关面向消息中间件(MOM)的技术规范。它便于消息系统中的Java应用程序进行消息交换,并且通过提供标准的产生、发送、接收消息的接口简化企业应用的开发。JMS得到消息中间件厂商的广泛采纳,并逐渐成为消息中间件的事实标准。

在JMS之前,每一家消息中间件MOM厂商都用专有API为应用程序提供对其产品的访问。通常可用于许多种语言,其中包括Java语言。JMS通过MOM产品为Java程序提供了一个发送和接收消息的标准的、便利的方法。用JMS编写的程序可以在任何实现JMS标准的MOM上运行。JMS可移植性的关键在于:JMS API是由Sun作为一组接口而提供的。提供了JMS功能的产品是通过提供一个实现这些接口的提供者来做到这一点的。开发人员可以通过定义一组消息和一组交换这些消息的客户机应用程序建立JMS应用程序。

JMS 1.0版本于1998年推出,支持消息中间件的两种传递模式:点到点模式和代理(发布-订阅)模式。JMS 1.1版本提供了单一的一组接口,允许客户机在两个模式中发送和接收消息。这些"模式无关的接口"保留了每一个模式的语义和行为,是实现JMS客户机的最好选择。统一模式的好处是:

- 使得用于客户机的编程更简单。
- 队列和主题的操作可以是同一事务的一部分。
- 为JMS提供者提供了优化其实现的机会。

6.4.2 JMS架构

为了发送或接收消息,JMS客户端必须首先连接到JMS消息服务器(通常称为代理)。该连接打开了客户端和代理之间的通信通道。接下来,客户端必须建立一个会话来创建、生成和使用消息。可以将会话视为定义客户端和代理之间特定对话的消息流。客户端本身是消息生产者和/或消息消费者,消息生产者将消息发送到代理管理的目的地。

消息使用者访问该目标以使用消息。该消息包括标题、可选属性和正文。主体保存数据,标头包含代理路由和管理消息所需的信息,并且这些属性可以由客户端应用程序或提供者定义,以满足他们在处理消息时的需求。连接、会话、目的地、消息、生产者和消费者是构成JMS应用程序的基本对象。

1. 消息的分类

消息传递系统的中心就是消息。一条JMS Message由三部分组成:头(header),属性(property)和主体(body)。消息有下面几种类型,它们都派生自Message接口。

StreamMessage:一种主体中包含Java基元值流的消息。其填充和读取均按顺序进行。

MapMessage:一种主体中包含一组名-值对的消息。没有定义条目顺序。

TextMessage:一种主体中包含Java字符串的消息(如XML消息)。

ObjectMessage：一种主体中包含序列化 Java 对象的消息。

BytesMessage：一种主体中包含连续字节流的消息。

2. JMS 模型

JMS 支持两种消息传递模型：点对点(Point-To-Point，PTP)和发布/订阅(Publish/Subscribe，Pub/Sub)。这两种消息传递模型非常相似，但有以下区别。

- PTP 消息传递模型规定了一条消息只能传递给一个接收方，用 javax.jms.Queue 表示。
- Pub/Sub 消息传递模型允许一条消息传递给多个接收方，用 javax.jms.Topic 表示。

这两种模型都通过扩展公用基类来实现。例如，javax.jms.Queue 和 javax.jms.Topic 都扩展自 javax.jms.Destination 类。JMS 客户端应用程序可以使用两种消息传递模式(或域)来发送和接收消息，如图 6-4 所示。

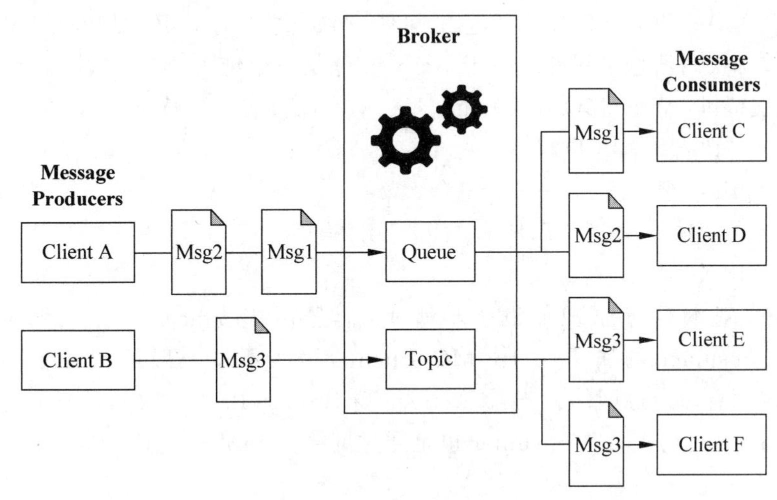

图 6-4　JMS 消息传递域

图 6-4 中显示了一个客户端使用队列发送消息，另一个客户端使用主题发送消息。客户端 A 和 B 是消息生产者，通过两种不同的目的地向客户端 C、D、E 和 F 发送消息。客户端 A、C 和 D 之间的消息传递说明了点对点域。使用这种模式，客户端将消息发送到队列目标，只有一个接收者可以从中获取它。访问该目的地的其他接收者无法获得该特定消息。

客户端 B、E 和 F 之间的消息传递说明了发布/订阅域。使用这种广播模式，客户端将一条消息发送到一个主题目的地，任何数量的消费订阅者都可以从中检索它。每个订阅者都有自己的消息副本。任一域中的消息消费者都可以选择同步或异步接收消息。同步消费者进行显式调用以检索消息；异步消费者指定一个回调方法，该方法被调用以传递挂起的消息。消费者还可以通过指定传入消息的选择标准来过滤掉消息。

3. 传递消息方式

JMS 现在有两种传递消息的方式。标记为 NON_PERSISTENT 的消息最多投递一次，而标记为 PERSISTENT 的消息将使用暂存后再转送的机理投递。如果一个 JMS 服务离线，那么持久性消息不会丢失但是得等到这个服务恢复联机时才会被传递。所以默认的消息传递方式是非持久性的。使用非持久性消息可能降低内存占用和需要的存储器，并且这种传递方式只有当不需要接收所有的消息时才使用。

虽然JMS规范并不需要JMS供应商实现消息的优先级路线，但是它需要递送加快型的消息优先于普通级别的消息。JMS定义了从0到9的优先级路线级别，0是最低的优先级而9则是最高的。更特殊的是，0～4是正常优先级的变化幅度，而5～9是加快的优先级的变化幅度。

举例来说，topicPublisher. publish(message，DeliveryMode. PERSISTENT，8，10000)；或queueSender. send(message，DeliveryMode. PERSISTENT，8，10 000)；这个代码片断，有两种消息模型。映射递送方式是持久的，优先级为加快型，生存周期是10 000(以ms度量)。如果生存周期设置为零，则消息将永远不会过期。当消息需要时间限制，超过限制将使其无效时，设置生存周期是有用的。

6.4.3 JMS编程示例

该示例使用ActiveMQ来作为消息中间件，Apache ActiveMQ是Apache软件基金会所研发的开放源代码消息中间件。由于ActiveMQ是一个纯Java程序，因此只需要操作系统支持Java虚拟机，ActiveMQ便可执行。ActiveMQ具有以下特点。

- 支持多种语言编写客户端。
- 支持Spring，很容易和Spring整合。
- 支持多种传输协议：TCP、SSL、NIO、UDP等。
- 支持AJAX。

ActiveMQ基本运行原理如图6-5所示，消息由Producer产生，Consumer消费。Producer和Consumer均属于ActiveMQ Client部分，不过一般运行在不同的机器上。Producer产生消息后通过网络发送给ActiveMQ Broker，Broker收到消息后进行存储，再投递给Consumer进行消费(Consumer也是通过网络与Broker连接)。

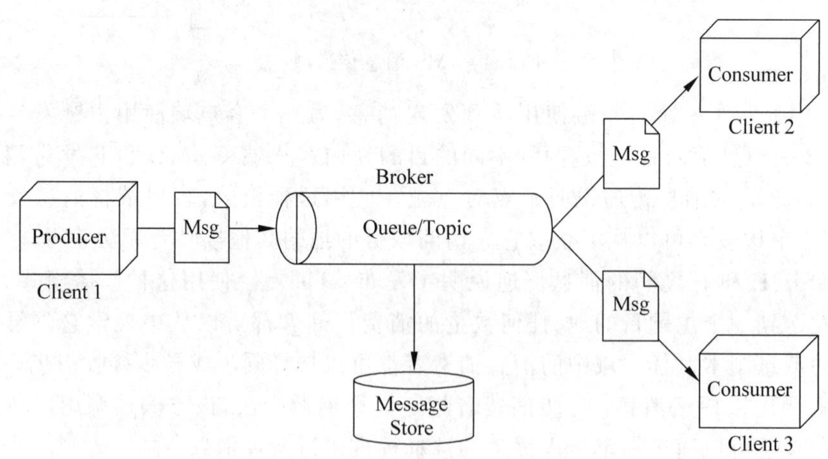

图6-5　ActiveMQ基本运行原理示意图

1. ActiveMQ安装

首先下载ActiveMQ，可从Apache Active MQ的官网(http://activemq. apache. org/)下载，这里下载5. 15. 9 Release版本(http://activemq. apache. org/activemq-5159-release. html)。将下载后的压缩包解压后，进入bin/win64目录下启动activemq. bat即可。打开浏览器，进入http://localhost:8161/admin/，输入账号密码(默认都是admin)，可以看到

ActiveMQ 控制台。至此,安装完成。

2. 主要代码

(1) 编写生产者代码。

创建一个 ConnectionFactory 对象,将服务端 activemq 的 ip 和 port 作为构造参数传递,具体内容根据参考者自身配置进行调整。

```
ConnectionFactory connectionFactory =
    new ActiveMQConnectionFactory("tcp://localhost:61616");    //服务地址,须查看配置
Connection connection = connectionFactory.createConnection();
//通过连接服务工厂提供连接对象 connection
connection.start();    //开启连接,直接调用 connection 对象的 start 方法即可

Session session = connection.createSession(false, Session.AUTO_ACKNOWLEDGE);
//通过 connection 对象创建 session 会话
```

这里需要说明 connection.createSession 方法参数的含义。第一个参数表示是否开启事务。当第一个参数的值是 true 时,第二个参数可以忽略,当第一个参数的值是 false 的情况下,第二个参数表示消息的应答模式,上面的代码表示自动应答。另外一种方式是手动应答,这里选择常用的自动应答情况。

```
Queue queue = session.createQueue("Myqueue");
//参数表示队列的名称
MessageProducer producer = session.createProducer(queue);
//为生产者指定消息传播"目的地"
TextMessage textMessage = session.createTextMessage("hello world");  //构建消息对象
producer.send(textMessage);
producer.close();
session.close();
connection.close();    //使用完毕后关闭资源
```

会话需要确定消息传递的方式,如前文介绍有 topic 和 queue 两种通用方式,在代码中通过 Session 对象创建一个 Destination 对象(该对象有两种方式: topic 和 queue),这里使用 quene,使用 session.createQueue 方法。

(2) 编写消费者的代码。

同样也是创建一个 ConnectionFactory 对象,获得连接对象 Connection,开启连接。创建一个 Session 对象,创建一个 Destination 对象,使用 queue,需要和生产者的 queue 一致。

```
ConnectionFactory connectionFactory =
    new ActiveMQConnectionFactory("tcp://localhost:61616");
Connection connection = connectionFactory.createConnection();
connection.start();
Session session = connection.createSession(false, Session.AUTO_ACKNOWLEDGE);
Queue queue = session.createQueue("Myqueue ");
```

创建一个消费者对象。

```
MessageConsumer consumer = session.createConsumer(queue);
```

接收消息。

```
consumer.setMessageListener(new MessageListener() {
  public void onMessage(Message message) {
    try {
      TextMessage textMessage = (TextMessage) message;
      String text = null;
      //获取消息的内容
      text = textMessage.getText();
      //第八步:打印消息.
      System.out.println(text);
    } catch (JMSException e) {
       e.printStackTrace();
    }
  }
});
```

3. JMS 程序接口介绍

JMS 消息和接口相对简单。JMS 消息由以下几部分组成。

消息头(header): JMS 消息头包含许多字段,它们是消息发送后由 JMS 提供者或消息发送者产生,用来表示消息、设置优先权和失效时间等,并且为消息确定路由。

属性(property): 由消息发送者产生,用来添加删除消息头以外的附加信息。

消息体(body): 由消息发送者产生,JMS 中定义了 5 种消息体: ByteMessage、MapMessage、ObjectMessage、StreamMessage 和 TextMessage。

JMS 接口包括以下接口。

ConnectionFactory: 连接工厂,JMS 用它创建连接,是创建 Connection 对象的工厂。针对两种不同的 JMS 消息模型,分别有 QueueConnectionFactory 和 TopicConnectionFactory 两种,可以通过 JNDI 来查找 ConnectionFactory 对象。

Connection: JMS 客户端到 JMS Provider 的连接; 表示在客户端和 JMS 之间建立的连接(对 TCP/IP socket 的包装)。Connection 可以产生一个或多个 Session。跟 ConnectionFactory 一样,Connection 也有两种类型: QueueConnection 和 TopicConnection。

Destination: 消息生产者的消息发送目标或者说消息消费者的消息来源。对于消息生产者来说,它的 Destination 是某个队列(Queue)或某个主题(Topic); 对于消息消费者来说,它的 Destination 也是某个队列或主题(即消息来源)。所以,Destination 实际上就是两种类型的对象: Queue、Topic。可以通过 JNDI 来查找 Destination。

Session: 操作消息的接口,可以通过 Session 创建生产者、消费者、消息。Session 提供了事务的功能。当需要使用 Session 发送/接收多个消息时,可以将这些发送/接收动作放到一个事务中。同样,也分为 QueueSession 和 TopicSession。

JMSProducer: 用来发送消息的对象。消息生产者分为两种类型: QueueSender 和 TopicPublisher。可以调用消息生产者(send 或 publish 方法)发送消息。

JMSConsumer: 用于接收被发送到 Destination 的消息。两种类型: QueueReceiver 和 TopicSubscribe。可分别通过 Session 的 createReceiber(Queue)或 createSubscribe(Topic)来创建。当然,也可以通过 Session 的 createDurableSubscribe 方法来创建持久化的订阅者。

MessageListener：消息监听器。如果注册了消息监听器，一旦消息到达，将自动调用监听器的 onMessage 方法。EJB 中的 MDB 就是一个 MessageListener。

一个 JMS 应用通常是几个 JMS 客户端交换消息，开发 JMS 客户端应用包括以下几个步骤。

(1) 用 JNDI 得到 ConnectionFactory 对象。

(2) 用 JNDI 得到目标队列或主题对象，即 Destination 对象。

(3) 用 ConnectionFactory 创建 Connection 对象。

(4) 用 Connection 对象创建一个或多个 JMS Session。

(5) 用 Session 和 Destination 创建 MessageProducer 和 MessageConsumer。

(6) 通知 Connection 开始传递消息。

4. 消息生产和消费

接下来将介绍使用 ActiveMQ 与 Spring 结合的消息生产和消费。以下是项目 pom 文件里的主要依赖。

```
<dependencies>
  <dependency>
    <groupId>org.springframework</groupId>
    <artifactId>spring-context</artifactId>
    <version>${spring.version}</version>
  </dependency>
  <dependency>
    <groupId>org.springframework</groupId>
    <artifactId>spring-jms</artifactId>
    <version>${spring.version}</version>
  </dependency>
  <dependency>
    <groupId>org.springframework</groupId>
    <artifactId>spring-test</artifactId>
    <version>${spring.version}</version>
  </dependency>
  <dependency>
    <groupId>org.apache.activemq</groupId>
    <artifactId>activemq-all</artifactId>
    <version>${activemq-version}$</version>
  </dependency>

  <dependency>
    <groupId>junit</groupId>
    <artifactId>junit</artifactId>
    <version>4.12</version>
    <scope>test</scope>
  </dependency>
</dependencies>
```

Spring 的 JMS 配置以及 activemq 配置，包括 activemq 连接工厂的配置、Spring JMS 连接池、队列配置、主题配置(spring-common.xml)。上述文件中，spring.version 和 activemq.version 根据开发者项目中所使用的版本确定。

主题配置(spring-common.xml):

```
<?xml version = "1.0" encoding = "UTF - 8"?>
< beans xmlns = "http://www.springframework.org/schema/beans"
        xmlns:xsi = "http://www.w3.org/2001/XMLSchema - instance"
        xsi:schemaLocation = "http://www.springframework.org/schema/beans
        http://www.springframework.org/schema/beans/spring - beans.xsd">
    <!-- ActiveMQ 为我们提供的 ConnectionFactory -->
    < bean id = "targetConnectionFactory"
          class = "org.apache.activemq.ActiveMQConnectionFactory">
      < property name = "brokerURL" value = "tcp://127.0.0.1:61615" />
    </bean >
    <!-- Spring JMS 为我们提供的连接池 -->
    < bean id = "connectionFactory"
          class = "org.springframework.jms.connection.SingleConnectionFactory">
      < property name = "targetConnectionFactory" ref = "targetConnectionFactory"/>
    </bean >
    <!-- 一个队列的目的地,点对点 -->
    < bean id = "queueDestination" class = "org.apache.activemq.command.ActiveMQQueue">
      < constructor - arg value = "queue"/>
    </bean >
    <!-- 一个主题目的地,发布订阅模式 -->
    < bean id = "topicDestination" class = "org.apache.activemq.command.ActiveMQTopic">
      < constructor - arg value = "topic"/>
    </bean >
</beans >
```

消息生产者配置(spring-producer.xml):

```
<?xml version = "1.0" encoding = "UTF - 8"?>
< beans xmlns = "http://www.springframework.org/schema/beans"
        xmlns:xsi = "http://www.w3.org/2001/XMLSchema - instance"
        xmlns:context = "http://www.springframework.org/schema/context"
        xsi:schemaLocation = "http://www.springframework.org/schema/beans
        http://www.springframework.org/schema/beans/spring - beans.xsd
        http://www.springframework.org/schema/context
        http://www.springframework.org/schema/context/spring - context.xsd">

    <!-- 添加注解扫描包 -->
    < context:component - scan base - package = "com.liznsalt.lab4.activemq.producer"/>
    <!-- 导入公共配置 -->
    < import resource = "spring - common.xml"/>
    <!-- 配置 JmsTemplate,用于发送消息 -->
    < bean id = "jmsTemplate" class = "org.springframework.jms.core.JmsTemplate">
      < property name = "connectionFactory" ref = "connectionFactory"/>
    </bean >
</beans >
```

消息消费者配置(spring-listener.xml):

```
<?xml version = "1.0" encoding = "UTF - 8"?>
< beans xmlns = "http://www.springframework.org/schema/beans"
        xmlns:xsi = "http://www.w3.org/2001/XMLSchema - instance"
```

```
        xmlns:context = "http://www.springframework.org/schema/context"
        xsi:schemaLocation = "http://www.springframework.org/schema/beans
        http://www.springframework.org/schema/beans/spring - beans.xsd
        http://www.springframework.org/schema/context
        http://www.springframework.org/schema/context/spring - context.xsd">
  <!-- 添加注解扫描包 -->
  <context:component - scan base - package = "com.liznsalt.lab4.activemq.listener"/>
  <!-- 导入公共配置 -->
  <import resource = "spring - common.xml"/>
  <!-- 配置消息监听容器 -->
  <bean id = "jmsContainer"
        class = "org.springframework.jms.listener.DefaultMessageListenerContainer">
    <property name = "connectionFactory" ref = "connectionFactory"/>
    <!-- 消息监听地址 -->
    <property name = "destination" ref = "topicDestination"/>
    <!-- 消息监听器 使用@Component 来注入的 consumerMessageListener -->
    <property name = "messageListener" ref = "consumerMessageListener"/>
  </bean>
</beans>
```

消息生产者服务接口的代码：

```
public interface ProducerService {
  void sendMessage(String message);
}
```

消息生产者服务实现的代码：

```
@Service
public class ProducerServiceImpl implements ProducerService {
//生产者必须实现 ProducerService 接口
  @Autowired
  JmsTemplate jmsTemplate;
  @Resource(name = "topicDestination")
  //这里的参数指定 destination 名称必须和配置文件中保持一致
  private Destination destination;
  public void sendMessage(final String message) {
    jmsTemplate.send(destination, new MessageCreator() {
    //jmsTemplate 调用 send 方法,第一个参数表示发布的 destionation,
    //第二个参数是 MessageCreator 的匿名实现对象
        public Message createMessage(Session session) throws JMSException {
          TextMessage textMessage = session.createTextMessage(message);
          System.out.println("发送消息 = [" + textMessage.getText() + "]");
          return textMessage;
          //MessageCreator 匿名实现,
          //方法中调用 Session 的 createTextMessage()返回 textMessage
        }
    });
  }
}
```

消息消费者的代码：

```
@Component
public class ConsumerMessageListener implements MessageListener {
//消费者必须实现 MessageListenser 接口
  public void onMessage(Message message) {
    TextMessage textMessage = (TextMessage) message;
    try {
       System.out.println("接收 message: " + textMessage.getText());
    } catch (JMSException e) {
       e.printStackTrace();
    }
  }
}
```

启动消息消费者的代码：

```
public class AppListener {
  private static int N1 = 1;

  public static void main(String[] args) {
    ApplicationContext[] contexts = new ApplicationContext[N1];
    for (int i = 0; i < N1; i++) {
      contexts[i] = new ClassPathXmlApplicationContext("spring-listener.xml");
    }
  }
}
```

启动消息生产者的代码：

```
public class AppProducer {
  private static int N2 = 9999;
  public static void main(String[] args) {
    ClassPathXmlApplicationContext context;
    ProducerService service;
    for (int i = 0; i < N2; i++) {
      context = new ClassPathXmlApplicationContext("spring-producer.xml");
      service = context.getBean(ProducerService.class);
      service.sendMessage("消息" + (i+1));
      context.close();
    }
  }
}
```

定义多种主题，可以在spring-common.xml里面加入如下内容，并新建几份listener的XML配置，每个订阅不同的主题。新建几份不同的ProducerService的实现，每个实现对应不同的主题。

```
<!-- 主题 1 -->
<bean id="topicDestination1" class="org.apache.activemq.command.ActiveMQTopic">
  <constructor-arg value="topic"/>
</bean>
<!-- 主题 2 -->
<bean id="topicDestination2" class="org.apache.activemq.command.ActiveMQTopic">
```

```
    <constructor-arg value="topic"/>
</bean>
<!-- 主题 3 -->
<bean id="topicDestination3" class="org.apache.activemq.command.ActiveMQTopic">
    <constructor-arg value="topic"/>
</bean>
<!-- 主题 4 -->
<bean id="topicDestination4" class="org.apache.activemq.command.ActiveMQTopic">
    <constructor-arg value="topic"/>
</bean>
```

启动消息消费者的代码：

```
public class AppListener {
  private static int N1 = 5000;

  public static void main(String[] args) {
    ApplicationContext[] contexts = new ApplicationContext[N1];
    for (int i = 0; i < N1 / 2; i++) {
      contexts[i] = new ClassPathXmlApplicationContext("spring-listener1.xml");
    }
    for (int i = N1 / 2; i < N1; i++) {
      contexts[i] = new ClassPathXmlApplicationContext("spring-listener2.xml");
    }
  }
}
```

启动消息生产者的代码：

```
public class AppProducer {
  private static int N2 = 5000;

  public static void main(String[] args) {
    ClassPathXmlApplicationContext context;
    ProducerService service;

    for (int i = 0; i < N2 / 2; i++) {
      context = new ClassPathXmlApplicationContext("spring-producer.xml");
      service = context.getBean(ProducerServiceImpl1.class);
      service.sendMessage("消息" + (i+1));
      context.close();
    }
    for (int i = 0; i < N2 / 2; i++) {
      context = new ClassPathXmlApplicationContext("spring-producer.xml");
      service = context.getBean(ProducerServiceImpl2.class);
      service.sendMessage("消息" + (i+1));
      context.close();
    }
  }
}
```

5. 异步消息监听

在 JMS 中，消息的产生和消费是异步的。对于消费来说，JMS 的消费者可以通过以下两种方式来消费消息。

(1) 同步：订阅者或接收者调用receive方法来接收消息，receive方法在能够接收到消息之前(或超时之前)将一直阻塞。

(2) 异步：订阅者或接收者可以注册为一个消息监听器，当消息到达之后，系统自动调用监听器的onMessage方法。

对客户端来说，消息驱动Bean(MDB)就是异步消息的消费者，消息驱动Bean在6.5节会详细讲解。当消息到达之后，由容器负责调用MDB，客户端发送消息到destination，MDB作为一个MessageListener接收消息。

以下代码为一个MDB的例子，当消息到达时，系统会自动调用onMessage方法。

```
public class ConsumeMessageListener implements MessageListener {
  private final static Logger log = Logger.getLogger("Log");
  public void onMessage(Message rcvMessage) {
    TextMessage msg = null;
    try {
      if (rcvMessage instanceof TextMessage) {
         msg = (TextMessage) rcvMessage;
         log.info("Received Message from queue: " + msg.getText());
      } else {
         log.warning("Message of wrong type: " + rcvMessage.getClass().getName());
      }
    } catch (JMSException e) {
      throw new RuntimeException(e);
    }
  }
}
```

一般而言，异步消息消费者的执行和伸缩性都优于同步消息接收者，体现在以下几点。

- 异步消息接收者创建的网络流量比较小。单向推动消息，并使之通过管道进入消息监听器。管道操作支持将多条消息聚合为一个网络调用。
- 异步消息接收者使用的线程比较少。异步消息接收者在不活动期间不使用线程。同步消息接收者在接收调用期间内使用线程。结果是线程可能会长时间保持空闲，尤其是如果该调用中指定了阻塞超时。
- 对于服务器上运行的应用程序代码，使用异步消息接收者几乎总是最佳选择，尤其是通过消息驱动Bean。使用异步消息接收者可以防止应用程序代码在服务器上执行阻塞操作。而阻塞操作会使服务器端线程空闲，甚至会导致死锁。阻塞操作作用于所有线程时会发生死锁。如果没有空余的线程可以处理阻塞操作自身解锁所需的操作，则该操作永远无法停止阻塞。

6.5 消息驱动的Bean

消息驱动的Bean组件(Message Driven Bean，MDB)是用来转换处理基于消息请求的组件。MDB负责处理消息，而EJB容器则负责处理服务(事务、安全、资源、并发、消息确认等)，使Bean开发者把精力集中在消息处理的业务逻辑上。

如果不使用 MDB 则必须编写一部分消息处理的服务。MDB 像一个没有 local 和 remote 接口的异步无状态 Session Bean，它和无状态 Session Bean 一样也使用了实例池机制。容器可以为它创建大量的实例，用来并发处理成百上千个 JMS 消息。正因为 MDB 具有处理大量并发消息的能力，所以非常适合应用于一些消息网关产品。

MDB 通常要实现 MessageListener 接口，该接口定义了 onMessage()方法。当容器检测到 Bean 守候的管道有消息到达时，容器调用 onMessage()方法，将消息作为参数传入 MDB。MDB 在 onMessage()中决定如何处理该消息。可以使用注释指定 MDB 监听哪一个目标地址（Destination）。当 MDB 部署时，容器将读取其中的配置信息。

如果一个业务执行的时间很长，而执行结果无须实时向用户反馈时很适合使用 MDB。例如，订单成功后给用户发送一封电子邮件或发送一条短信等。

6.5.1 PTP 消息传递模型下的配置

使用 PTP 消息传递模型（Queue 消息）通过注解可以描述消息驱动的属性相关信息。

```
@MessageDriven(activationConfig = {
  @ActivationConfigProperty(propertyName = "destinationType",
                            propertyValue = "javax.jms.Queue"),
  @ActivationConfigProperty(propertyName = "destination",
                            propertyValue = "queue/MQshop"),
})
```

@MessageDriven 指明这是一个消息驱动，@ActivationConfigProperty 注释配置信息的各种属性，destinationType 指定消息目的地或来源的类型为 Queue 队列，destination 指定消息的路径。一旦消息到达指定的路径，则会触发 onMessage 方法，消息将作为参数传入。

6.5.2 Pub/Sub 消息传递模型下的配置

使用 Pub/Sub 消息传递模型（Topic 消息）通过注解可以描述消息驱动的属性相关信息。

```
@MessageDriven(activationConfig = {
  @ActivationConfigProperty(propertyName = "destinationType",
                            propertyValue = "javax.jms.Topic"),
  @ActivationConfigProperty(propertyName = "destination",
                            propertyValue = "top/MQshop"),
})
```

@MessageDriven 指明这是一个消息驱动，@ActivationConfigProperty 注释配置信息的各种属性，destinationType 指定消息目的地或来源的类型为 Topic 队列，destination 指定消息的路径。一旦消息到达指定的路径，则会触发 onMessage 方法，消息将作为参数传入。

6.5.3 使用 MDB 接收消息

以下代码为一个完整的 MDB 接收消息的例子，使用了两个 MDB 分别对 Queue 消息和 Topic 消息进行监听。

```
//接收 Queue 信息的 MDB
package org.jboss.as.quickstarts.mdb;
import java.util.logging.Logger;
import javax.ejb.ActivationConfigProperty;
import javax.ejb.MessageDriven;
import javax.jms.JMSException;
import javax.jms.Message;
import javax.jms.MessageListener;
import javax.jms.TextMessage;

@MessageDriven(name = "HelloWorldQueueMDB", activationConfig = {
  @ActivationConfigProperty(propertyName = "destinationLookup",
                            propertyValue = "queue/HELLOWORLDMDBQueue"),
  @ActivationConfigProperty(propertyName = "destinationType",
                            propertyValue = "javax.jms.Queue"),
                            //指定 destination 的类型为 Queue 类型
  @ActivationConfigProperty(propertyName = "acknowledgeMode",
                            propertyValue = "Auto-acknowledge")
                            //自动进行应答
})
public class HelloWorldQueueMDB implements MessageListener {
//消息的监听者继承 MessageListienser 接口,类中的 onMessage 方法会在消息到达的时候
//自动被调用,实现异步监听

  private final static Logger LOGGER = Logger.getLogger(HelloWorldQueueMDB.class.toString());
  //获取日志

  /**
   * @see MessageListener#onMessage(Message)
   */
  public void onMessage(Message rcvMessage) {
    TextMessage msg = null;
    try {
      if (rcvMessage instanceof TextMessage) {
        msg = (TextMessage) rcvMessage;
        LOGGER.info("Received Message from queue: " +
                    msg.getText());
        //TextMessage 类型的消息通过 getText()方法可以获取消息具体内容
      } else {
        LOGGER.warning("Message of wrong type: " + rcvMessage.getClass().getName());
      }
    } catch (JMSException e) {
      throw new RuntimeException(e);
    }
  }
}


//接收 Topic 信息的 MDB
package org.jboss.as.quickstarts.mdb;
import java.util.logging.Logger;
import javax.ejb.ActivationConfigProperty;
```

```java
import javax.ejb.MessageDriven;
import javax.jms.JMSException;
import javax.jms.Message;
import javax.jms.MessageListener;
import javax.jms.TextMessage;

@MessageDriven(name = "HelloWorldQTopicMDB", activationConfig = {
  @ActivationConfigProperty(propertyName = "destinationLookup",
                            propertyValue = "topic/HELLOWORLDMDBTopic"),
  @ActivationConfigProperty(propertyName = "destinationType",
                            propertyValue = "javax.jms.Topic"),
                            //这里 destination 指定为 Topic 类型
  @ActivationConfigProperty(propertyName = "acknowledgeMode",
                            propertyValue = "Auto-acknowledge")    //自动应答
})
public class HelloWorldTopicMDB implements MessageListener {
//同理 onMessage 方法会在消息到达时被自动调用,实现异步监听

  private final static Logger LOGGER = Logger.getLogger(HelloWorldTopicMDB.class
.toString());
  //获取日志

  /**
   * @see MessageListener#onMessage(Message)
   */
  public void onMessage(Message rcvMessage) {
    TextMessage msg = null;
    try {
      if (rcvMessage instanceof TextMessage) {
          msg = (TextMessage) rcvMessage;
          LOGGER.info("Received Message from topic: " + msg.getText());
      } else {
          LOGGER.warning("Message of wrong type: " + rcvMessage.getClass().getName());
      }
    } catch (JMSException e) {
      throw new RuntimeException(e);
    }
  }
}
```

```java
package org.jboss.as.quickstarts.servlet;
import java.io.IOException;
import java.io.PrintWriter;
import javax.annotation.Resource;
import javax.inject.Inject;
import javax.jms.Destination;
import javax.jms.JMSContext;
import javax.jms.JMSDestinationDefinition;
import javax.jms.JMSDestinationDefinitions;
import javax.jms.Queue;
import javax.jms.Topic;
import javax.servlet.ServletException;
import javax.servlet.annotation.WebServlet;
```

```
import javax.servlet.http.HttpServlet;
import javax.servlet.http.HttpServletRequest;
import javax.servlet.http.HttpServletResponse;

/**
 * Definition of the two JMS destinations used by the quickstart
 * (one queue and one topic).
 */
@JMSDestinationDefinitions(
  value = {
    @JMSDestinationDefinition(
      name = "java:/queue/HELLOWORLDMDBQueue",
      interfaceName = "javax.jms.Queue",
      destinationName = "HelloWorldMDBQueue".//
    ),
    @JMSDestinationDefinition(
      name = "java:/topic/HELLOWORLDMDBTopic",
      interfaceName = "javax.jms.Topic",
      destinationName = "HelloWorldMDBTopic"
    )
  })//为 client 发送的消息指定 destination,第一个为 Queue 类型,第二个为 Topic 类型
@WebServlet("/HelloWorldMDBServletClient")
public class HelloWorldMDBServletClient extends HttpServlet {
//这个 servlet 充当发送消息的客户端
  private static final long serialVersionUID = -8314035702649252239L;

  private static final int MSG_COUNT = 5;

  @Inject
  private JMSContext context;

  @Resource(lookup = "java:/queue/HELLOWORLDMDBQueue")
  private Queue queue;

  @Resource(lookup = "java:/topic/HELLOWORLDMDBTopic")
  private Topic topic;

  @Override
  protected void doGet(HttpServletRequest req, HttpServletResponse resp) throws
          ServletException, IOException {
    resp.setContentType("text/html");
    PrintWriter out = resp.getWriter();
    out.write("<h1>Quickstart: Example demonstrates the use of <strong>JMS 2.0</strong>
            and <strong>EJB 3.2 Message-Driven Bean</strong> in WildFly.</h1>");
    try {
      boolean useTopic = req.getParameterMap().keySet().contains("topic");
      //获取请求参数中要求传递的 destination 类型,为 true 则使用 Topic 为消息
      //发送的 destination,为 false 则使用 Queue 为消息发送的 destination
      final Destination destination = useTopic ? topic : queue;
      out.write("<p>Sending messages to <em>" + destination + "</em></p>");
      out.write("<h2>Following messages will be send to the destination:</h2>");
      for (int i = 0; i < MSG_COUNT; i++) {
        String text = "This is message " + (i + 1);
```

```
            context.createProducer().send(destination, text);         //发送消息
            out.write("Message (" + i + "): " + text + "</br>");
        }
        out.write("<p><i>Go to your WildFly Server console or Server log to see the
                result of messages processing</i></p>");
    } finally {
        if (out != null) {
            out.close();
        }
    }
}

protected void doPost(HttpServletRequest req, HttpServletResponse resp) throws
        ServletException, IOException {
    doGet(req, resp);
}
}
```

6.5.4 消息选择器

消息选择器(Message Selector)允许 MDB 选择性地接收来自队列或主题特定的消息。消息选择器是基于消息属性进行选择的。消息属性是一种可以被附加于消息之上的头信息,开发人员可以通过它为消息附加一些信息,而这些信息不属于消息正文。Message 接口提供了若干属性读写的方法。属性值可以是 String 类型或某种基本数据类型(boolean,byte,short,int,long,float,double)。属性的命名、取值以及类型转换规则,都由 JMS 给出了严格的定义。

当应用需要增加一种新业务,这种新业务需要在旧的消息格式上增加若干个参数。为了避免影响到其他业务模块,可以增加新的 MDB 来处理新的业务消息。使用消息选择器的好处是,新的业务消息不会被旧的业务模块所接收。具体做法是:为消息定义一个版本属性,规定旧消息使用 1.0 版本,新消息使用 2.0 版本。然后属于新业务的 MDB 只接收 2.0 版本的消息,旧业务的 MDB 只接收 1.0 版本的消息。具体操作步骤如下。

(1) 在消息生产端,自定义一个消息版本属性 MessageVersion,把它附加到消息属性里,代码如下。

```
InitialContext ctx = new InitialContext();
//获取 ConnectionFactory 对象
TopicConnectionFactory factory = (TopicConnectionFactory)ctx.lookup("ConnectionFactory");
//创建 TopicConnection 对象
TopicConnection connection = factory.createTopicConnection();
//创建 TopicSession 对象,第一个参数表示事务自动提交,第二个参数标识一旦消息被正确送达,
//将自动发回响应
TopicSession session = connection.createTopicSession(false, TopicSession.AUTO_ACKNOWLEDGE);
//获得 Destination 对象
Topic topic = (Topic)ctx.lookup("topic/mytopic");
//创建文本消息
TextMessage msg = session.createTextMessage("世界,你好");
//消息版本属性 MessageVersion
msg.setStringProperty("MessageVersion", "2.0");
//创建发布者
```

```
TopicPublisher publisher = session.createPublisher(topic);
//发送消息
publisher.publish(msg);
//关闭会话
session.close();
```

（2）让处理新业务的 MDB 只接收 2.0 版本的消息，在@ActivationConfigProperty 注释中，使用标准属性 messageSelector 来声明消息选择器，代码如下。

```
@MessageDriven(
  activationConfig = {
    @ActivationConfigProperty(propertyName = "destinationType",
                              propertyValue = "javax.jms.Topic"),
    @ActivationConfigProperty(propertyName = "destination",
                              propertyValue = "topic/mytopic"),
    @ActivationConfigProperty(propertyName = "messageSelector",
                              propertyValue = "MessageVersion = '2.0'")
  }
)
public class MyTopicMDBSelectorBean implements MessageListener {
  public void onMessage(Message msg) {
    try {
      TextMessage textMessage = (TextMessage)msg;
      System.out.println("SelectorMDBBean 被调用了！[" + textMessage.getText() + "]");
    } catch (JMSException e) {
      e.printStackTrace();
    }
  }
}
```

（3）让处理旧业务的 MDB 只接收 1.0 版本的消息，代码如下。

```
@MessageDriven(
  activationConfig = {
    @ActivationConfigProperty(propertyName = "destinationType",
                              propertyValue = "javax.jms.Topic"),
    @ActivationConfigProperty(propertyName = "destination",
                              propertyValue = "topic/mytopic"),
    @ActivationConfigProperty(propertyName = "messageSelector",
                              propertyValue = "MessageVersion = '1.0'")
  }
)
public class MyTopicMDBBean2 implements MessageListener {
  public void onMessage(Message msg) {
    try {
      TextMessage textMessage = (TextMessage)msg;
      System.out.println("OldMDBBean2 被调用了！[" + textMessage.getText() + "]");
    } catch (JMSException e) {
      e.printStackTrace();
    }
  }
}
```

小　结

本章首先介绍了消息中间件的概念和发展历史；然后介绍了中间件的产品和使用场景，详细说明了消息中间件的架构、要素，以及常用的协议；接着介绍了在Java平台上的消息中间件规范JMS，包括JMS架构和程序接口的介绍，并通过实际编程的例子来帮助读者学习消息中间件的使用；最后介绍了消息驱动的Bean组件，包括消息的异步处理和消息选择器。

思 考 题

1. 消息通信的基本方式有哪两种？
2. 消息队列一般有哪些应用场景？
3. 消息队列有哪些优缺点？
4. 什么是消息中间件？消息中间件有哪些要素？
5. 消息中间件有哪两种消息传递模式？有哪些常用的协议？
6. JMS消息由哪些部分组成？简述JMS的架构。
7. 点对点的消息中间件和消息代理的消息中间件在结构上有何区别？
8. 在发布订阅方式中，发布者和订阅者之间的对应关系有哪些？
9. 什么是消息QoS机制？

实验4　消息中间件编程

一、实验目的

理解消息中间件的原理，掌握JMS的编程，能够基于Spring JMS、ActiveMQ等平台实现消息队列的处理。

二、实验平台和准备

操作系统：Windows或者Linux系统。

需要的软件：Java JDK(1.8或以上版本)、Spring JMS、IDEA或者Eclipse等开发环境，安装MySQL数据库，以及特定的消息中间件框架。

三、实验内容和要求

基于Spring JMS，建立一个基于Publish/Subscribe的新闻队列，实现以下功能。

(1) 用户可订阅某个议题的新闻，也可以取消订阅某个议题的新闻。

(2) 用户发布新闻，所有的订阅者将收到该消息。

(3) 当用户接收到消息时，把该消息(包含时间、标题、内容、发布者、接收时间、接收者等信息)存储到数据库中。

四、扩展实验内容

(1) 当用户退订的时候触发邮件操作，向用户发送退订的确认邮件。要求该操作为异步操作。

(2) 请参考ActiveMQ、RocketMQ、RabbitMQ、Kafka等其他消息中间件框架的资料和文档，结合Spring编程实现本实验要求的功能。

第7章 数据访问中间件

数据访问中间件对业务开发人员屏蔽底层数据操作的烦琐细节，提供对多种数据源进行统一访问的接口。数据访问中间件主要用于处理业务服务层和数据层之间的交互操作，目的是将业务和复杂的数据访问操作隔离开。本章主要围绕数据库访问中间件展开，介绍ODBC、OLE DB和ADO的概念和它们之间的关系，其次介绍基于JDBC、对象－关系映射，以及JPA持久化框架等技术。

7.1 开放数据库连接

数据库是数据管理的基础软件，数据库访问代码的性能对整个系统往往会有很大的影响。数据访问的逻辑以及标准的多样性，使得这部分的代码编写较为困难。自编写的数据库访问代码往往有较多的冗余和缺陷，因此出现了开放数据库连接(Open Database Connectivity，ODBC)。

7.1.1 ODBC

ODBC是一种用来在相关或不相关的数据库管理系统(Database Management System，DBMS)中存取数据的标准应用程序数据接口。它由微软倡导，是微软公司开放服务架构(Windows Open Service Architecture，WOSA)中有关数据库的一个组成部分，被业界广泛接受。

1. ODBC的结构

ODBC建立了一组规范并提供了一组对数据库访问的标准API。一个基于ODBC的应用程序对数据库的操作不依赖任何DBMS，不直接与DBMS打交道，所有的数据库操作由对应的DBMS的ODBC驱动程序完成。这样就不必为访问Sybase数据库专门写一个程序，为访问Oracle数据库又专门写一个程序，或为访问Informix数据库又编写另一个程序，等等，程序员只需用ODBC API写一个程序就够了。因此，ODBC的最大优点是能以统一的方式处理所有的数据库，用它生成的程序与数据库或数据库引擎是无关的。ODBC可使程序员方便地编写访问各DBMS厂商的数据库的应用程序，而无须了解其产品的细节。

ODBC提供了对结构化查询语言(Structured Query Language，SQL)的支持，它可向相应数据库发送SQL调用，其API利用SQL来完成其大部分任务。用户可以直接将SQL语句传送给ODBC，通过ODBC的API应用程序可以存取保存在多种不同数据库中的数据，而不论每个数据库使用了何种数据存储格式和编程接口。

图7-1为ODBC的体系结构，包括四个主要部分：应用程序接口、驱动器管理器、数据库驱动器和数据源。

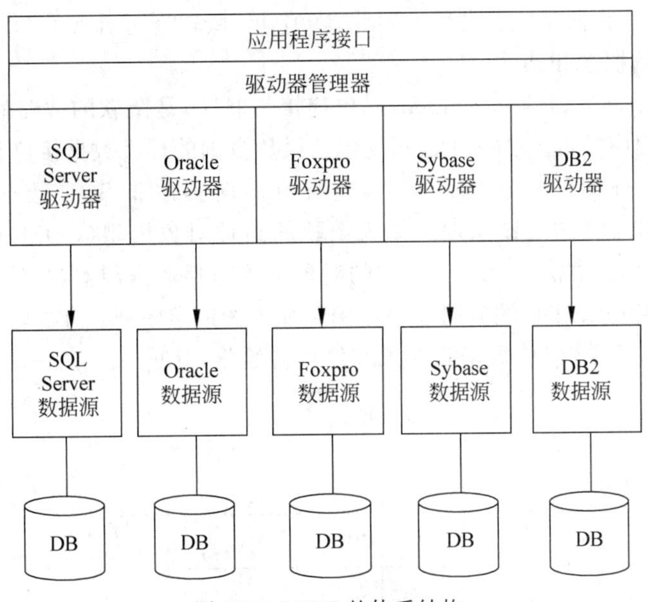

图 7-1　ODBC 的体系结构

应用程序接口：屏蔽不同的 ODBC 数据库驱动器之间函数调用的差别，为用户提供统一的 SQL 编程接口。

驱动器管理器：为应用程序装载数据库驱动器。

数据库驱动器：实现 ODBC 的函数调用，提供对特定数据源的 SQL 请求。如果需要，数据库驱动器将修改应用程序的请求，使得请求符合相关的 DBMS 所支持的文法。

数据源：由用户想要存取的数据以及与它相关的操作系统、DBMS 和用于访问 DBMS 的网络平台组成。

2. ODBC 的调用

应用程序要访问一个数据库，首先必须用 ODBC 管理器注册一个数据源，管理器根据数据源提供的数据库位置、数据库类型及 ODBC 驱动程序等信息，建立起 ODBC 与具体数据库的联系。因此，只要应用程序将数据源名提供给 ODBC，ODBC 就能建立起与相应数据库的连接。

在 ODBC 中，ODBC API 并不能直接访问数据库，而必须通过数据库驱动器与数据库交换信息。驱动器管理器负责将应用程序对 ODBC API 的调用传递给正确的数据库驱动器，而数据库驱动器在执行完相应的操作后，将结果通过驱动器管理器返回给应用程序。

虽然 ODBC 驱动器管理器的主要目的是加载数据库驱动器，以便 ODBC 函数调用，但是数据库驱动器本身也执行 ODBC 的函数调用，并与数据库相互配合。因此，当应用系统发出调用与数据源进行连接时，数据库驱动器能管理通信协议。当建立起与数据源的连接时，数据库驱动器便能处理应用系统向 DBMS 发出的请求，对分析或发自数据源的设计进行必要的翻译，并将结果返回给应用系统。

7.1.2　OLE DB

随着数据源日益复杂化，应用程序很可能需要从不同的数据源取得数据。例如，从 Excel 文件，E-mail，Internet/Intranet 上的电子签名等获取信息。然而，ODBC 仅支持关系数据库,以及传统的数据库数据类型。因此,1997 年,微软公司引入了 OLE DB 技术。

1. OLE DB 的概念和结构

OLE DB(Object Link and Embed,对象连接与嵌入)是微软的战略性的通向不同的数据源的低级应用程序接口。OLE DB 不仅包括微软资助的标准数据接口开放数据库连通性(ODBC)的结构化查询语言(SQL)能力,还具有面向其他非 SQL 数据类型的通路。如图 7-2 所示为 OLE DB 的工作原理。作为微软的组件对象模型(COM)的一种设计,OLE DB 是一组读写数据的方法。OLD DB 中的对象主要包括数据源对象、阶段对象、命令对象和行组对象。使用 OLE DB 的应用程序会用到如下的请求序列:初始化、OLE 连接到数据源、发出命令、处理结果、释放数据源对象并停止初始化 OLE。

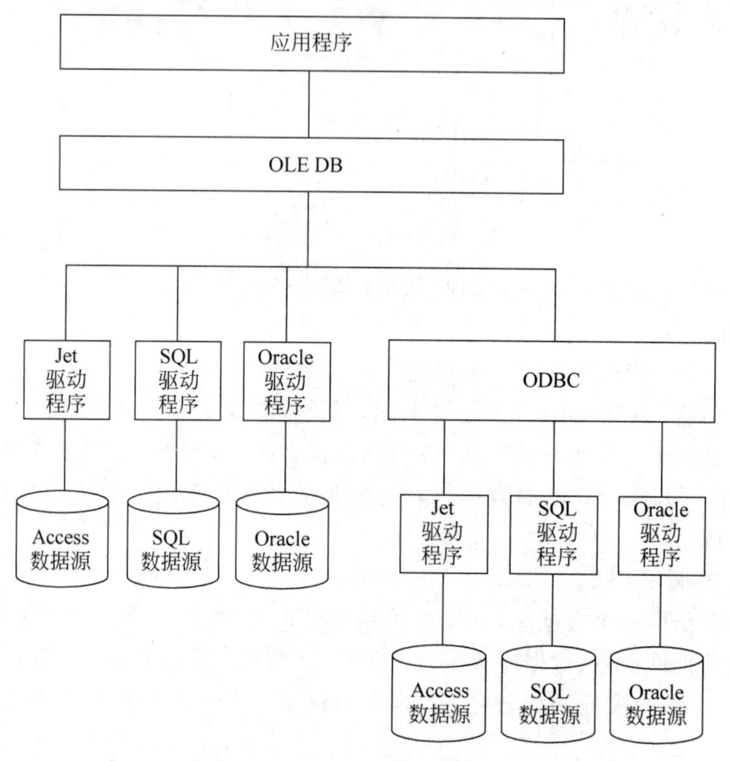

图 7-2　OLE DB 工作原理示意图

OLE DB 将传统的数据库系统划分为多个逻辑组件,这些组件之间相对独立又相互通信。这种组件模型中的各个部分被冠以一个特别的名称。

(1) 数据提供者(Data Provider)。提供数据存储的软件组件,小到普通的文本文件、大到主机上的复杂数据库,或者电子邮件存储,都是数据提供者的例子。有的文档把这些软件组件的开发商也称为数据提供者。如果程序要访问 Access 数据库中的数据,必须用 ADO. NET 通过 OLE DB 来开启,而 OLE DB 了解如何和许多种数据源做沟通。

(2) 数据服务提供者(Data Service Provider)。位于数据提供者之上,从过去的数据库管理系统中分离出来而独立运行的功能组件。例如,查询处理器和游标引擎,这些组件使得数据提供者提供的数据不论是以何种物理方式组织和存储的,都能够以表的形式向外表示,并实现数据的查询和修改功能。

(3) 业务组件(Business Component)。利用数据服务提供者来专门完成对某种特定业务信息处理的可重用的功能组件。

(4) 数据消费者(Data Consumer)。任何需要访问数据的系统程序或应用程序,除了典型的数据库应用程序之外,还包括需要访问的各种数据源的开发工具或语言。

2. OLE DB 与 ODBC 的区别

OLE DB 和 ODBC 标准都是为了提供统一的访问数据接口,但是 OLE DB 并不是替代 ODBC 的新标准。实际上,ODBC 标准的对象是基于 SQL 的数据源(SQL-Based Data Source),而 OLE DB 的对象则是范围更为广泛的任何数据存储。从这个意义上说,符合 ODBC 标准的数据源是符合 OLE DB 标准的数据存储的子集。符合 ODBC 标准的数据源要符合 OLE DB 标准,还必须提供相应的 OLE DB 服务程序。例如,SQL Server 要符合 ODBC 标准,就必须提供 SQL Server ODBC 驱动程序。现在,微软自己也已经为所有的 ODBC 数据源提供了统一的 OLE DB 服务程序,叫作 ODBC OLE DB Provider。

7.1.3 ActiveX Data Objects

OLE DB 是一个非常良好的架构,允许程序员存取各类数据。但是 OLE DB 太底层化,而且在使用上非常复杂,这让 OLE DB 无法广为流行。为了解决这个问题,并且让 VB 和脚本语言也能够借由 OLE DB 存取各种数据源,微软同样以 COM 技术封装 OLE DB 为 ADO 对象,简化了程序员数据存取的工作。

1. ADO 的工作原理

ADO(ActiveX Data Objects)是微软公司一个用于存取数据源的 COM 组件,提供了编程语言和统一数据访问方式 OLE DB 的一个中间层。它成功地封装了 OLE DB 大部分的功能,并且大幅简化了数据存取工作。开发人员只需编写访问数据的代码而不用关心数据库是如何实现的。访问数据库的时候,关于 SQL 的知识不是必要的,但是特定数据库支持的 SQL 命令仍可以通过 ADO 中的命令对象来执行。ADO 被设计来继承微软早期的数据访问对象层,包括 RDO(Remote Data Objects)和 DAO(Data Access Objects)。

图 7-3 为 ADO 工作原理。ADO 包括 6 个类:Connection、Command、Recordset、Error、Parameter、Field。ADO 使得用户不用过多关注 OLE DB 的内部机制,只需要了解 ADO 通过 OLE DB 创建数据源的几种方法即可,就可以通过 ADO 轻松地获取数据源。

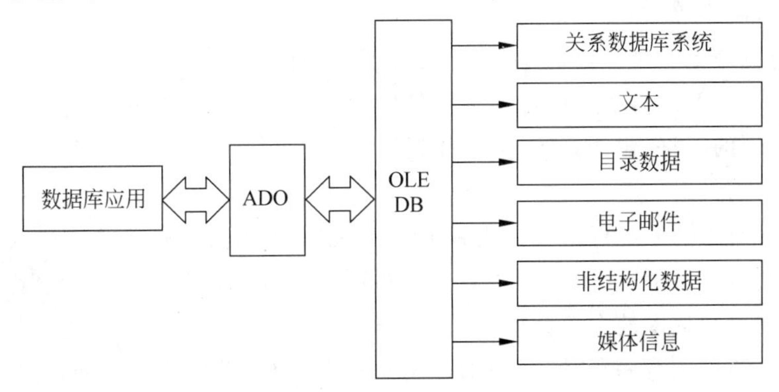

图 7-3 ADO 工作原理

2. ADO 对象模型

以下介绍 ADO 对象模型中常用的几个对象。

1）Connection 对象

在数据库应用里操作数据源都必须通过该对象，这是数据交换的环境。Connection 对象代表了同数据源的一个会话，在客户机/服务器模型里，这个会话相当于同服务器的一次网络连接。不同的数据提供者提供的该对象的集合、方法和属性不同。

Connection 对象的 Open 和 Close 方法可以建立和释放一个数据源连接。Execute 方法可以执行一个数据操作命令，使用 BeginTrans、CommitTrans 和 RollbackTrans 方法可以启动、提交和回滚一个处理事务。

通过操作 theErrors 集合可以获取和处理错误信息，通过 CommandTimeout 属性可以设置连接的溢出时间，通过 ConnectionString 属性可以设置连接的字符串，通过 Mode 属性可以设置连接的模式，通过 Provider 属性可以指定 OLE DB 提供者。

2）Command 对象

Command 对象是一个对数据源执行命令的定义，使用该对象可以查询数据库并返回一个 Recordset 对象，可以执行一个批量的数据操作，可以操作数据库的结构。不同的数据提供者提供的该对象的集合、方法和属性不同。

借助 Command 对象的集合、方法和属性，可以使用 Parameters 集合制定命令的参数，可以使用 Execute 方法执行一个查询并将查询结果返回到一个 Recordset 对象里，通过 CommandText 属性可以为该对象指定一个命令的文本，通过 CommandType 属性可以指定命令的类型，通过 Prepared 属性可以得知数据提供者是否准备好命令的执行，通过 CommandTimeout 属性可以设置命令执行的溢出时间。

3）Parameter 对象

Parameter 对象在 Command 对象中用于指定参数化查询或者存储过程的参数。大多数数据提供者支持参数化命令，这些命令往往是已经定义好的，只是在执行过程中调整参数的内容。

可以通过设置 Name 属性指定参数的名称，通过 Value 属性设置指定参数的值，通过设置 Attributes 和 Direction、Precision、NumericScale、Size 与 Type 属性可以指定参数的信息，通过执行 AppendChunk 方法可以将数据传递到参数里。

4）Recordset 对象

如果执行的命令是一个查询并返回存放在表中的结果集，这些结果集将被保存在本地的存储区里，Recordset 对象是执行这种存储的 ADO 对象。通过 Recordset 对象可以操作来自数据提供者的数据，包括修改、插入和删除行。

5）Field 对象

Recordset 对象的一个行由一个或者多个 Field 对象组成，如果把一个 Recordset 对象看成一个二维网格表，那么 Field 对象就是这些列。这些列里保存了列的名称、数据类型和值，这些值是来自数据源的真正数据。为了修改数据源里的数据，必须首先修改 Recordset 对象各个行里 Field 对象里的值，最后 Recordset 对象将这些修改提交到数据源。

通过设置 Value 属性可以改变列的值，通过读取 Type、Precision 和 NumericScale 属性，可获知列的数据类型、精度和小数位的个数，通过执行 AppendChunk 和 GetChunk 方法可以操作列的值。

6) Error 对象

Error 对象包含 ADO 数据操作时发生错误的详细描述,ADO 的任何对象都可以产生一个或者多个数据提供者错误,当错误发生时,这些错误对象被添加到 Connection 对象的 Errors 集合里。当另外一个 ADO 对象产生一个错误时,Errors 集合里的 Error 对象被清除,新的 Error 对象将被添加到 Errors 集合里。

可以通过读取 Number 和 Description 属性,获得 ADO 错误号码和对错误的描述,通过读取 Source 属性得知错误发生的源。

7) Property 对象

Property 对象代表了一个由提供者定义的 ADO 对象的动态特征。ADO 对象有两种类型的 Property 对象:内置的和动态的。内置的 Property 对象是指那些在 ADO 里实现的在对象创建时立即可见的属性,可以通过域作用符直接操作这些属性。动态的 Property 对象是指由数据提供者定义的底层的属性,这些属性出现在 ADO 对象的 Properties 集合里。例如,如果一个 Recordset 对象支持事务和更新,这些属性将作为 Property 对象出现在 Recordset 对象的 Properties 集合里。

可以通过读取 Name 属性获得属性的名称,通过读取 Type 属性获取属性的数据类型,通过读取 Value 属性获取属性的值。

结合前面关于 ODBC 和 OLE DB 的描述,ADO 与另外两者的关系如图 7-4 所示。

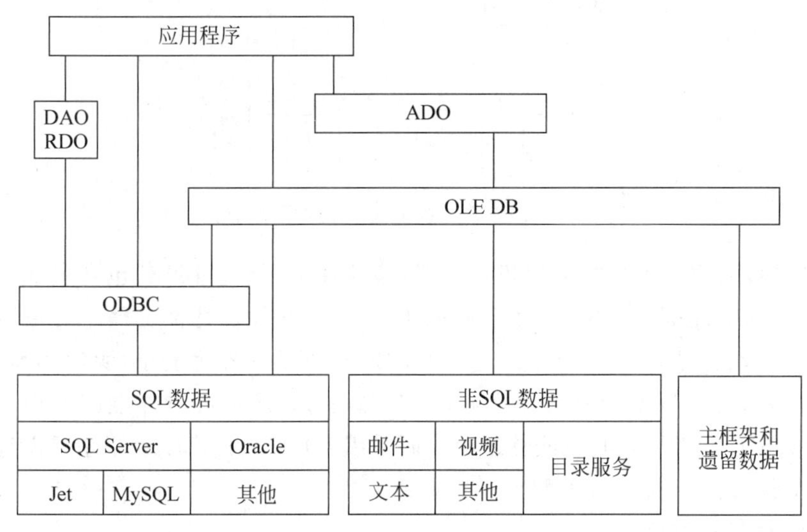

图 7-4 ODBC、OLE DB 和 ADO 关系图

7.1.4 JDBC

ODBC 仅支持关系数据库,以及传统的数据库数据类型,并且只以 C/C++的 API 形式提供服务,因而无法符合日渐复杂的数据存取应用,也无法让脚本语言使用。随着 Java 语言的流行,Sun 公司推出了面向各关系数据库厂商的数据库访问规格与标注 JDBC。

1. JDBC 的概念

JDBC(Java Database Connectivity)是 Java 与数据库的接口规范。JDBC 定义了一个支持标准 SQL 功能的通用低层的应用程序编程接口(API),它由 Java 语言编写的类和接口组成，旨在让各数据库开发商为Java程序员提供标准的数据库API。

JDBC与ODBC都是基于X/Open的SQL调用级接口，JDBC的设计在思想上沿袭了ODBC，同时在其主要抽象和SQL调用级接口实现上也沿袭了ODBC，这使得JDBC容易被接受。JDBC的结构如图7-5所示，类似于ODBC，也有四个组件：应用程序、驱动程序管理器、驱动程序和数据源。JDBC API定义了若干Java中的类，表示数据库连接、SQL指令、结果集、数据库元数据等。它允许Java程序员发送SQL指令并处理结果。通过驱动程序管理器，JDBC API可利用不同的驱动程序连接不同的数据库系统。

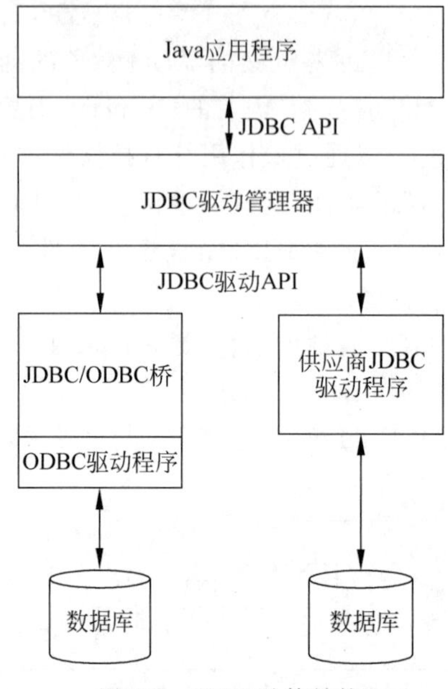

图7-5　JDBC总体结构

相对ODBC来说，JDBC简易理解和使用，移植性也更好。JDBC包含大部分基本数据操作功能，且JDBC是面向对象的，完全遵循Java语言的优良特性。程序员在短时间内即可了解JDBC驱动程序架构，容易上手。而ODBC内部功能较为复杂，源代码编写要求高。通常情况下，安装完ODBC驱动程序之后，还需要经过确定的配置才能够应用。相同的配置在不相同数据库服务器之间不能够通用。而采用JDBC数据库驱动程序只需选取适当的JDBC数据库驱动程序，无须额外配置。

2. JDBC的常用接口

（1）Driver接口：Driver接口由数据库厂家提供，作为Java开发人员，只需要使用Driver接口就可以了。在编程中要连接数据库，必须先装载特定厂商的数据库驱动程序。不同的数据库有不同的装载方法。

装载MySQL数据库驱动：

```
Class.forName("com.mysql.jdbc.Driver");
```

装载Oracle数据库驱动：

```
Class.forName("oracle.jdbc.driver.OracleDriver");
```

(2) Connection 接口：Connection 与特定数据库的连接(会话),在连接上下文中执行 SQL 语句并返回结果。DriverManager. getConnection(url,user,password)方法建立在 JDBC URL 中定义的数据库的 Connection。

连接 MySQL 数据库：

```
Connection conn = DriverManager.getConnection("jdbc:mysql://host:port/database", "user",
"password");
```

连接 Oracle 数据库：

```
Connection conn = DriverManager.getConnection("jdbc:oracle:thin:@host:port:database",
"user","password");
```

Connection 中的一些常用方法如下。

① createStatement()：创建向数据库发送 SQL 的 statement 对象。

② prepareStatement(sql)：创建向数据库发送预编译 SQL 的 PrepareSatement 对象。

③ prepareCall(sql)：创建执行存储过程的 callableStatement 对象。

④ setAutoCommit(boolean autoCommit)：设置事务是否自动提交。

⑤ commit()：在此链接上提交事务。

⑥ rollback()：在此链接上回滚事务。

(3) Statement 接口：用于执行静态 SQL 语句并返回它所生成结果的对象。

Statement 中的一些常用方法如下。

① execute(String sql)：运行语句,返回是否有结果集。

② executeQuery(String sql)：运行 select 语句,返回 ResultSet 结果集。

③ executeUpdate(String sql)：运行 insert/update/delete 操作,返回更新的行数。

④ addBatch(String sql)：把多条 SQL 语句放到一个批处理中。

⑤ executeBatch()：向数据库发送一批 SQL 语句执行。

(4) ResultSet 接口：ResultSet 提供检索不同类型字段的方法以及对结果集进行滚动的方法。

7.2 对象-关系映射

面向对象的开发方法是当今企业级应用开发环境中的主流开发方法,关系数据库是企业级应用环境中永久存放数据的主流数据存储系统。在数据库系统中,结构化查询语言(Structured Query Language,SQL)是其最重要的操作语言,并且影响深远。但是,SQL 是过程化的语言,这与大行其道的面向对象语言,存在某种程度的不协调和不匹配。例如,数据库中用表格、行、列来表示数据,而在操作语言中则大多表示为类和对象。业务实体在内存中表现为对象,在数据库中表现为关系数据。内存中的对象之间存在关联和继承关系;而在数据库中的关系数据却无法直接表达多对多关联和继承关系。

虽然传统的 ODBC、JDBC 方法可以通过 SQL 进行数据库存取,但其代码往往还是显得烦琐冗长,且经常需要在行和对象之间进行切换。随着面向对象的软件开发方法的发展,对象-关系映射(Object Relational Mapping,ORM)技术应运而生。

7.2.1 ORM的概念

ORM系统一般以中间件的形式存在，主要实现程序对象到关系数据库数据的映射。ORM是通过使用描述对象和数据库之间映射的元数据，将程序中的对象自动持久化到关系数据库中。

实际应用中，ORM中间件在关系数据库和业务实体对象之间做一个映射，使得用户在具体的操作业务对象的时候，就不需要再去和复杂SQL语句打交道，只要像平时操作对象一样操作它就可以了。常见的ORM框架有：Hibernate、iBATIS、TopLink、Castor JDO、Apache OJB等。一般的ORM系统包括以下四部分。

- 一个对持久类对象进行CRUD操作的API。
- 一个语言或API用来规定与类和类属性相关的查询。
- 一个规定mapping metadata的工具。
- 一种技术可以让ORM的实现同事务对象一起进行脏检查(dirty checking)，惰性关联抓取(lazy association fetching)以及其他的优化操作。

7.2.2 对象与数据库间的映射

ORM的主要目的是通过类和对象操作数据库，所以在ORM中必须解决编程语言中的类与对象和数据库中的表之间的映射关系。这些映射包括：

(1) 类与数据库中表的映射：数据库中的每一张表对应编程语言中的一个类，当用户对类进行基本操作(如创建实现、修改对象的属性、删除一个实例)时，ORM框架会自动对数据库中的表进行相应的CRUD操作。

(2) 对象与表中记录的映射：关系数据库中的一张表可能有多条记录，每条记录对应类的一个实例，当用户对一个对象进行修改时，ORM框架会自动对数据表中的相应记录进行修改。

(3) 类的属性与数据库中表的字段的映射：数据库中表的字段的数据类型与类中的属性的类型也是一一对应的。

除了类与对象的映射，ORM还需要考虑引用完整性与关系约束检查、对象标识符等的映射。由于面向对象设计的机制与关系模型的不同，面向对象设计与关系数据库设计之间是不匹配的。面向对象设计基于如耦合、聚合、封装等理论，而关系模型基于数学原理。不同的理论基础导致了不同的优缺点。ORM系统需要一种映射方法来解决这种不匹配，从而获得成功的设计。

7.2.3 对象-关系映射例子

作为一个简单的例子，以下定义一个学生Student类，同时定义一个简单的映射例子(基于Hibernate)。

```
@Entity
public class Student {
  @Id
  @GeneratedValue(strategy = GenerationType.AUTO)
  private long id;
```

```
    //学生类绑定到的关系数据库中 ID 生成为自增
    @Column(nullable = false)
    private String name;
    //学生姓名作为关系数据库表中的一列属性
    public Student(){ }
    public Student(String s){ name = s;}
    public String toString() {
      return id + " -- " + name ;
    }
    public void setId(Long id) { this.id = id; }      //为私有属性设置访问方法
    public long getId() { return id; }
    public void setName(String name) { this.name = name;}
    public String getName() { return name; }
}
```

```
public class StudentHibernate {
    SessionFactory factory;
    public void setup() {        //在使用 Hibernate 之前需要调用 setup()方法
      Configuration configuration = new Configuration();
      //这里采用默认的配置,配置信息可以在 hibernate.cfg.xml 文件中修改
      configuration.configure();
      ServiceRegistryBuilder srBuilder = new ServiceRegistryBuilder();
      srBuilder.applySettings(configuration.getProperties());
      ServiceRegistry serviceRegistry = srBuilder.buildServiceRegistry();
      factory = configuration.buildSessionFactory(serviceRegistry);
      //根据配置信息拿到 sessionFactory
    }
    public void saveStudentRecord() {
      Student student1 = new Student("Wang Xiao");
      Student student2 = new Student("Zhang Hua");
      Session session = factory.openSession();     //开启数据库会话
      Transaction tx = session.beginTransaction();  //开启数据库事务
      session.persist(student1);                    //进行 ORM 映射,对象转换到关系数据库中
      session.persist(student2);
      tx.commit();                                  //数据库事务提交
      session.close();
    }
    public void readStudentRecord() {
      Session session = factory.openSession();
      List<Student> list = (List<Student>) session.createQuery("from Student").list();
      //session.createQuery 通过类 SQL 语句作为参数,获得数据
      for (Student m : list) {
        System.out.println(m);
      }
      session.close();
    }

    public static void main(String[] args) {
      StudentHibernate sh = new StudentHibernate();
      sh.setup();
      sh.saveStudentRecord();
      sh.readStudentRecord();
    }
}
```

7.2.4 Hibernate框架

Hibernate是一个开放源代码的对象关系映射框架，它对JDBC进行了非常轻量级的对象封装，使得Java程序员可以随心所欲地使用对象编程思维来操纵数据库。Hibernate可以应用在任何使用JDBC的场合，既可以在Java的客户端程序使用，也可以在Servlet/JSP的Web应用中使用。最具革命意义的是，Hibernate可以在应用EJB的Java EE架构中取代CMP(Container Managed Persistence)，完成数据持久化的重任。

1. Hibernate框架简介

Hibernate是澳大利亚程序员Gavin King于2001年开发和发展起来的。在2004年Sun领导的J2EE 5.0标准制定当中的持久化框架标准正式以Hibernate为蓝本。2006年，J2EE 5.0标准正式发布以后，持久化框架标准Java Persistent API(JPA)基本上是参考Hibernate实现的。Hibernate从3.2版本开始已经完全兼容JPA标准。

在Hibernate框架中，用户创建一系列的持久化类。每个类的属性都可以简单地看作是和一张数据库表的属性一一对应，也可以实现关系数据库的各种表关联的对应。因此，当需要相关操作时，用户不用再关注数据库表，无须再去一行行地查询数据库，只需要持久化类就可以完成增删改查的功能，使软件开发真正面向对象。据称，使用Hibernate比JDBC方式减少了80%的编程量。

如图7-6所示，Hibernate是传统Java对象和数据库服务器之间的桥梁，用来处理基于O/R映射机制和模式的那些对象。

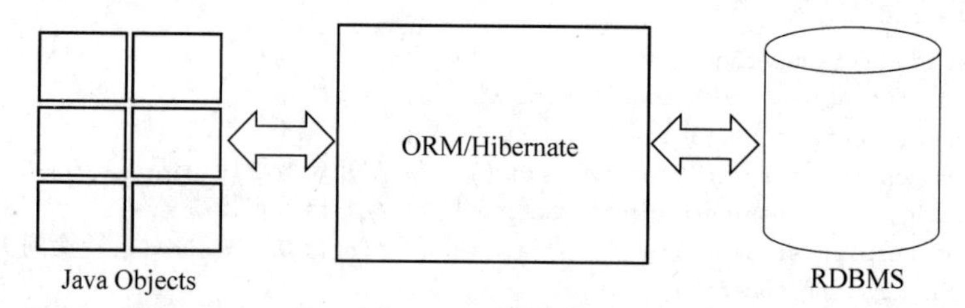

图7-6 Hibernate作用示意图

2. Hibernate架构和接口

图7-7是一个详细的Hibernate应用程序体系结构视图，也包含一些重要的类。Hibernate使用不同的现存Java API，如JDBC、Java事务API(JTA)，以及Java命名和目录界面(JNDI)。JDBC提供了一个基本的抽象级别的通用关系数据库功能，Hibernate支持几乎所有带有JDBC驱动的数据库。JNDI和JTA允许Hibernate与J2EE应用程序服务器相集成。

Hibernate的核心类和接口一共有6个，分别为Session、SessionFactory、Transaction、Query、Criteria和Configuration。这6个核心类和接口在任何开发中都会用到。通过这些接口，不仅可以对持久化对象进行存取，还能够进行事务控制。

(1) Session。

Session接口负责执行被持久化对象的CRUD操作(CRUD的任务是完成与数据库的交流，包含很多常见的SQL语句)。但需要注意的是，Session对象是非线程安全的。同时，Hibernate的Session不同于JSP应用中的HttpSession。这里当使用Session这个术语时，

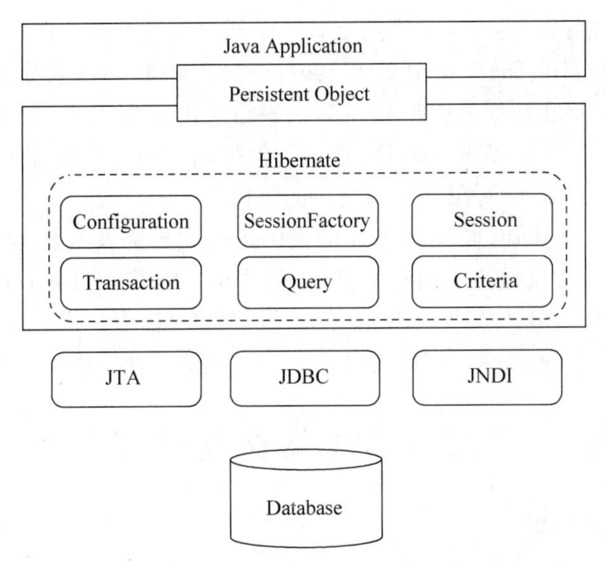

图 7-7 Hibernate 应用程序体系结构视图

其实指的是 Hibernate 中的 Session，而以后会将 HttpSession 对象称为用户 Session。

(2) SessionFactory。

SessionFactory 接口负责初始化 Hibernate。它充当数据存储源的代理，并负责创建 Session 对象。这里用到了工厂模式。需要注意的是，SessionFactory 并不是轻量级的，因为一般情况下，一个项目通常只需要一个 SessionFactory 即可，当需要操作多个数据库时，可以为每个数据库指定一个 SessionFactory。

(3) Transaction。

Transaction 接口是一个可选的 API，可以选择不使用这个接口，取而代之的是 Hibernate 的设计者自己写的底层事务处理代码。Transaction 接口是对实际事务实现的一个抽象，这些实现包括 JDBC 的事务、JTA 中的 UserTransaction，甚至可以是 CORBA 事务。之所以这样设计是能让开发者使用一个统一事务的操作界面，使得自己的项目可以在不同的环境和容器之间方便地移植。

(4) Query。

Query 接口让用户方便地对数据库及持久对象进行查询，它可以有两种表达方式：HQL 或本地数据库的 SQL 语句。Query 经常被用来绑定查询参数、限制查询记录数量，并最终执行查询操作。

(5) Criteria。

Criteria 接口与 Query 接口非常类似，允许创建并执行面向对象的标准化查询。需要注意的是，Criteria 接口也是轻量级的，它不能在 Session 之外使用。

(6) Configuration。

Configuration 类的作用是对 Hibernate 进行配置，以及对它进行启动。在 Hibernate 的启动过程中，Configuration 类的实例首先定位映射文档的位置，读取这些配置，然后创建一个 SessionFactory 对象。Configuration 是启动 Hibernate 时所遇到的第一个对象。

3. Hibernate 优势

Hibernate 实现了 OR 映射，同时提供访问数据的 CRUD 方法，代替手工书写 SQL 语句的烦琐,降低拼写错误。这在很大程度上减少了开发过程中人工使用SQL和JDBC处理数据的时间。特别是Hibernate使用XML文件来处理映射Java类别到数据库表格中,不用编写任何代码。如果在数据库中或任何其他表格中出现变化,那么仅需要改变XML文件属性,把不熟悉的SQL类型进行抽象,并为我们提供工作中所熟悉的Java对象,在数据库中为直接存储和检索Java对象提供的简单的APIs。

此外,Hibernate对JDBC访问数据库的代码进行了轻量级封装,大大简化了数据访问层烦琐的重复性代码,并且减少了内存消耗,加快了运行效率。Hibernate还具有可扩展性强的特点,由于源代码的开源以及API的开放,当本身功能不够用时,可以自行编码进行扩展。Hibernate采用了POJO对象,代码没有侵入性,移植性比较好。

7.3 JPA持久化框架

7.3.1 JPA的概念

Java Persistence API(JPA)是Java EE 5平台上的标准的对象-关系映射和持久管理接口。作为EJB 3规范成果的一部分,它得到了所有主要的Java供应商的支持。Java Persistence API借鉴了诸如Hibernate、Oracle TopLink、Java Data Objects(JDO)以及EJB容器托管持久化等领先的持久性框架的想法,提供了一个平台,持久性地提供程序(persistence provider)在该平台上调用。JPA的一个主要特性是任何的持久性提供程序都可以在上面做插拔。

JPA是EJB 3规范的组成部分,代替了实体Bean。它是基于POJO标准的ORM持久化模型,为POJO提供持久化标准规范,可以在Web和桌面应用中使用。Hibernate 3.2+、TopLink 10.1.3以及OpenJPA都提供了JPA的具体实现。其总体思想和现有Hibernate、TopLink、JDO等ORM框架大体一致。总的来说,JPA包括以下3方面的技术。

(1) ORM映射元数据。

JPA支持XML和JDK 5.0注解两种元数据的形式,元数据描述对象和表之间的映射关系,框架据此将实体对象持久化到数据库表中。

(2) 调用接口API。

用来操作实体对象,执行CRUD操作,框架在后台完成所有的事情,开发者从烦琐的JDBC和SQL代码中解脱出来。

(3) 查询语言。

这是持久化操作中很重要的一个方面,通过面向对象而非面向数据库的查询语言查询数据,避免程序的SQL语句紧密耦合。

7.3.2 JPA持久化对象

利用JPA进行持久化对象,主要包括以下几个步骤。

(1) 创建persistence.xml,在这个文件中配置持久化单元(Hibernate中的hibernate.cfg.xml)。通过该文件,指定跟哪个数据库进行交互,指定JPA使用哪个持久化的框架。

(2) 创建实体管理器的工厂EntityManagerFactory(类似于Hibernate中的SessionFactory)。

(3) 创建实体管理器 EntityManager(类似于 Hibernate 中的 Session)。

(4) 创建实体类,使用注解 annotation 描述实体类跟数据库表之间的一一映射关系。

(5) 使用 JPA API 完成数据增加、删除、修改和查询操作。

(6) 使用结束后,关闭 Entity Manager。

实体管理器(Entity Manager)用于管理系统中的实体,它是实体与数据库之间的桥梁。通过调用实体管理器的相关方法可以把实体持久化到数据库中,同时也可以把数据库中的记录打包成实体对象。

如图 7-8 所示,JPA 的实体生命周期有以下四种状态。

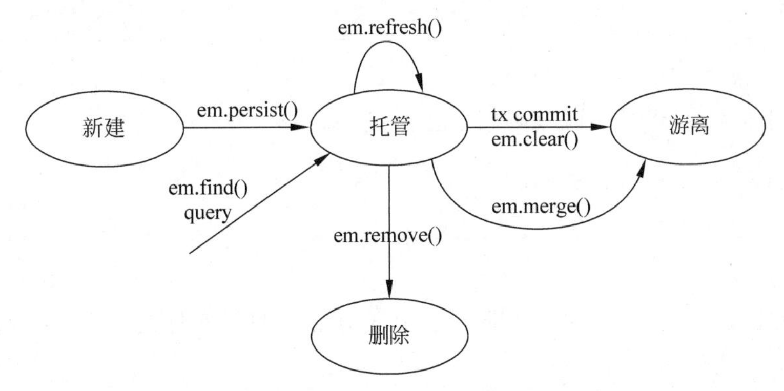

图 7-8 JPA 实体生命周期状态转换图

新建状态(New):对象在保存进数据库之前为临时状态。此时数据库中没有该对象的信息,该对象的 ID 属性也为空。如果没有被持久化,程序退出时临时状态的对象信息将丢失。

托管状态(Managed):对象在保存进数据库后或者从数据库中加载后,并且没有脱离 Session 时为持久化状态。这时数据库中有对象的信息,该对象的 ID 为数据库中对应记录的主键值。由于还在 Session 中,持久化状态的对象可以执行任何有关数据库的操作。例如,获取集合属性的值等。

游离状态(Detached):是对象曾经处于持久化状态,但是现在已经离开 Session 了。虽然分离状态的对象有 ID 值,有对应的数据库记录,但是已经无法执行有关数据库的操作。例如,读取延迟加载的集合属性,可能会抛出延迟加载异常。

删除状态(Removed):删除的对象,有 ID 值,尚且和 Persistence Context 有关联,但是已经准备从数据库中删除。

1. 创建实体管理器

所有实体管理器都来自类型 javax. persistence. EntityManagerFactory 的工厂。

以下示例演示为名为 EmployeeService 的持久性单元创建一个 EntityManagerFactory。

```
EntityManagerFactory emf = Persistence.createEntityManagerFactory("EmployeeService");
```

通过工厂创建实体管理器:

```
EntityManager em = emf.createEntityManager();
```

2. 保存实体

通过使用实体管理器，可以持久化实例，如下面的例子，通过前面创建的实体管理器 em 来持久化 Employee 类的实例。

```
Employee emp = new Employee(15);
em.persist(emp);
```

3. 查找实体

如果实体在数据库中，以下代码显示如何找到它。

```
Employee emp = em.find(Employee.class, 15);
```

4. 删除实体

要从数据库中删除实体，可以调用 EntityManager 的 remove 方法。

```
Employee emp = em.find(Employee.class, 15);
em.remove(emp);
```

5. 更新实体

要更新实体，可以在被管实体上调用 setter 方法。被管实体是从 EntityManager 返回的实体。

```
Employee emp = em.find(Employee.class, 15);
emp.setName("new Name");
```

6. 事务

以下代码显示如何启动和提交事务。

```
em.getTransaction().begin();
Employee emp = new Employee(15);
em.persist(emp);
em.getTransaction().commit();
```

7.3.3 JPA 的优势

JPA 的优势主要体现在以下几方面。

1. 标准化

JPA 是 JCP 组织发布的 Java EE 标准之一，因此任何声称符合 JPA 标准的框架都遵循同样的架构，提供相同的访问 API，这保证了基于 JPA 开发的企业应用能够经过少量的修改就能够在不同的 JPA 框架下运行。

2. 容器级特性的支持

JPA 框架支持大数据集、事务、并发等容器级事务，这使得 JPA 超越了简单持久化框架的局限，在企业应用中发挥更大的作用。

3. 简单方便

JPA 的主要目标之一就是提供更加简单的编程模型。在 JPA 框架下创建实体和创建 Java 类一样简单，没有任何的约束和限制，只需要使用 javax.persistence.Entity 进行注释，

JPA 的框架和接口也都非常简单，没有太多特别的规则和设计模式的要求，开发者可以很容易掌握。JPA 基于非侵入式原则设计，因此可以很容易地和其他框架或者容器集成。

4. 查询能力

JPA 的查询语言是面向对象而非面向数据库的，它以面向对象的自然语法构造查询语句，可以看成是 Hibernate HQL 的等价物。JPA 定义了独特的 JPQL(Java Persistence Query Language)，JPQL 是 EJB QL 的一种扩展，它是针对实体的一种查询语言，操作对象是实体，而不是关系数据库的表，而且能够支持批量更新和修改、JOIN、GROUP BY、HAVING 等通常只有 SQL 才能够提供的高级查询特性，甚至还能够支持子查询。

5. 高级特性

JPA 中能够支持面向对象的高级特性，如类之间的继承、多态和类之间的复杂关系，这样的支持能够让开发者最大限度地使用面向对象的模型设计企业应用，而不需要自行处理这些特性在关系数据库的持久化。

7.3.4 JPA 编程范例

使用 JPA 进行数据持久化首先需要配置好 persistant. xml 文件，在配置文件中指定好持久化使用的框架、框架相关联的配置信息以及所连接的数据库的信息。实际开发中在源码部分创建 META-INF 文件夹，文件夹下创建 persitant. xml 文件，并填写配置信息。下面是样例，例子中采用 Hibernate 作为持久化框架。

```
<?xml version = "1.0" encoding = "UTF - 8"?>
<persistence version = "2.0" xmlns = "http://java.sun.com/xml/ns/persistence"
                              xmlns:xsi = "http://www.w3.org/2001/XMLSchema - instance"
                              xsi:schemaLocation = "http://java.sun.com/xml/ns/persistence
                              http://java.sun.com/xml/ns/persistence/persistence_2_0.xsd ">
  <persistence - unit name = "EmployeeService">
  <!-- 注意配置文件名称,要与后面代码中获取 EntityManagerFactory?的方法参数一致 -->
    <!--  四要素 org.hibernate.cfg.Environment -->
    <properties>
      <!--  如果使用 Hibernate 实现的 JPA,使用的就是 Hibernate 的环境参数  -->
      <property name = "hibernate.connection.driver_class" value = "com.mysql.jdbc.Driver" />

      <property name = "hibernate.connection.url"
                value = "jdbc:mysql://localhost:3306/mytest" />
      <!-- 指定数据库连接 -->

      <property name = "hibernate.connection.username" value = "root" />

      <property name = "hibernate.connection.password" value = "" />
      <!-- 填写数据库访问的用户信息 -->

      <!-- 可选配置 -->
      <!-- 控制台打印 SQL 语句 -->
      <property name = "hibernate.show_sql" value = "true" />

      <!--  格式化输出 SQL  -->
      <property name = "hibernate.format_sql" value = "true" />
```

```
    </properties>

  </persistence-unit>

</persistence>
```

以下代码显示了一个简单的完全功能类,可用于对 Employee 实体发出典型的创建、读取、更新和删除(CRUD)操作。

```
public class EmployeeService {//EmployeeService 封装 Employee 对象与数据库的关联操作
  protected EntityManager em;
  public EmployeeService(EntityManager em) {
    this.em = em;                       //EnityManager 对象提供 Hibernate 的服务
  }
  public Employee createEmployee(int id, String name, long salary) {
    Employee emp = new Employee(id);    //Employee 类是 ORM 映射中的实体类
    emp.setName(name);
    emp.setSalary(salary);
    em.persist(emp);
    return emp;
  }

  public void removeEmployee(int id) {
    Employee emp = findEmployee(id);
    if (emp != null) {
      em.remove(emp);
    }
  }
  public Employee raiseEmployeeSalary(int id, long raise) {
    Employee emp = em.find(Employee.class, id);
    if (emp != null) {
      emp.setSalary(emp.getSalary() + raise);
    }
    return emp;
  }

  public Employee findEmployee(int id) {
    return em.find(Employee.class, id);
  }

  public List<Employee> findAllEmployees() {
    TypedQuery<Employee> query = em.createQuery("SELECT e FROM Employee e",
                                                 Employee.class);
    return query.getResultList();
  }
}
```

主类:

```
public class Main {
  public static void main(String[] args) {
    EntityManagerFactory emf = Persistence.createEntityManagerFactory("EmployeeService");
    //以 JPA 配置文件 persistence.xml 中的持久化单元名为参数
    EntityManager em = emf.createEntityManager();       //通过 factory 获取到管理实例对象
```

```
        EmployeeService service = new EmployeeService(em);
        em.getTransaction().begin();                    //开启数据库事务
        Employee emp = service.createEmployee(1, "Tom", 5000);
        em.getTransaction().commit();                   //事务提交
        System.out.println("Persisted " + emp);

        emp = service.findEmployee(1);
        System.out.println("Found " + emp);

        List<Employee> emps = service.findAllEmployees();
        for (Employee e : emps)
          System.out.println("Found employee: " + e);
        em.getTransaction().begin();
        emp = service.raiseEmployeeSalary(1, 1000);
        em.getTransaction().commit();
        System.out.println("Updated " + emp);

        em.getTransaction().begin();
        service.removeEmployee(15);
        em.getTransaction().commit();
        System.out.println("Removed Employee 15");

        em.close();
        emf.close();                                    //使用完毕,释放资源
    }
}
```

7.3.5 JPA 与 Hibernate 的关系

JPA 需要供应商来实现其持久化的功能,而 Hibernate 可以看作 JPA 中的一个优秀实现。从功能上来说,JPA 是 Hibernate 功能的一个子集。但在 2006 年 J2EE 5.0 标准正式发布以后,持久化框架标准 JPA 基本上是参考 Hibernate 实现的。Hibernate 从 3.2 版本开始已经完全兼容 JPA 标准。Hibernate 3.2 获得了 Sun TCK 的 JPA(Java Persistence API)兼容认证。

Hibernate 主要通过 3 个组件来实现 JPA,包括 hibernate-annotation、hibernate-entitymanager 和 hibernate-core。

(1) hibernate-annotation 是 Hibernate 支持 annotation 方式配置的基础,它包括标准的 JPA annotation 以及 Hibernate 自身特殊功能的 annotation。

(2) hibernate-core 是 Hibernate 的核心实现,提供了 Hibernate 所有的核心功能。

(3) hibernate-entitymanager 实现了标准的 JPA,可以把它看成 hibernate-core 和 JPA 之间的适配器。它并不直接提供 ORM 的功能,而是对 hibernate-core 进行封装,使得 Hibernate 符合 JPA 的规范。

例如,在 Hibernate 中实体对象的状态有自由、持久、游离三种。JPA 里有 new、managed、detached、removed,而这些状态都是一一对应的。在查询定义上 Query query=manager.createQuery(sql),它在 Hibernate 里的写法是 Session,而在 JPA 中变成了 EntityManager。此外,flush 方法也都是对应的。

总的来说，JPA 是规范，Hibernate 是框架，JPA 是持久化规范，而 Hibernate 实现了 JPA。

7.4 其他持久化框架

除了 Hibernate 以外，各大厂商也推出其他的持久化框架，它们具有各自的特点和特性，能够适用于不同的场景。典型的对象一关系映射框架有 MyBatis、NHibernate、OpenJPA、TopLink 等。

1. MyBatis

MyBatis 前身是 Apache 的一个开源项目 iBatis。2010 年，这个项目由 Apache Software Foundation 迁移到了 Google Code，并且改名为 MyBatis。2013 年 11 月迁移到 GitHub。iBATIS 一词来源于“internet”和“abatis”的组合，是一个基于 Java 的持久层框架。

iBATIS 提供的持久层框架包括 SQL Maps 和 Data Access Objects（DAO）。MyBatis 是支持普通 SQL 查询、存储过程和高级映射的优秀持久层框架，并且消除了几乎所有的 JDBC 代码和参数的手工设置以及结果集的检索。MyBatis 使用简单的 XML 或注解用于配置和原始映射，将接口和 Java 的 POJOs（Plain Ordinary Java Objects，普通的 Java 对象）映射成数据库中的记录。对于具体的数据操作，Hibernate 会自动生成 SQL 语句，而 MyBatis 则要求开发者编写具体的 SQL 语句。相对于 Hibernate 等“全自动”的 ORM 机制而言，MyBatis 以 SQL 开发的工作量和数据库移植性上的让步，为系统设计提供了更大的自由空间。

2. NHibernate

NHibernate 是一个基于.NET 的针对关系数据库的对象持久化类库。NHibernate 来源于非常优秀的基于 Java 的 Hibernate 关系型持久化工具。NHibernate 从数据库底层来持久化用户的.NET 对象到关系数据库。NHibernate 让开发者的代码仅和对象关联，NHibernate 自动产生 SQL 语句，并确保对象提交到正确的表和字段中去。主要特性包括：①Visual Studio 友好，Visual Studio 中轻松映射常规 C＃或 VB.NET 对象模型，不需要特殊的基类或属性，完全支持继承、组件和枚举；②快速开发周期，从域模型生成数据库表，支持所有流行的关系数据库，支持复杂的旧方案；③大量插件与工具，包括全文搜索、使用 Microsoft Velocity 和 Memcached 进行集群范围的缓存、业务验证规则、ReSharper 插件等。

3. OpenJPA

OpenJPA 是 Apache 组织提供的开源项目，它实现了 EJB 3.0 中的 JPA 标准，为开发者提供功能强大、使用简单的持久化数据管理框架。OpenJPA 封装了和关系数据库交互的操作，让开发者把注意力集中在编写业务逻辑上。OpenJPA 可以作为独立的持久层框架发挥作用，也可以轻松地与其他 Java EE 应用框架或者符合 EJB 3.0 标准的容器集成。

除了对 JPA 标准的支持之外，OpenJPA 还提供了非常多的特性和工具支持让企业应用开发变得更加简单，减少开发者的工作量，包括允许数据远程传输/离线处理、数据库/对象视图统一工具、使用缓存（Cache）提升企业应用效率等。

4. TopLink

TopLink 原为 WebGain 公司的产品，现在被 Oracle 收购，并重新包装为 Oracle AS

TopLink。TopLink 为在关系数据库表中存储 Java 对象和企业 Java 组件(EJB)提供高度灵活和高效的机制。TopLink 几乎能够处理持久性方面的任何情况,可以消除在构造持久层时所涉及的内在风险。

TopLink 提供一个持久性基础架构,使开发人员能够将来自多种体系结构的数据(包括 EJB(CMP 和 BMP)、常规的 Java 对象、Servlet、JSP、会话 Bean 和消息驱动 Bean)集成在一起。TopLink 允许 Java 应用程序访问作为对象存储在关系数据库中的数据,从而极大地提高了开发人员的工作效率。TopLink 还具有通过最大限度地降低数据库命中率和网络流量及利用由 JDBC 和数据库提供的最优化来提升应用程序性能的特性。TopLink 是通过创建一个元数据"描述符"(映射)集来实现上述特性的,这些元数据描述符定义了以一个特定的数据库模式存储对象的方式。TopLink 在运行时使用这些映射动态地生成所需的 SQL 语句。这些元数据描述符(映射)独立于语言和数据库,开发人员能够在无须对它们所表示的类进行重编译的情况下修改它们。

小 结

本章首先介绍了数据访问应用程序接口,包括 ODBC、OLE DB、ADO,并介绍了以 Java 的 API 形式提供服务的 JDBC;然后介绍了对象-关系映射的概念和 Hibernate 框架,并用案例演示对象一关系映射的编程;接着介绍 JPA 持久化框架的概念和持久化对象的过程,并阐述了具体框架与 JPA 之间的关系;最后,对其他的持久化框架进行了简要的介绍。

思 考 题

1. 什么是 ODBC? 简述 ODBC 的结构。
2. 什么是 OLE DB? 简述 OLE DB 的工作原理。
3. 什么是 ADO? 请列举几个 ADO 对象模型中常用的对象。
4. 简述 ODBC、OLE DB 和 ADO 的关系。
5. 什么是 JDBC? 请介绍 JDBC 总体结构。
6. 列举几个 JDBC 常用的接口。
7. 什么是 ORM? 简述其产生的技术背景。
8. 简述 Hibernate 应用程序的体系结构。
9. 什么是 JPA? 简述 JPA 的概念和优点。
10. 简述 Hibernate 与 JPA 之间的关系。
11. 简要介绍目前主流的数据持久化框架。

实验 5 JPA 数据存储编程

一、实验目的

理解和掌握 OR 映射和 JPA 的原理,掌握 JPA 数据源配置和基本的编程,能够基于 Spring JPA、MyBaitis 等框架实现数据存储服务和调用。

二、实验平台和准备

操作系统：Windows或者Linux系统。

需要的软件：Java JDK（1.8或以上版本）、IDEA或者Eclipse等开发环境，安装MySQL数据库系统并启动服务，引入Hibernate等JPA实现框架。

三、实验内容和要求

基于关系数据库，建立一个基于JPA和Hibernate的数据存取服务，实现以下功能。

（1）建立用户类和表User，包含UserId、UserName等信息。

（2）建立新闻类News，包括ItemId、UserId、Title、Conent、PublisTime等信息。

（3）用户发布新闻News，并存入数据库中。

（4）用户对该新闻进行增加、修改和删除，并可根据关键字进行查询。

（5）基于JPA建立News和User的join操作，查询某个用户所发布的新闻。

四、扩展实验内容

用MyBaits等其他框架，实现步骤三所要求的内容。

第8章 事务处理中间件

分布式事务需处理并发进程,涉及操作系统、文件系统、编程语言、数据通信、数据库系统、系统管理及应用软件等领域,是一个相对复杂的任务。事务处理中间件(Transaction Processing Middleware,TPM)是在分布、异构环境下保证事务完整性和数据完整性的一种环境平台,它提供了一种专门针对联机事务处理系统而设计的事务控制机制。本章将从分布式事务基础、EJB事务体系、JTA事务处理等方面入手介绍事务处理中间件的概念和用法。

8.1 事务处理基础

8.1.1 事务的概念

事务(Transaction)是恢复和并发控制的基本单位。事务是保证数据库从一个一致性的状态永久地变成另外一个一致性状态的根本,是计算机应用中不可或缺的组件模型。基于事务的程序设计保证了用户操作的原子性(Atomicity)、一致性(Consistency)、隔离性(Isolation)和持久性(Durability)。

- 原子性(Atomicity):一个事务是一个不可分割的工作单位,事务中包括的诸操作要么都做,要么都不做。
- 一致性(Consistency):事务必须是使数据库从一个一致性状态变到另一个一致性状态。一致性与原子性是密切相关的。
- 隔离性(Isolation):一个事务的执行不能被其他事务干扰。即一个事务内部的操作及使用的数据对并发的其他事务是隔离的,并发执行的各个事务之间不能互相干扰。
- 持久性(Durability):持久性也称永久性(Permanence),指一个事务一旦提交,它对数据库中数据的改变就应该是永久性的。接下来的其他操作或故障不应该对其有任何影响。

关于事务,一个经典的示例是银行卡转账。用户A需要将账户中的500元人民币转移到用户B的账户中。该操作可分为以下两步。

(1) 将A账户中的金额减少500元。

(2) 将B账户中的金额增加500元。

这两个操作必须保证事务的ACID属性:要么全部成功,要么全部失败。假如没有事务保障,用户的账号金额可能发生问题:假如第一步操作成功而第二步失败,那么用户A账户中的金额将就减少500元,而用户B的账号却没有任何增加;同样,如果第一步出错而第二步成功，那么用户A的账户金额不变而用户B的账号将凭空增加500元。上述任何一种错误都将导致数据不一致问题。因此，事务缺失对于一个稳定的生产系统是不可接受的。

具体到数据库或应用中，事务是访问并可能更新数据库中各种数据项的一个程序执行单元(unit)。事务通常由高级数据库操纵语言或编程语言(如SQL，C++或Java)书写的用户程序的执行所引起，并用形如begin transaction和end transaction语句(或函数调用)来界定。事务由事务开始(begin transaction)和事务结束(end transaction)之间执行的全体操作组成。只有当事务中的所有操作都正常完成了，整个事务才能被提交到数据库。如果有一项操作没有完成，就必须撤销整个事务。例如，在关系数据库中，一个事务可以是一条SQL语句、一组SQL语句或整个程序。如果数据库操作在某一步没有执行或出现异常而导致事务失败，则该事务将被回滚(rollback)，取消先前的操作。

8.1.2 JDBC的事务

JDBC(Java Data Base Connectivity)是Java与数据库的接口规范，其包含大部分基本数据操作功能，也包括事务处理的功能。JDBC的事务是基于连接(connection)进行控制和管理的。在JDBC中是通过Connection对象进行事务的管理，默认是自动提交事务。也可以将自动提交关闭，通过commit方法进行提交，通过rollback方法进行回滚。如果不提交，数据不会真正地插入数据库中。

Connection接口(java.sql.Connection)提供了两种事务模式：自动提交和手工提交。事务操作默认是自动提交。一条对数据库的更新表达式代表一项事务操作，操作成功后，系统将自动调用commit()来提交，否则将调用rollback()来回滚。java.sql.Connection提供了以下控制事务的方法。

```
public void setAutoCommit(boolean)
public boolean getAutoCommit()
public void commit()
public void rollback()
```

调用setAutoCommit(false)可禁止数据库进行事务的自动提交。之后就可以把多个数据库操作的表达式作为一个事务，在操作完成后调用commit()来整体提交。倘若其中一个表达式操作失败，都将产生响应异常，不执行commit()操作。此时，就可以在异常捕获时调用rollback()进行回滚。

一个典型的JDBC事务处理代码片断如下。

```
try {
  conn = DriverManager.getConnection(
      "jdbc:oracle:thin:@host:1521:SID","username","userpwd");
  conn.setAutoCommit(false);                      //禁止自动提交,设置回滚点
  stmt = conn.createStatement();
  stmt.executeUpdate("alter table ...");          //数据库更新操作 1
  stmt.executeUpdate("insert into table ...");    //数据库更新操作 2
  conn.commit();                                  //事务提交
} catch(Exception e){
  e.printStackTrace();
  try {
    conn.rollback();                              //操作不成功则回滚
```

```
    } catch(Exception e){
      e.printStackTrace();
    }
  }
```

使用JDBC事务界定时,可以将多个SQL语句结合到一个事务中。JDBC事务是基于连接(connection)进行控制的,一般只涉及一个数据源。其事务可以由数据库自己单独实现,但这也意味着一个JDBC事务不能跨越多个数据库进行分布式的事务处理。

8.2 分布式事务处理

8.2.1 分布式事务

分布式事务是指事务的参与者、支持事务的服务器、资源服务器以及事务管理器分别位于不同的分布式系统的不同结点之上。分布式事务需处理并发进程,涉及操作系统、文件系统、编程语言、数据通信、数据库系统、系统管理及应用软件等领域,是一个相对复杂的任务。

分布式事务处理(Distributed Transaction Processing,TP)系统旨在协助在分布式环境中跨异类的事务识别资源的事务。例如,某一电商网站的数据初始是由单机支撑,现在对该网站进行拆解,分离出了订单中心、用户中心、库存中心等,对于订单中心、用户中心以及库存中心分别有专门的数据库存储订单信息、用户信息和库存信息。此时如果要同时对订单和库存进行操作,那么就会涉及订单数据库和库存数据库,那么为了保证数据的一致性,就需要用到分布式事务处理。换个角度看,一个操作会由许多不同的小操作组成,而这些小的操作分布在不同的服务器上且属于不同的应用;而分布式事务就是要保证这些小操作要么全部成功,要么全部失败。本质上来说,分布式事务就是为了保证不同数据库的数据一致性。

8.2.2 事务处理中间件

事务处理中间件(Transaction Processing Middleware,TPM)是在分布、异构环境下保证事务完整性和数据完整性的一种环境平台,它提供了一种专门针对联机事务处理系统而设计的事务控制机制。TPM在联机事务处理过程中负责处理分布式事务的完整性、并发控制、负载均衡以及出错恢复等。TPM能够把自身的事务管理功能和数据库已有的事务管理能力有机结合在一起,实现对分布式事务处理的全局管理。

一般地,联机事务处理系统常需要处理大量的分布式事务。这个过程涉及多个数据库,并且这些数据库可能是异构的,例如,在不同的银行间进行资金转账。在这种情况下,开发者使用TPM可以简化应用开发。通过TPM提供的分布式事务处理相关的API,开发者可以快速编写可靠的分布式应用程序。特别地,在分布式TPM系统的支持下,应用程序可以将不同的活动合并为一个事务性单元,这些活动包括从"消息队列"检索消息、将消息存储在SQL Server数据库中、将所有现有的消息引用从Oracle Server数据库中移除等。由于分布式事务跨多个数据库资源,涉及多个结点的数据更新,故强制ACID属性维护所有资源上的数据一致性是很重要的。任何一个结点的失效或者结点间通信的失效都有可能导致分布式事务的失败。

8.2.3 两阶段提交 2PC

为了保证事务的完整性，分布式事务通常采用两阶段提交协议（Two-Phase Commitment Protocol，2PC）来提交。两阶段提交是实现分布式事务的关键。

1. 基本过程

2PC 中存在两种类型的结点：协调结点和数据结点。协调结点（或称协调者）负责充当分布式事务协调器的角色。事务协调器负责整个事务，并使之与网络中的其他事务管理器（或称参与者）协同工作，管理多个数据结点在事务操作中数据的一致性问题。协调者可以作为事务的发起者，也可作为事务的一个参与者。

在分布式事务中，一个事务通常涉及多个参与者。参与者也可以看作数据在多个结点的备份。2PC 通常分为两个阶段进行：提交请求阶段（Commit Request Phase）和提交阶段（Commit Phase）。

（1）提交请求阶段（Commit Request Phase）也称为投票阶段（Voting Phase）。协调者发送请求给参与者，通知参与者提交或取消事务。参与者进入投票过程，每个参与者回复给协调者自己的投票结果：同意（事务在本地执行成功）或取消（事务本地执行失败）。

（2）提交阶段（Commit Phase）。协调者对上一阶段参与者的投票结果进行表决。当所有投票为“同意”时提交事务，否则中止事务，并通知参与者。参与者接到通知后执行相应操作。

具体的两阶段提交过程如图 8-1 所示。

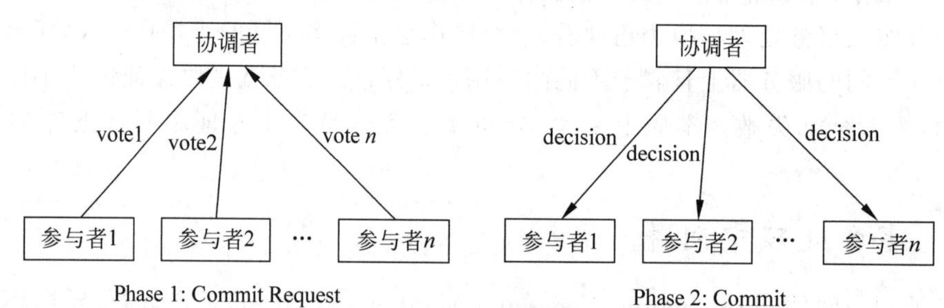

图 8-1　两阶段提交过程示意图

在第 1 阶段，协调者首先在自身结点的日志中写入一条日志记录，然后所有参与者发送消息 prepare T，询问这些参与者（包括自身），是否能够提交这个事务。参与者在接收到该 prepare T 消息后，会根据自身的情况进行事务的预处理。如果参与者能够提交该事务，则会将日志写入磁盘，并返回给协调者一个 ready T 信息，同时自身进入预提交状态。若不能提交该事务，则记录日志，并返回一个 not commit T 信息给协调者；同时撤销在自身对数据库做的更改。参与者能够推迟发送响应的时间，但最终一定要发送。

在第 2 阶段，协调者会收集所有参与者的意见。如果收到参与者发来的 not commit T 信息，则表示该事务不能被提交。协调者会将 Abort T 记录到日志中，并向所有参与者发送一个 Abort T 信息，让所有参与者撤销自身上所有的预操作。如果协调者收到所有参与者发来的 prepare T 信息，那么协调者会将 Commit T 日志写入磁盘，并向所有参与者发送一个 Commit T 信息，提交该事务。若协调者迟迟未收到某个参与者发来的信息，则认为该参与者发送了一个 VOTE_ABORT 信息，从而取消该事务的执行。参与者接收到协调者发来的 Abort T 信息以后，参与者会终止提交，并将 Abort T 记录到日志中。如果参与者收到的是 Commit T 信息，则会将事务进行提交，并写入记录。

值得注意的是，为了实现分布式事务，必须使用一种协议用来在分布式事务的各个参与者之间传递事务上下文信息。IIOP(Internet Inter-ORB Protocol，互联网内部对象请求代理协议)便是这种协议。两阶段提交保证了分布式事务的原子性，这些子事务要么都做，要么都不做。而数据库的一致性是由数据库的完整性约束实现的，持久性则是通过 commit 日志来实现，而非由两阶段提交来保证。

2. 异常的处理

一般情况下，两阶段提交机制都能较好地运行。当事务进行过程中有参与者宕机，在其重启以后，可以通过询问其他参与者或者协调者，从而得知该事务是否提交。但前提是各个参与者在进行每一步操作时，都会事先写入日志。

极端的情况是，如果参与者收不到协调者的 Commit 或 Abort 指令，参与者将处于"状态未知"的阶段，从而不知道要如何操作。例如，如果所有的参与者完成第 1 阶段的回复后(可能全部 yes，可能全部 no，可能部分 yes 部分 no)。如果协调者在此时宕机，那么所有的参与者将无所适从。此时，就可能需要数据库管理员的介入，防止数据库进入一个不一致的状态。

协调者和参与者常见的异常处理方式如下。

(1) 协调者结点宕机恢复。

协调结点几种可能的日志记录：begin_transaction，global-commit 或 global-abort，end_transaction。

协调者宕机恢复后，先让事务恢复到其最新日志记录。若是 begin_transaction，表示协调者处于 WAIT 状态，此时可能已经发送过 prepare 消息，也可能没有发过。但可以确认，一定没有发送过 global-commit 或 global-abort 消息。此时只需要重发 prepare 消息，即使参与者已经收到并回复过 prepare 消息，此时只需重新发一条即可，不影响一致性。如果日志中最后是 global-commit 或 global-abort 日志，说明宕机前处于 COMMIT 或 ABORT 状态，此时协调者只需向参与者再发一次 global-commit 或 global-abort 消息，继续 2PC 流程。

(2) 参与者结点宕机恢复。

如果日志处于 INIT 状态，表示还未对本事务做出选择，继续等待 prepare 消息即可。如果处于 READY 状态，说明已经收到了 prepare 消息，但无法得知是否已做出回复，所以重发 vote-commit 消息即可。注意，这里是发送的是 vote-commit 而不是 vote-abort，因为只有本次事务可以提交，才会到 READY 状态。如果日志最后是 COMMIT 或 ABORT 状态，则表示已经收到了 global-commit 或 global-abort 消息，但无法确定是否已经发送过了确认消息。此时由于协调者结点会不断重发消息，所以只需等待新的 global-commit 或 global-abort 消息，并进行回复即可。

协调者和参与者的异常处理的流程图如图 8-2 所示。

3. 超时问题

2PC 协议的异常主要体现在等待消息的超时上。超时有以下几个种类。

(1) 协调者在 WAIT 状态超时：一般有两种原因：①协调者与某个参与者之间的网络断开；②某个参与者宕机。这种超时，可以选择放弃整个事务。因为在 WAIT 状态下，协

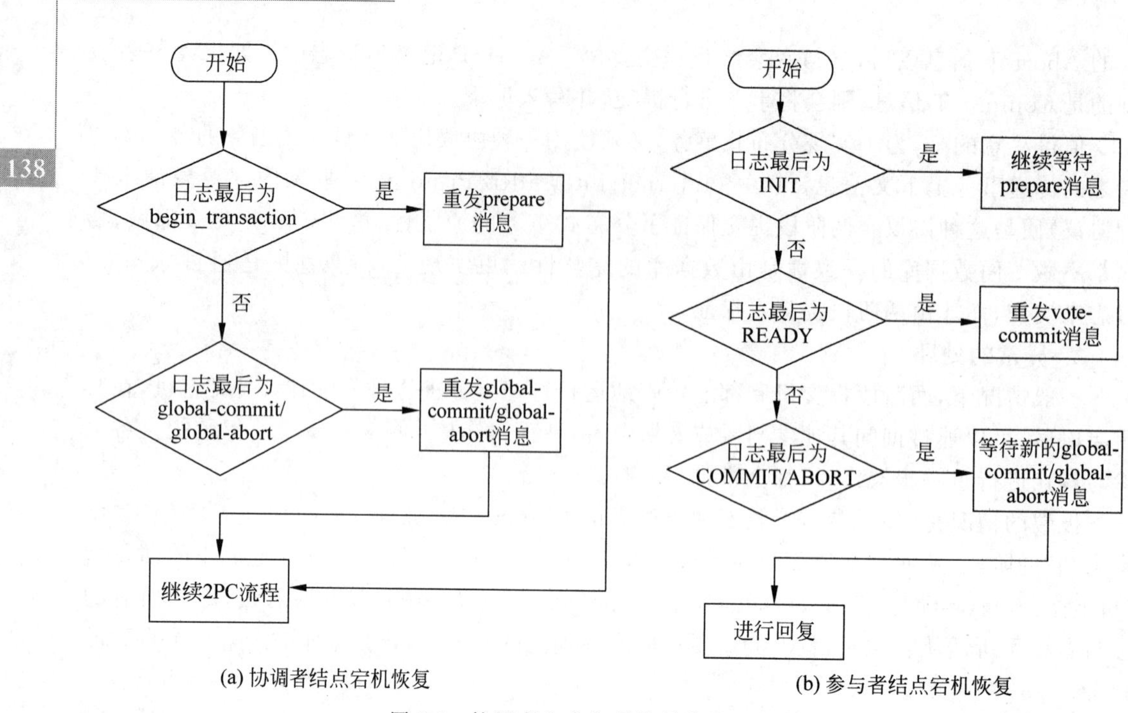

图 8-2　协调者和参与者的异常处理流程图

调者一定未发送过 global-abort 或 global-commit 消息，因此只要向所有参与者发送 global-abort 停止事务就可以，不影响协议正确性。

(2) 协调者在 COMMIT 或 ABORT 状态超时：等待参与者对 global-commit 或 global-abort 的响应消息超时。这种情况下，协调者只能不断重发 global-commit 或 global-abort 消息，直到所有参与者都响应。

2PC 对这种情况没有很好的容错，只能阻塞在这里不断重试。其中任何结点的超时，或者协调者本身的网络问题，都会导致 2PC 完成不了。

(3) 参与者 INIT 状态超时：此时还没收到 prepare 消息，直接 abort 即可。但可能导致原先可以提交的事务不能成功完成。

(4) 参与者 READY 状态超时：在 READY 状态，代表参与者收到 prepare 消息，并回复了 vote-commit 消息。此时参与者不能再改变自己的选择，只能不断重发 vote-commit，直到收到 global-abort 或 global-commit 消息，继续下面的流程。这里可以对应到协调者不断重发 global-commit 或 global-abort 消息，同样没有很好的容错机制。整个流程阻塞在这里，对于参与者而言，协议状态处于未知，既不能提交本结点事务，也不能放弃本结点事务。

4. 2PC 遇到的问题

2PC 的优点在于原理非常简单，容易理解及实现。2PC 协议遇到的问题，主要体现在以下几方面。

(1) 同步阻塞问题：在执行过程中，所有参与结点都是事务阻塞型的。当参与者占有公共资源时，其他第三方结点访问公共资源不得不处于阻塞状态，在大并发下有性能的问题。

(2) 单点故障：由于协调者的重要性，一旦协调者发生故障，参与者会一直阻塞下去。尤其在第 2 阶段，若协调者发生故障，那么所有的参与者将都处于锁定事务资源的状态中，无法继续完成事务操作。一个解决思路是重新选举一个协调者,但这无法解决因此而导致的使参与者处于阻塞状态的问题。

(3) 数据不一致:在 2PC 第 2 阶段中,当协调者向参与者发送 commit 请求之后,发生了局部网络异常或者在发送 commit 请求过程中协调者发生了故障,会导致只有一部分参与者接收到了 commit 请求。接到 commit 请求的部分参与者之后就会执行 commit 操作,但是其他未接到 commit 请求的结点则无法执行事务提交。于是整个分布式系统便出现了数据不一致的现象。

(4) 过于保守:当任意一个参与者结点宕机,那么协调者超时没收到响应,就会导致整个事务回滚失败。2PC 没有设计相应的容错机制。

8.2.4 2PC 的应用

1. XA 协议

XA 协议由 Tuxedo 首先提出并交给 X/Open 组织,作为资源管理器(数据库)与事务管理器的接口标准。目前,Oracle、Informix、DB2 和 Sybase 等各大数据库厂家都提供对 XA 的支持。XA 协议采用两阶段提交方式来管理分布式事务,定义了事务管理器与资源管理器之间通信的接口协议,如图 8-3 所示。XA 定义了一系列的接口,包括 xa_start:启动 XA 事务;xa_end:结束 XA 事务;xa_prepare:准备阶段,XA 事务预提交;xa_commit:提交 XA 事务;xa_rollback:回滚 XA 事务。

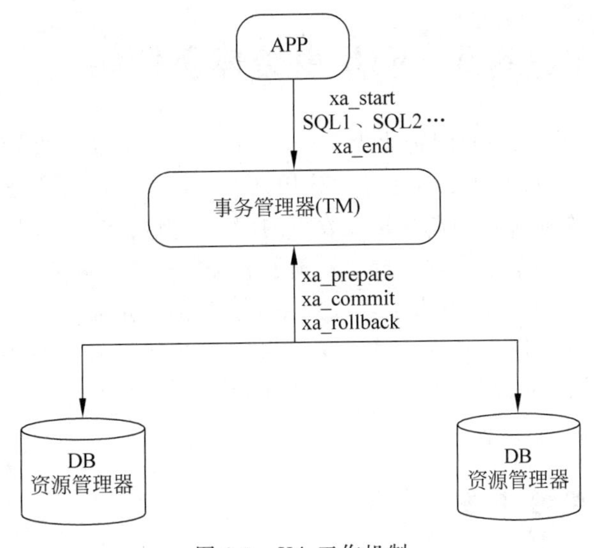

图 8-3 XA 工作机制

一个数据库实现 XA 协议之后,便可作为一个资源管理器参与到分布式事务中。在 2PC 的第一阶段,事务管理器协调所有数据库执行 XA 事务(xa_start、用户 SQL、xa_end),并完成 XA 事务预提交(xa_prepare)。在第二阶段,如果所有数据库上 XA 事务预提交均成功,那么事务管理器协调所有数据库提交 XA 事务(xa_commit);如果任一数据库上 XA 事务预提交失败,那么事务管理器会协调所有数据组回滚 XA 事务(xa_rollback)。

2. TCC(Try-Confirm-Cancel)模式

TCC 是 Try、Confirm 和 Cancel 三个单词的缩写。其中,Try 操作对应 2PC 的第一阶段Prepare,Confirm对应2PC的第二阶段commit,Cancel对应2PC的第二阶段rollback。这三个操作均由用户编码实现。TCC三个操作的描述如下。

Try：检测、预留资源。

Confirm：业务系统执行提交。默认Confirm阶段是不会出错的；只要Try成功，Confirm则一定成功。

Cancel：业务取消，预留资源释放。

在一个跨服务的业务操作中，首先业务发起方通过Try锁住服务中的业务资源进行资源预留，只有资源预留成功了，后续操作才能正常进行。Confirm操作是在Try之后进行，对Try阶段锁定的资源执行业务操作，类似于传统事务中的commit操作。Cancel操作是在操作异常或者失败时进行回滚的操作，类似于传统事务的rollback。在整个TCC方案中，需要相关业务方分别提供TCC对应的功能，从而保证事务的强一致性，要么全部成功，要么全部回滚。

TCC可以看作应用层的2PC实现。用户通过编码实现TCC并发布成服务，该TCC服务可作为资源参与到分布式事务中。TCC资源管理器可以跨数据库、跨应用实现资源管理，将对不同的数据库访问、不同的业务操作通过编码方式转换一个原子操作，解决了复杂业务场景下的事务问题。同时TCC的每一个操作对于数据库来讲都是一个本地事务，操作结束则本地数据库事务结束，数据库的资源也就被释放了。这可以避免在数据库层面因为2PC对资源的占用而导致的性能低下问题。

8.3 EJB事务体系结构

EJB(Enterprise Java Bean)即企业级JavaBean,是一个可重用的、可移植的Java EE组件。EJB也是一种规范，目的在于为企业及应用开发人员实现后台业务提供一个标准方式，从而解决一些此前在作业过程中总是重复发生的问题。其特点包括网络服务支持和核心开发工具(SDK)。EJB以一个标准方式自动处理了诸如数据持久化、事务集成、安全对策等不同应用的共有问题，使得软件开发人员可以专注于程序的特定需求。

EJB有两种管理和使用事务的方式。第一种方式是通过容器管理的事务，称为CMT(Container-Managed Transaction)；另一种是通过Bean管理的事务，称为BMT(Bean-Managed Transaction)。

8.3.1 容器管理的事务

在CMT中，容器自动提供事务的开始、提交和回滚操作，且在业务方法的开始和结束处标记事务的边界。开发人员不需要手工编写代码，当程序遇到运行时异常，事务会自动回滚。如果遇到非运行时异常而想要回滚事务的话可以使用SessionContext的setRollBackOnly()方法来达到目的。一个典型的容器管理的事务的例子如下。

```
@Stateless(name = "newhouseManager")        //状态定义实例 Bean 提供远程 JNDI
@Remote(INewhouseManager.class)             //定义远程接口
@Local(INewhouseManager.class)              //定义本地接口
@TransactionManagement(TransactionManagementType.CONTAINER)      //定义 CMT 还是 BMT
```

```
public class NewhouseManagerImpl implements INewhouseManager{

  @EJB(beanName = "newhouseDAO")                    //注入 DAO
  private IGenericDAO< Newhouse, Integer > newhouseDAO;

  @TransactionAttribute(TransactionAttributeType.REQUIRED)
//这里来定义事务的传播特性,如果调用该组件的客户方已经开启了事务则加入原事务,否则开启
//一个新事务
  public Newhouse save(Newhouse entity) {
    LogUtil.log("saving Newhouse instance",Level.INFO,null);
    try {
      LogUtil.log("save successful", Level.INFO, null);
      entity.setBname("测试 1:" + new Date());
      newhouseDAO.create(entity);
      //插入第一条记录,此时事务还没有提交,数据库里面看不到该记录
      Newhouse entity2 = new Newhouse();
      entity2.setBname("测试 2");
      entity2.setPath(null);
//这里设置 path 为 null 的话,会出现运行时异常,事务会回滚,entity1 和 entity2 将不会插入
//public 库的 newhouse 表中
      newhouseDAO.create(entity2);
    } catch (RuntimeException re) {
      LogUtil.log("save failed", Level.SEVERE, re);
      re.printStackTrace();
    }
    return null;
  }
}
```

8.3.2 Bean 管理的事务

BMT 主要是通过手动编程来实现事务的开启、提交和回滚。相对于 CMT 来说虽然增加了工作量,但是控制粒度更细,且更加灵活。在出现异常的时候可以回滚事务,也可以通过 JMS 返回或者远程调用返回值来控制事务的回滚或提交。

使用 BMT 需要用到 UserTransaction 这个类的实例来实现事务的 begin、commit 和 rollback。可以通过 EJB 注解的方式获得这个类实例,也可以用 EJBContext.getUserTransaction 来获得。下面是一个使用 BMT 的例子。

```
@Stateless(name = "newhouseManager")        //状态定义实例 Bean 提供远程 JNDI
@Remote(INewhouseManager.class)             //定义远程接口
@Local(INewhouseManager.class)              //定义本地接口
@TransactionManagement(TransactionManagementType.BEAN)      //设置为 BMT 事务
public class NewhouseManagerImpl implements INewhouseManager{
  @Resource
  private UserTransaction ut;                //注入 UserTransaction

  @EJB(beanName = "newhouseDAO")             //注入 DAO 数据访问对象
  private IGenericDAO< Newhouse, Integer > newhouseDAO;

  @TransactionAttribute(TransactionAttributeType.REQUIRED)
  //设置事务的传播特性为 required
```

```
    public Newhouse save(Newhouse entity) {
      LogUtil.log("saving Newhouse instance", Level.INFO, null);
      try {
        ut.begin();                    //开启事务
        LogUtil.log("save successful", Level.INFO, null);
        entity.setBname("测试1:" + new Date());
        newhouseDAO.create(entity);
        Newhouse entity2 = new Newhouse();
        entity2.setBname("测试2");
        entity2.setPath(null);
        newhouseDAO.create(entity2);
        ut.commit();                   //提交事务
      } catch(RuntimeException e) {
        ut.rollBack();                 //发生异常事务回滚
      }
    }
  }
```

如果使用有状态的会话Bean且需要跨越方法调用维护事务，那么BMT则是唯一的选择。当然BMT编程相对复杂，容易出错，且不能连接已有的事务。因此，当调用BMT方法时，会暂停已有事务，这限制了组件的重用。故一般在EJB中会优先考虑CMT事务管理。

8.4 JTA事务处理

8.4.1 JTA的概念

Java事务API(Java Transaction API,JTA)和Java事务服务(Java Transaction Service,JTS),为Java EE平台提供了分布式事务(Distributed Transaction)服务。JTA约定各角色进行事务上下文的交互,JTS则基于IIOP(一种软件交互协议)约定各个程序角色之间如何传递事务上下文。

JTA是一种高层的、与实现和协议无关的API,应用程序和应用服务器都可以通过JTA实现事务管理。JTA允许应用程序执行分布式事务处理,在两个或多个网络计算机资源上访问并且更新数据。

一般地,JTA事务都用于EJB中,用于分布式的多个数据源的事务控制。常见的应用服务器,如WebLogic、JBoss、WebSphere等,都有自己的事务管理器用来管理JTA事务。JTA也是用于管理事务的一套API。与JDBC相比,JTA主要用于管理分布式多个数据源的事务操作,而JDBC主要用于管理单个数据源的事务操作。

在JTA中,一个分布式事务包括一个事务管理器(Transaction Manager)和一个或多个资源管理器(Resource Manager)。资源管理器是任意类型的支持XA协议的持久化数据存储,事务管理器承担着所有事务参与单元的协调与控制。JTA事务有效地屏蔽了底层事务资源,使应用可以以透明的方式参与到事务处理中。但与本地事务相比,XA协议的系统开销大,在系统开发过程中应慎重考虑是否确实需要分布式事务。若确实需要用分布式事务来协调多个事务资源,则可以实现和配置支持XA协议的事务资源,如JMS、JDBC数据库连接池等。

8.4.2　JTA 的实现架构

JTA 包括事务管理器和一个或多个支持 XA 协议的资源管理器。资源管理器可以是任意类型的持久化数据存储，而事务管理器则承担着协调和控制所有事务参与单元的职责。

根据所面向对象的不同，可以从两个方面理解 JTA 的事务管理器和资源管理器：面向开发人员的使用接口（事务管理器）和面向服务提供商的实现接口（资源管理器）。其中，开发接口的主要部分为 8.4.3 节示例中引用的 UserTransaction 对象，开发人员通过此接口在信息系统中实现分布式事务；而实现接口则用来规范提供商（如数据库连接提供商）所提供的事务服务，它约定了事务的资源管理功能，使得 JTA 可以在异构事务资源之间执行协同沟通。以数据库为例，IBM 公司提供了实现分布式事务的数据库驱动程序，Oracle 也提供了实现分布式事务的数据库驱动程序。在同时使用 DB2 和 Oracle 两种数据库连接时，JTA 可以根据约定的接口，协调两种事务的资源，从而实现分布式事务。

正是基于统一规范的不同实现，JTA 可以协调和控制不同数据库或者 JMS 厂商的事务资源，其接口示意图如图 8-4 所示。

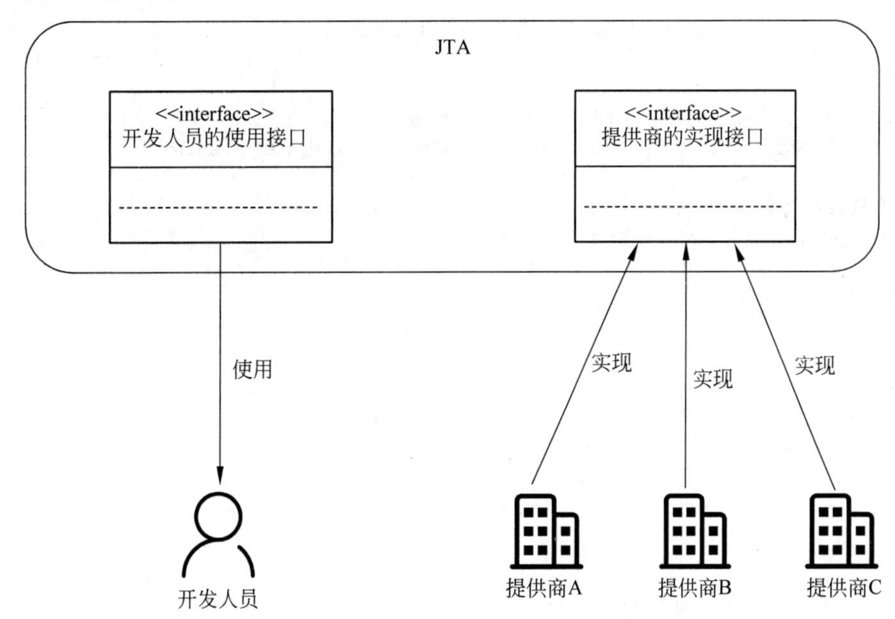

图 8-4　JTA 接口示意图

开发人员使用开发人员接口，实现应用程序对全局事务的支持。各提供商（如数据库、JMS 等）依据提供商接口的规范提供事务资源管理功能。事务管理器则把应用中的分布式事务映射到实际的事务资源，并在事务资源间进行协调与控制。

1. 面向开发人员的接口

面向开发人员的接口为 UserTransaction，开发人员通常只使用此接口实现 JTA 事务管理。它定义了如下的方法。

begin()：开始一个分布式事务。TransactionManager 会创建一个 Transaction 事务对象，并把此对象通过 ThreadLocale 关联到当前线程上。

commit()：提交事务。TransactionManager 会从当前线程下取出事务对象并把此对象所代表的事务提交。

rollback()：回滚事务。TransactionManager 会从当前线程下取出事务对象并把此对象所代表的事务回滚。

getStatus()：返回关联到当前线程的分布式事务的状态。Status 对象里定义了所有的事务状态，感兴趣的读者可以参考 API 文档。

setRollbackOnly()：标识关联到当前线程的分布式事务将被回滚。

UserTransaction 接口内部代码如下。

```
public interface UserTransaction {
  //创建与当前线程相关的事务
  void begin()throws NotSupportedException, SystemException;

  //事务提交。这个方法执行后,线程与事务没有任何关系
  void commit() throws RollbackException, HeuristicMixedException,
                 HeuristicRollbackException, SecurityException,
                 IllegalStateException, SystemException;

  //事务回滚。这个方法执行后,线程与事务没有任何关系
  void rollback() throws IllegalStateException, SecurityException, SystemException;

  //修改事务。事务的唯一可能的结果是回滚事务
  void setRollbackOnly() throws IllegalStateException, SystemException;

  //获取事务状态
  int getStatus() throws SystemException;

  /**
   * 设置事务超时,单位为 s。若超时,将回滚到当前线程的起始方法
   *
   * 应用程序没有调用该方法,则有默认值
   * 若设置为 0,超时为默认值
   * 为负数,则抛出 SystemException
   */
  void setTransactionTimeout(int seconds) throws SystemException;
}
```

2. 面向提供商的实现接口

面向提供商的实现接口主要涉及 Transaction 和 TransactionManager 两个对象。Transaction 代表了一个物理意义上的事务，在开发人员调用 UserTransaction. begin()方法时，TransactionManager 会创建一个 Transaction 事务对象(标志着事务的开始)并把此对象通过 ThreadLocale 关联到当前线程。UserTransaction 接口中的 commit()、rollback()、getStatus()等方法都将最终委托给 Transaction 类的对应方法执行。Transaction 接口定义了如下的方法。

commit()：协调不同的事务资源共同完成事务的提交。

rollback()：协调不同的事务资源共同完成事务的回滚。

setRollbackOnly()：标识关联到当前线程的分布式事务将被回滚。

getStatus()：返回关联到当前线程的分布式事务的状态。

enListResource(XAResource xaRes,int flag)：将事务资源加入当前的事务中。

delistResourc(XAResource xaRes,int flag)：将事务资源从当前事务中删除。

registerSynchronization(Synchronization sync)：回调接口。

Hibernate 等 ORM 工具都有自己的事务控制机制来保证事务,但同时它们还需要一种回调机制以便在事务完成时得到通知从而触发一些处理工作,如清除缓存等。这就涉及 Transaction 的回调接口 registerSynchronization。工具可以通过此接口将回调程序注入事务中,当事务成功提交后,回调程序将被激活。

Transaction 接口内部代码如下。

```
public interface Transaction{
  void commit() throws RollbackException, HeuristicMixedException,
      HeuristicRollbackException, SecurityException, IllegalStateException, SystemException;

  boolean delistResource(XAResource xaRes, int flag)
        throws IllegalStateException, SystemException;

  boolean enlistResource(XAResource xaRes)
        throws RollbackException, IllegalStateException, SystemException;

  int getStatus() throws SystemException;

  void registerSynchronization(Synchronization sync)
            throws RollbackException, IllegalStateException, SystemException;

  void rollback() throws IllegalStateException, SystemException;

  void setRollbackOnly() throws IllegalStateException, SystemException;
}
```

TransactionManager 本身并不承担实际的事务处理功能,它更多的是充当用户接口和实现接口之间的桥梁。下面列出了 TransactionManager 中定义的方法。

begin()：开始事务。

commit()：提交事务。

rollback()：回滚事务。

getStatus()：返回当前事务状态。

setRollbackOnly()：设置调用此方法时绑定到当前线程的事务的 rollbackOnly 状态。

getTransaction()：返回关联到当前线程的事务。

setTransactionTimeout(int seconds)：设置事务超时时间。

resume(Transaction tobj)：继续当前线程关联的事务。

suspend()：挂起当前线程关联的事务。

可以看到,此接口中的大部分事务方法与 UserTransaction 和 Transaction 相同。在开发人员调用 UserTransaction. begin()方法时,TransactionManager 会创建一个 Transaction 事务对象(标志着事务的开始)并将此对象通过 ThreadLocale 关联到当前线程上；同样 UserTransaction. commit()会调用 TransactionManager. commit()方法从当前线程下取出事务对象 Transaction 并把该对象所代表的事务提交,即调用 Transaction. commit()。

在系统开发过程中会遇到需要将事务资源暂时排除的操作，此时就需要调用 suspend()方法将当前的事务挂起。在此方法后面所做的任何操作将不会被包括在事务中，在非事务性操作完成后调用 resume()以继续事务。

8.4.3 JTA 编程的例子

JTA 的实现框架有 GeronimoTM/Jencks、SimpleJTA、Atomikos、JOTM 以及 JBossTS 等。JTA 和 JTS 提供了分布式事务服务，分布式事务包括事务管理器和 XA 协议的资源管理器。资源管理器可看作任意类型的持久化数据存储，事务管理器承担着事务协调与控制。

使用 JTA 处理事务的示例如下，其中，connA 和 connB 是来自不同数据库的连接。

```
public void transferAccount() {
  UserTransaction userTx = null;
  Connection connA = null;
  Statement stmtA = null;
  Connection connB = null;
  Statement stmtB = null;
  try{
    //获得 Transaction 管理对象
    userTx = (UserTransaction)getContext().lookup("\
              java:comp/UserTransaction");
    //从数据库 A 中取得数据库连接
    connA = getDataSourceA().getConnection();
    //从数据库 B 中取得数据库连接
    connB = getDataSourceB().getConnection();
    //启动事务
    userTx.begin();
    //将 A 账户中的金额减少 500
    stmtA = connA.createStatement();
    stmtA.execute("update t_account set amount = amount - 500 where account_id = 'A'");
    //将 B 账户中的金额增加 500
    stmtB = connB.createStatement();
    stmtB.execute("update t_account set amount = amount + 500 where account_id = 'B'");
    //提交事务
    userTx.commit();
    //事务提交:转账的两步操作同时成功(数据库 A 和 B 中的数据被同时更新)
  } catch(SQLException sqle){
    try{
      //发生异常,回滚在本事务中的操纵
      userTx.rollback();
      //事务回滚:转账的两步操作完全撤销
      //数据库 A 和数据库 B 中的数据更新被同时撤销
      stmt.close();
      conn.close();
      sqle.printStackTrace();
    } catch(Exception ne){
      e.printStackTrace();
    }
  }
}
```

使用JTA 为EJB提供事务,结合注解的方式也非常直观,只需要提供@TransactionManagement和@TransactionAttribute,并提供相应属性配置即可,例如:

```
@Stateless
@Remote({ITemplateBean.class})
@TransactionManagement(TransactionManagementType.CONTAINER)
@TransactionAttribute(TransactionAttributeType.REQUIRED)
public class TemplateBeanImpl implements ITemplateBean {
    //code...
}
```

小　　结

本章首先介绍了事务的基本概念;然后详细介绍了分布式事务处理,包括事务处理中间件的概念和两阶段提交协议;接着介绍了EJB事务体系结构,包括容器管理的事务处理和Bean管理的事务处理;最后介绍了JTA事务处理的机制,通过实际编程例子来帮助读者学习理解JTA的工作原理。

思　考　题

1. TPM主要在联机事务处理过程中负责哪些方面?
2. 什么是事务?简述事务的ACID特性。
3. 简述分布式事务和分布式事务处理的概念。
4. 简述两阶段提交协议的过程。
5. 常见的异常处理方式有哪些?
6. 两阶段提交协议有哪些优点和缺点?
7. 两阶段提交协议有哪些常见应用场景?
8. 简述EJB使用事务的两种方式。
9. 简述JTA的概念及其主要用途。

实验6　JTA分布式事务处理

一、实验目的

理解JTA的基本原理,掌握基于JTA的分布式事务处理编程。能够基于关系数据库系统,模拟分布式的事务处理。

二、实验平台和准备

操作系统:Windows或者Linux系统。

需要的软件:Java JDK(1.8或以上版本)、IDEA或者Eclipse等开发环境。在两台机器上安装MySQL数据库系统并启动服务。

三、实验内容和要求

在两台机器上都安装和配置MySQL数据库。请通过分布式事务处理的方式,实现机器A和机器B的相互备份。

(1) 配置机器A和机器B的数据库为两个数据源,并获取两个数据库的连接。

(2) 设置分布式事务,往A和B数据库插入1条相同的数据,都成功执行。

(3) 设置分布式事务,往A和B数据库插入100条数据,都成功执行。

(4) 设置分布式事务,往A和B数据库插入100条数据,但A插入时抛出异常。

(5) 设置分布式事务,往A和B数据库删除100条数据,但B删除时抛出异常。

验证步骤(2)~(5)的事务处理的结果。

四、扩展实验内容

定义两个基于不同数据库管理系统的数据源,基于SpringBoot整合分布式事务处理框架(如Atomikos),完成步骤三所要求的事务处理。

第9章 池化和负载均衡中间件

池化技术能够减少资源对象的创建次数,提高程序的性能。特别是在高并发环境下,程序涉及大量系统调用,消耗大量的CPU资源,频繁申请释放小块内存的部分代码常常成为整个程序的性能瓶颈。池化技术可对此问题进行优化,在请求量大时优化应用性能,降低系统的资源开销。而随着互联网的高速发展,服务器的请求数据量越来越大,出现了服务器负载均衡的解决方案,以消除单点故障,实现系统的高可用性。本章将介绍数据库连接池、对象池和线程池等池化技术,并简要介绍负载均衡的解决方案。

9.1 资源池技术概述

资源池(Resource Pool)是涉及资源共享方面的一个著名的设计模式。资源池提前保存大量的资源,以解决资源频繁分配和释放所造成的问题。线程、内存、数据库连接对象等都可称为资源。当程序创建一个线程或者在堆上申请一块内存时,都涉及很多系统调用,消耗大量的CPU资源。特别是当程序有很多类似的工作线程,或者需要频繁地申请释放小块内存,如果没有进行优化,则很可能这部分代码会成为影响整个程序性能的瓶颈。例如,以下代码是由Reader到String的映射转换。假设其转换需要花费很长时间进行创建(new),因此每次使用这个工具的readToString()方法都会产生比较大的对象创建开销。

```
public class ReaderUtil {
  public String readToString(Reader in) throws IOException {
    // 构建一个 StringBuilder,假设需要很长时间的创建
    StringBuilder buf = new StringBuilder();
    Closer closer = Closer.create();
    closer.register(in);
    try {
      for(int c = in.read(); c != -1; c = in.read()) {//录入所有字符到 buffer 中
        buf.append((char)c);
      }
      return buf.toString();
    } finally {
      closer.close();
    }
  }
}
```

池化技术主要包括对象池、数据库连接池和线程池的技术。对象池提前创建很多对象,将用过的对象保存起来,待下次重复使用。对象池技术的核心是缓存和共享,即对于那些被

频繁使用的对象,在使用完后不立即将它们释放,而是缓存起来。这样后续的应用程序可以重复使用这些对象,从而减少创建对象和释放对象的次数,改善应用程序的性能。

对象池技术将对象限制在一定的数量,有效地减少了应用程序的内存开销。类似地,数据库连接池为数据库连接建立一个“缓冲池”。预先在缓冲池中放入一定数量的连接,当需要建立数据库连接时,只需从“缓冲池”中取出一个,使用完毕之后再放回去。通过设定连接池最大连接数,可以防止系统无尽地与数据库连接。同时,通过连接池的管理机制监视数据库的连接数量以及使用情况,可为系统开发、测试及性能调整提供依据。线程池的原理和连接池基本相同,只不过线程池针对的是线程的创建,连接池针对的是数据库连接。

以下将分别介绍对象池、数据库连接池和线程池三种池化技术,分析其工作机制。

9.2 对象池技术

9.2.1 对象池的概念

对象是面向对象编程中的基本概念。创建一个对象,需要获取内存资源或者其他更多资源,因此创建和销毁对象都需要消耗CPU时间。特别是在Java等现代高级语言中,虚拟机将跟踪每一个对象,以便能够在对象销毁后进行垃圾回收。提高服务程序效率的一个手段就是尽可能减少创建和销毁对象的次数,特别是一些资源消耗相对较大的对象的创建和销毁。

对象池技术是一种常见的对象缓存手段。顾名思义,对象池简单来说就是存放对象的池子。可以存放任何对象,并对这些对象进行管理。“对象”意味着池中的内容是一种结构化实体,是一般意义上面向对象中的对象模型。简单来说,对象池技术就是将具有生命周期的结构化对象缓存到带有一定管理功能的容器中,复用对象以提高对象的访问性能。

9.2.2 Commons Pool 概述

对象池的优点就是可以复用池中的对象,避免了分配内存和创建堆中对象的开销;避免了释放内存和销毁堆中对象的开销,进而减少垃圾收集器的负担;避免内存抖动,不必重复初始化对象状态。

程序员可以自己去实现一个对象池,不过要实现得比较完善还是要花上不少精力。所幸的是,Apache提供了一个通用的对象池技术的实现框架:Common Pool2[①]。它可以很方便地实现自己需要的对象池,Redis的Java客户端Jedis的内部对象池就是基于Common Pool2实现的。

Apache Commons Pool是一个对象池的框架,它提供了一整套用于实现对象池化的API,以及若干种各具特色的对象池实现。Apache Commons Pool是很多连接池实现的基础,例如,DBCP连接池、Jedis连接池等。Apache Commons Pool有两个大版本,commons-pool和commons-pool2。commons-pool2是对commons-pool的重构,里面大部分核心逻辑实现都是完全重写的。

---

① https://commons.apache.org/proper/commons-pool/.

9.2.3 Commons Pool 的结构

Common Pool2 的核心部分相对简单，围绕着以下三个基础接口和相关的实现类来实现。

(1) ObjectPool：对象池，持有对象并提供“取”和“还”等方法。

(2) PooledObjectFactory：对象工厂，提供对象的创建、初始化、销毁等操作，由 Pool 调用。一般需要使用者自己实现这些操作。

(3) PooledObject：池化对象，对池中对象的封装，封装对象的状态和一些其他信息。由对象工厂创建的对象就是池化对象。

Common Pool2 具体的调用流程如图 9-1 所示，其提供的最基本的实现就是由 Factory 创建对象并使用 PooledObject 封装对象(池化对象)放入 Pool 中。在使用对象池时，一般需要基于 BasePooledObjectFactory 创建自己的对象工厂，并初始化一个对象池，将该工厂与对象池绑定，然后就可以使用这个对象池了。

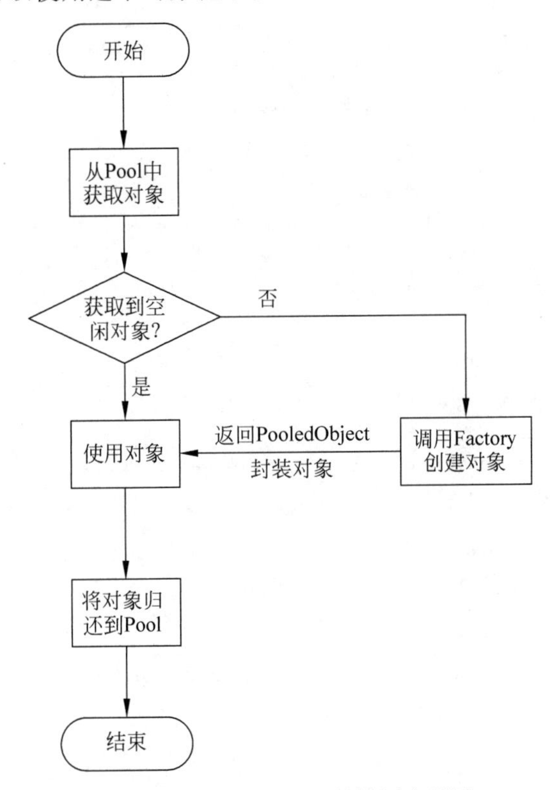

图 9-1　Common Pool2 的调用流程图

ObjectPool 定义对象池应该实现的操作如下。

addObject()：向池中添加对象。

borrowObject()：从池中借走一个对象。注意：借走不等于删除，对象一直都属于池子，只是状态的变化。

returnObject()：将对象归还给对象池。注意：归还不等于添加，对象一直都属于池子，只是状态的变化。

invalidateObject()：销毁一个对象，即将对象从池子中删除。

getNumIdle()：返回对象池中能够被借走的对象的数量。

getNumActive()：返回对象池中正在被使用的对象的数量。

clear()：清理对象池。清理所有空闲对象，释放相关资源。

close()：关闭对象池。清空所有对象及相关资源。

ObjectPool 的核心实现类是 GenericObjectPool。GenericObjectPool 和 GenericKeyedObjectPool 是整个 Apache Commons Pool 的核心实现。除此之外，还实现了软引用对象池 SoftReferenceObjectPool，软引用对象池中的对象又被 SoftReference 封装了一层。剩下所有实现类都是包装器，Commons Pool 采用了装饰者模式以提供对象池额外的扩展功能。例如，ProxiedObjectPool 提供了池对象代理功能，防止客户端将池对象还回后还能继续使用。

针对 9.2.1 节中的例子，如果使用对象池技术，就可以预置部分对象。每次使用时直接从池中取，避免对象的重复创建消耗，代码如下。

```
public class ReaderUtil {
  private ObjectPool < StringBuilder > pool;
  ReaderUtil(ObjectPool < StringBuilder > pool) {
    this.pool = pool;
  }

  public String readToString(Reader in) throws IOException {
    StringBuilder buf = null;
    Closer closer = Closer.create();
    closer.register(in);

    try {
      // ① 从对象池中取出对象
      buf = pool.borrowObject();
      for (int c = in.read(); c != -1; c = in.read()) {
        buf.append((char) c);
      }
      return buf.toString();
    } catch (IOException e) {
      throw e;
    } catch (Exception e) {
      throw new RuntimeException("Unable to borrow buffer from pool" + e.toString());
    } finally {
      closer.close();
      try {
        if (buf != null) {
          //② 还回对象
          pool.returnObject(buf);
        }
      } catch (Exception e) {}
    }
  }

 // 针对池对象的生命周期管理
 private static class StringBuilderFactory extends BasePooledObjectFactory < StringBuilder > {
```

```
        @Override
        public StringBuilder create() throws Exception {
            // 创建新对象
            return new StringBuilder();
        }
        @Override
        public PooledObject<StringBuilder> wrap(StringBuilder obj) {
            // 将对象包装成池对象
            return new DefaultPooledObject<>(obj);
        }
        // ③ 反初始化,每次回收的时候都会执行这个方法
        @Override
        public void passivateObject(PooledObject<StringBuilder> pooledObject) {
            pooledObject.getObject().setLength(0);
        }

    }

    // 使用这个工具
    public static void main(String[] args) {
        // ④ GenericObjectPool 这是一个通用的范型对象池
        ReaderUtil readerUtil = new ReaderUtil(new GenericObjectPool<>(new
                StringBuilderFactory()));
    }
}
```

在以上代码中,使用对象池的主要方法 pool.borrowObject()和 pool.returnObject(buf)进行对象的申请和释放。这两个方法也是对象池的最核心方法。BasePooledObjectFactory 是池对象工厂,用于管理池对象的生命周期,只需继承它,并覆写父类相关方法即可控制池对象的生成、初始化、反初始化、校验等。GenericObjectPool 是 Apache Commons Pool 实现的一个通用泛型对象池,是一个对象池的完整实现,直接构建即可使用。

9.2.4 Commons Pool 的实现原理

1. 对象池的空间划分

一个对象存储到对象池中,其位置不是一成不变的。空间的划分可以分为两种,一种是物理空间划分,一种是逻辑空间划分。不同的实现可能采用不同的技术手段,Commons Pool 实际上采用了逻辑划分,如图 9-2 所示。

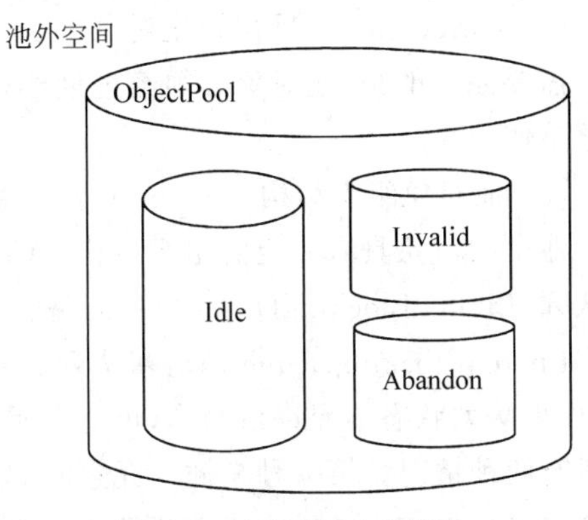

图 9-2 对象池的空间划分

对象池空间分为池外空间和池内空间。池外空间是指被“出借”的对象所在的空间(逻辑空间)。池内空间进一步可以划分为 Idle 空间,Abandon 空间和 Invalid 空间。Idle 空间就是空闲对象所在的空间,空闲对象之间是有一定的组织结构的。Abandon 空间又被称作放逐空间,用于放逐被出借的对象。Invalid 空间中的对象将不会再被使用,

而是等待被处理掉。

2. 池对象的状态和生命周期

池对象是对象池中所管理的基本单元。由于需要对对象提供额外的管理功能，如生命周期管理，需要将原始对象包裹(wrapper)成池对象。Commons Pool 采用了 PooledObject < T > 接口用于表达池对象，它主要抽象了池对象的状态管理和诸如状态变迁时所产生的统计指标，这些指标可以配合对象池做更精准的管理操作。

(1) 池对象的状态。

对状态的管理是池对象管理最重要的方面。池对象有一套自己的状态机，Commons Pool 所定义的池对象状态如下。

IDLE：空闲状态。

ALLOCATED：已出借状态。

EVICTION：正在进行驱逐测试。

EVICTION_RETURN_TO_HEAD：驱逐测试通过，对象放回到头部。

VALIDATION：空闲校验中。

VALIDATION_PREALLOCATED：出借前校验中。

VALIDATION_RETURN_TO_HEAD：校验通过后放回头部。

INVALID：无效对象。

ABANDONED：放逐中。

RETURNING：归还对象池中。

其中，ABANDONED(放逐)指的是不在对象池中的对象超时流放，EVICTION(驱逐)指的是空闲对象超时销毁。VALIDATION 是有效性校验，主要校验空闲对象的有效性。

(2) 池对象的生命周期控制。

Commons Pool 通过 PooledObjectFactory < T >接口对对象生命周期进行控制。该接口有如下方法。

makeObject：创建对象。

destroyObject：销毁对象。

validateObject：校验对象。

activateObject：重新初始化对象。

passivateObject：反初始化对象。

需要注意的是，池对象必须经过创建(makeObject)和初始化过程(activateObject)后才能够被使用。

(3) 池对象组织结构与 borrow 公平性。

池中的对象具有一定的组织结构。Commons Pool 提供了两种组织结构：有界阻塞双端队列(LinkedBlockingDeque)和 key 桶。

LinkedBlockingDeque 是阻塞队列。对于一些指定的操作，在插入或者获取队列元素时，如果队列状态不允许该操作，可能会阻塞住该线程直到队列状态变更为允许操作。阻塞一般有两种情况。第一种是插入元素时，如果当前队列已满将会进入阻塞状态，等到队列有空位置时再将该元素插入。该操作可以通过设置超时参数，超时后返回 false 表示操作失败。也可以不设置超时参数一直阻塞，中断后抛出 InterruptedException 异常。第二种是读取元素时，如果当前队列为空会阻塞，直到队列不为空然后返回元素。同样可以通过设置超时参数。LinkedBlockingDeque 可以从队列的两端插入和移除元素。由于双向队列多了一个操作队列的入口，在多线程同时入队时可减少一半的竞争。有界阻塞双端队列结构如图 9-3 所示。

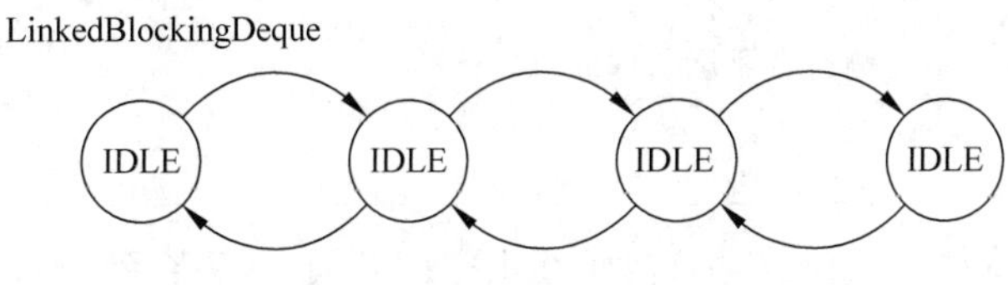

图 9-3 有界阻塞双端队列

有界阻塞队列能够提供阻塞特性。当池中对象用尽时，新申请对象的线程将会阻塞，这也是典型的生产者/消费者模型。通过双端的阻塞队列，能够实现池对象的先进先出或后进后出。具体的代码如下。

```
if (getLifo()) {
    idleObjects.addFirst(p);
} else {
    idleObjects.addLast(p);
}
```

由于队列具有阻塞性质，可通过 fairness 参数控制线程获得锁的公平性。

Commons Pool 的另一种组织结构是 key 桶，数据结构如图 9-4 所示。

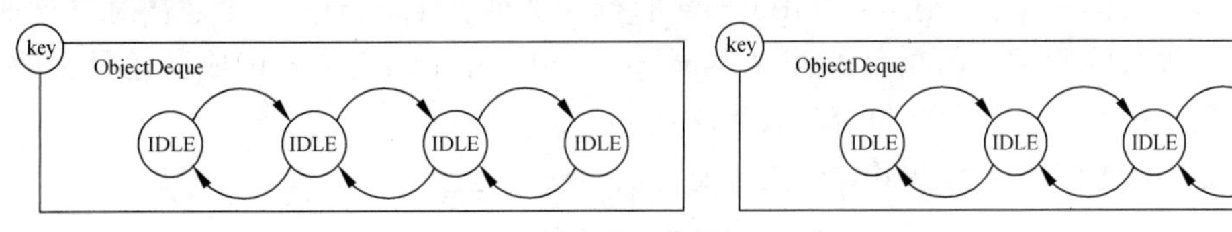

图 9-4 key 桶

每一个 key 对应一个双端阻塞队列 ObjectDeque。ObjectDeque 实际上就是包装了的 LinkedBlockingDeque，采用这种结构能够对池对象进行一定的划分，从而更加灵活地使用对象池。Commons Pool 采用 KeyedObjectPool < K，V >表示采用这种数据结构的对象池。当对象取出和返还时，都需要指定对应的 key 空间。

3. 对象池的放逐与驱逐

驱逐(EVICTION)和放逐(ABANDON)这两个概念是对象池设计的核心。EVICTION(驱逐)指的是空闲对象超时销毁，ABANDONED(放逐)指的是不在对象池中的对象超时流放。

对象池的一个重要的特性是伸缩性，即对象池能够根据当前池中空闲对象的数量(通过 maxIdle 和 minIdle 配置)自动进行调整，进而避免内存的浪费。自动伸缩是通过驱逐，达到所需要达到的目标。在对象池内部，可以维护一个驱逐定时器(EvictionTimer)，由 timeBetweenEvictionRunsMillis 参数对定时器的间隔加以控制，每次达到驱逐时间后就选定一批对象(由 numTestsPerEvictionRun 参数进行控制)进行驱逐测试。测试可以采用策略模式，例如 Commons Pool 的 DefaultEvictionPolicy，代码如下。

```
@Override
public boolean evict(EvictionConfig config, PooledObject<T> underTest, int idleCount) {
  if ((config.getIdleSoftEvictTime() < underTest.getIdleTimeMillis() &&
        config.getMinIdle() < idleCount) ||
        config.getIdleEvictTime() < underTest.getIdleTimeMillis()) {
    return true;
  }//根据驱逐定时器检测符合驱逐条件的对象
  return false;
}
```

符合驱逐条件的对象将会被对象池驱逐出空闲空间，并丢弃到 Invalid 空间。之后对象池还需要保证内部空闲对象数量需要至少达到 minIdle 的控制要求。出借时间太长(由 removeAbandonedTimeout 控制)的对象被称作流浪对象，被放逐的对象被搁置到 Abandon 空间，不允许再次回归到对象池中，进而进入 Invalid 空间被清理。放逐由 removeAbandoned()方法实现，分为标记过程和放逐过程。

4. 对象池的有效性探测

对象池提供了 testOnBorrow、testOnCreate、testOnReturn、testWhileIdle 等方法。其中，testWhileIdle 是当对象处于空闲状态的时候所进行的测试，当测试通过则继续留在对象池中；如果失效，则弃置到 Invalid 空间。所谓 testOnBorrow 其实就是当对象出借前进行测试。在测试之前需要调用 factory. activateObject( ) 以激活对象，再调用 factory. validateObject(p) 对准备出借的对象做有效性检查。如果这个对象无效则可能抛出异常，或者返回空对象。testOnCreate 表示当对象创建之后，进行有效性测试。这并不适用于频繁创建和销毁对象的对象池，与 testOnBorrow 的行为类似。testOnReturn 是在对象还回到对象池之前进行的测试。与出借的测试不同，testOnReturn 无论是测试成功还是失败，都需要保证池子中的对象数量是符合配置要求的。

表 9-1 是从配置的角度列出了对象池可能提供的功能配置。

表 9-1 对象池功能配置

参数名称	参数设置
maxTotal	对象总数，默认为 8
maxIdle	最大空闲对象数，默认为 8
minIdle	最小空闲对象数，默认为 0
lifo	对象池借还是否采用 lifo，默认为 true
fairness	对于借对象的线程阻塞恢复公平性，默认为 false
maxWaitMillis	借对象阻塞最大等待时间，默认为－1
minEvictableIdleTimeMillis	最小驱逐空闲时间，默认为 30min
numTestsPerEvictionRun	每次驱逐数量，默认为 3
testOnCreate	创建后有效性测试，默认为 false
testOnBorrow	出借前有效性测试，默认为 false
testOnReturn	还回前有效性测试，默认为 false
testWhileIdle	空闲有效性测试，默认为 false
timeBetweenEvictionRunsMillis	驱逐定时器周期，默认为 false
blockWhenExhausted	对象池耗尽是否 block，默认为 true

在一些CPU性能不够强，内存较紧张，垃圾收集，内存抖动会造成比较大的影响的应用中，通过对象池可提高内存管理效率，提高系统的响应性能。对象池的使用场景包含以下两个方面。

(1) 管理网络连接，如一些RPC框架的缓存和数据库连接的缓存池等。

(2) 创建成本高昂的对象，如比较常见的线程池、字节数组池等。从这个角度看，数据库连接池和线程池是对象池的特例。

9.3 数据库连接池技术

9.3.1 数据库连接池的概念

数据库连接是一种关键的、有限的、昂贵的资源，特别是在多用户的网页应用程序中尤为突出。一方面，每个数据库连接对象均对应一个物理数据库连接。每次操作都需要打开一个物理连接，使用完都需关闭连接，这样会降低系统的性能。另一方面，在类似ODBC、JDBC等数据访问中间件中，一般会对原始连接封装，从而方便数据库应用对于连接的使用(特别是对于事务处理而言)，提高了获取数据库连接效率。封装层的存在，隔离了应用本身的处理逻辑和数据库的访问逻辑，使应用本身和数据库连接的复用成为可能。

数据库连接池技术(Database Connection Pool)的核心思想是数据库连接的复用。通过建立一个数据库连接池以及一套连接使用、分配、管理策略，连接池中的连接可以得到高效、安全的复用，避免了数据库连接频繁建立、关闭的开销。

数据库连接池的解决方案是在应用程序启动时建立足够的数据库连接，并将这些连接组成一个连接池，由应用程序动态地对池中的连接进行申请、使用和释放。对于多于连接池中连接数的并发请求，应该在请求队列中排队等待，并且应用程序可以根据池中连接的使用率，动态增加或减少池中的连接数。通过尽可能地重用内存资源，大大节省了内存，提高了服务器的服务效率，能够支持更多的客户服务。数据库连接池可大大提高程序运行效率，同时通过其自身的管理机制，可监视数据库连接的数量、使用情况等。

9.3.2 操作数据库连接池

操作数据库连接池主要分为三个方面：连接池的建立、连接池的管理和连接池的关闭。

1. 连接池的建立

一般地，在系统初始化时，会根据相应的配置创建连接并放置到连接池中，以便需要使用时能从连接池中获取，这样避免了连接随意的建立、关闭造成的开销。因此，连接池其实是静态的。应用程序建立的连接池中的连接在系统初始化时就已分配好，不能随意关闭连接。Java中提供了很多容器类可以方便地构建连接池，如Vector、Stack、Servlet、Bean等，通过读取连接属性文件Connections.properties与数据库实例建立连接。

2. 连接池的管理

连接池管理策略是连接池机制的核心。当连接池建立后，对连接池中的连接进行管理，解决好连接池内连接的分配和释放，对系统的性能有很大的影响。

连接的合理分配、释放可提高连接的复用，降低了系统建立新连接的开销，同时也加速了用户的访问速度。一般采用引用计数(Reference Counting)来实现连接池中连接的分配和释放策略。

3. 连接池的关闭

当应用程序退出时,应关闭连接池。此时应把在连接池建立时向数据库申请的连接对象统一归还给数据库(即关闭所有数据库连接),这与连接池的建立正好是一个相反的过程。

9.3.3 配置连接池

数据库连接池在初始化时将创建一定数量的数据库连接放到连接池中。数据库连接池的连接数是影响系统性能的关键参数,一般用 minConn 和 maxConn 来限制。minConn 限定连接池的最小数据库连接数。无论这些数据库连接是否被使用,连接池都将一直保证至少拥有这么多的连接数量。所以如果应用程序对数据库连接的使用量不大,将会有大量的数据库连接资源被浪费。maxConn 限定连接池的最大数据库连接数。当应用程序向连接池请求的连接数超过最大连接数量时,这些请求将被加入等待队列中,有可能会影响之后的数据库操作。

如果最小连接数与最大连接数相差很大,那么最先连接请求将会获利。之后超过最小连接数量的连接请求等价于建立一个新的数据库连接。不过,这些大于最小连接数的数据库连接在使用完不会马上被释放,而是被放到连接池中等待重复使用或是超时后被释放。

大部分的 Web 服务器(WebLogic、WebSphere、Tomcat)都提供了数据源 DataSource 的实现。数据源中都包含数据库连接池的实现。典型的 Java 数据库连接池实现有 C3P0、BoneCP、DBCP 和 Proxool 等。

其中,C3P0 是一个开放源代码的 JDBC 连接池。它在 lib 目录中与 Hibernate 一起发布,包括实现 jdbc3 和 jdbc2 扩展规范说明的 Connection 和 Statement 池的 DataSources 对象。例如,只需在 hibernate.cfg.xml 中加入以下代码,即可完成连接池的配置。

```
<property name = "hibernate.c3p0.max_size"> 20 </property>
<property name = "hibernate.c3p0.min_size"> 5 </property>
<property name = "hibernate.c3p0.timeout"> 120 </property>
<property name = "hibernate.c3p0.max_statements"> 100 </property>
<property name = "hibernate.c3p0.idle_test_period"> 120 </property>
<property name = "hibernate.c3p0.acquire_increment"> 2 </property>
<property name = "hibernate.c3p0.validate"> true </property>
```

其中,max_size 和 min_size 表示最大和最小连接数。timeout 是获得连接的超时时间。如果超过这个时间则会抛出异常。max_statements 是最大的 PreparedStatement 的数量。idle_test_period 是检查连接池空闲连接的时间间隔。acquire_increment 表示当连接池里面的连接用完的时候,C3P0 一次性获取新连接的数量。validate 表示是否需要每次都验证连接是否可用。

9.3.4 典型的 Java 连接池

在 Java 中,数据库连接池有以下几种。

(1) C3P0 是一个开放源代码的 JDBC 连接池。它实现了数据源和 JNDI 绑定,支持 JDBC3 规范和 JDBC2 的标准扩展。目前使用它的开源项目有 Hibernate、Spring 等。

(2) DBCP(Database Connection Pool)是 Apache 软件基金组织下的开源连接池实现，是一个依赖 Jakarta commons-pool 对象池机制的数据库连接池。Tomcat 的连接池正是采用该连接池来实现的。该数据库连接池既可以与应用服务器整合使用，也可由应用程序独立使用。但 DBCP 没有自动回收空闲连接的功能。

(3) Proxool 是一个 Java SQL Driver 驱动程序，提供了对其他类型的驱动程序的连接池的封装，可以非常简单地移植到现存的代码中。完全可配置、快速、成熟、健壮且可以透明地为现存的 JDBC 驱动程序增加连接池功能。

(4) Druid 是阿里巴巴开源的数据库连接池项目。Druid 连接池为监控而生，内置强大的监控功能，监控特性不影响性能。支持所有 JDBC 兼容的数据库，包括 Oracle、MySQL、Derby、PostgreSQL、SQL Server、H2 等。Druid 不仅是一个数据库连接池，还包含一个 ProxyDriver、一系列内置的 JDBC 组件库、一个 SQL Parser。

9.4 线程池技术

9.4.1 线程池的概念

线程是稀缺资源。一方面，无限制的创建线程不仅会消耗系统资源，还会降低系统的稳定性。另一方面，线程的新建和销毁都需要耗费大量的资源。因此，与数据库连接池、对象连接池的原理相似，通过池化线程资源，可以使得更多的 CPU 时间和内存用来处理应用，而不是频繁地进行线程创建与销毁。

为了简化对这些线程的管理，主流开发平台都提供了相应的线程池接口和框架。例如，.NET 框架为每个进程提供了一个线程池。一个线程池有若干个等待操作状态，当一个等待操作完成时，线程池中的辅助线程会执行回调函数。线程池中的线程由系统管理，程序员不需要费力于线程管理，可以集中精力处理应用程序任务。

通过重复利用已创建的线程，能大大降低线程创建和销毁造成的消耗。任务到达时无须等待线程创建即可执行。此外，线程池还提高了线程的可管理性，使用线程池可以进行统一的分配、调优和监控。

9.4.2 线程池的组成

线程池的原理类似于操作系统中缓冲区的概念。先启动若干数量的线程，并让这些线程都处于睡眠状态，当客户端有一个新请求时，就会唤醒线程池中的某一个睡眠线程，让它来处理客户端的这个请求。当处理完这个请求后，线程又处于睡眠状态。睡眠的线程仅定期被唤醒以轮循更改或更新状态信息，然后再次进入休眠状态。

线程池一般包括以下四个基本部分。

(1) 线程池管理器(ThreadPool)：用于创建并管理线程池，包括创建线程池，销毁线程池，添加新任务。

(2) 工作线程(PoolWorker)：线程池中的线程，在没有任务时处于等待状态，可以循环地执行任务。

(3) 任务接口(Task)：每个任务必须实现的接口，以供工作线程调度任务的执行，它主要规定了任务的入口，任务执行完后的收尾工作，任务的执行状态等。

(4) 任务队列(taskQueue)：用于存放没有处理的任务。提供一种缓冲机制。

9.4.3 Java 线程池技术

Java 中的线程池是运用场景最多的并发框架,几乎所有需要异步或并发执行任务的程序都可以使用线程池。在开发过程中,合理地使用线程池,相对于单线程串行处理(Serial Processing)和为每一个任务分配一个新线程(One Task One New Thread)的做法能够带来效率和相应速度的提升。

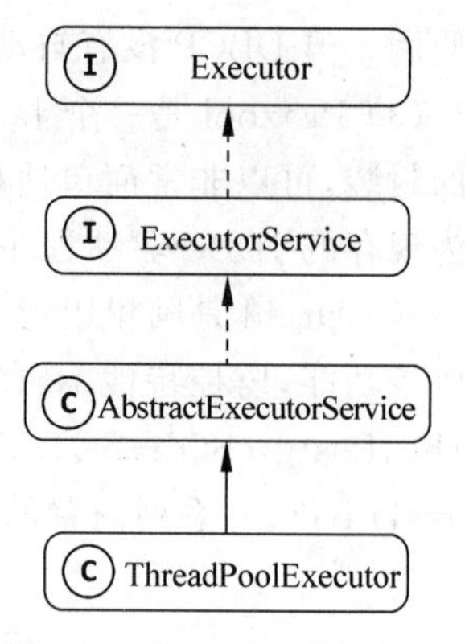

图 9-5 ThreadPoolExecutor 继承关系

1. 构造线程池

当创建线程池后,初始时线程池处于 RUNNING 状态。Java 中的线程池核心实现类是 java. uitl. concurrent. ThreadPool Executor。这个类的设计是继承了 AbstractExecutor Service 抽象类和实现了 ExecutorService、Executor 两个接口,关系大致如图 9-5 所示。

```
public ThreadPoolExecutor( int corePoolSize,
            int maximumPoolSize,
            long keepAliveTime,
            TimeUnit unit,
            BlockingQueue < Runnable > workQueue,
            ThreadFactory threadFactory,
            RejectedExecutionHandler handler)
```

ThreadPoolExecutor 继承了 AbstractExecutorService 类,并提供了四个构造器。创建一个线程池需要输入以下几个参数。

corePoolSize(线程池的基本大小)：当提交一个任务到线程池时,线程池会创建一个线程来执行任务,即使其他空闲的基本线程能够执行新任务也会创建线程,等到需要执行的任务数大于线程池基本大小时就不再创建。如果调用了线程池的 prestartAllCoreThreads 方法,线程池会提前创建并启动所有基本线程。

maximumPoolSize(线程池最大大小)：线程池允许创建的最大线程数。如果队列满了,并且已创建的线程数小于最大线程数,则线程池会再创建新的线程执行任务。值得注意的是,如果使用了无界的任务队列这个参数就没什么效果。

keepAliveTime(线程活动保持时间)：线程池的工作线程空闲后,保持存活的时间。所以如果任务很多,并且每个任务执行的时间比较短,可以调大这个时间,提高线程的利用率。

unit(线程活动保持时间的单位)：可选的单位有天(DAYS),小时(HOURS),分钟(MINUTES),毫秒(MILLISECONDS),微秒(MICROSECONDS,千分之一毫秒)和毫微秒(NANOSECONDS,千分之一微秒)。

workQueue：用于保存等待执行的任务的阻塞队列。

threadFactory：用于设置创建线程的工厂,可以通过线程工厂给每个创建出来的线程设置更有意义的名字。

handler(饱和策略)：当队列和线程池都满了,说明线程池处于饱和状态,那么必须采取一种策略处理提交的新任务。这个策略默认情况下是 AbortPolicy，表示无法处理新任务时抛出异常。

2. 线程池提交任务

可以通过 execute 和 submit 这两个方法向线程池提交任务。

```
void execute(Runnable command);
public <T> Future<T> submit(Runnable task, T result) { };
public <T> Future<T> submit(Callable<T> task) { };
```

execute 方法输入的任务是一个 Runnable 类的实例。它没有返回值，所以无法判断任务是否被线程池执行成功。submit 方法来提交任务会返回一个 future。程序可通过 future 来判断任务是否执行成功。通过 future 的 get 方法来获取返回值，get 方法会阻塞住直到任务完成。而使用 get(long timeout，TimeUnit unit)方法则会阻塞一段时间后立即返回，这时有可能任务没有执行完。一个典型的调用代码是：

```
Future<Object> future = executor.submit(harReturnValuetask);
try {
    Object s = future.get();
} catch (InterruptedException e) {
    // 处理中断异常
} catch (ExecutionException e) {
    // 处理无法执行任务异常
} finally {
    // 关闭线程池
    executor.shutdown();
}
```

默认情况下，创建线程池之后，线程池中是没有线程的，需要提交任务之后才会创建线程。如果需要线程池创建之后立即创建线程，可以通过以下两个方法。

prestartCoreThread()：初始化一个核心线程。

prestartAllCoreThreads()：初始化所有核心线程。

3. 线程池容量的动态调整

ThreadPoolExecutor 提供了动态调整线程池容量大小的方法：setCorePoolSize()和 setMaximumPoolSize()。

setCorePoolSize：设置核心池大小。

setMaximumPoolSize：设置线程池最大能创建的线程数目大小。

当上述参数从小变大时，ThreadPoolExecutor 进行线程赋值，还可能立即创建新的线程来执行任务。

4. 任务拒绝策略

当线程池的任务缓存队列已满并且线程池中的线程数目达到 maximumPoolSize，如果还有任务到来就会采取任务拒绝策略，Java 线程池框架提供了以下 4 种策略。

(1) AbortPolicy：丢弃任务并抛出 RejectedExecutionException 异常。

(2) DiscardPolicy：也是丢弃任务，但是不抛出异常。

(3) DiscardOldestPolicy：丢弃队列最前面的任务，然后重新尝试执行任务(重复此过程)。

(4) CallerRunsPolicy：由调用线程处理该任务。

也可根据应用场景需要来实现 RejectedExecutionHandler 接口自定义策略。如记录日志或持久化不能处理的任务。

5. 任务缓存队列及排队策略

任务缓存队列，即 workQueue，它用来存放等待执行的任务。可以选择以下阻塞队列。

(1) ArrayBlockingQueue：一个基于数组结构的有界阻塞队列，此队列按 FIFO(先进先出)原则对元素进行排序，队列创建时必须指定大小。

(2) LinkedBlockingQueue：一个基于链表结构的无界阻塞队列，此队列按 FIFO 排序元素。吞吐量通常要高于 ArrayBlockingQueue。静态工厂方法 Executors. newFixedThreadPool()使用了这个队列。

(3) SynchronousQueue：一个不存储元素的阻塞队列。每个插入操作必须等到另一个线程调用移除操作，否则插入操作一直处于阻塞状态，吞吐量通常要高于 Linked-BlockingQueue。静态工厂方法 Executors. newCachedThreadPool 使用了这个队列。

(4) PriorityBlockingQueue：一个具有优先级的无限阻塞队列。

6. 关闭线程池

可以通过调用线程池 ThreadPoolExecutor 的 shutdown 或 shutdownNow 方法来关闭线程池。原理是遍历线程池中的工作线程，然后逐个调用线程的 interrupt 方法来中断线程，所以无法响应中断的任务可能永远无法终止。

如果调用了 shutdown()方法，则线程池处于 SHUTDOWN 状态，此时线程池不能够接受新的任务，而是会等待所有任务执行完毕。如果调用了 shutdownNow()方法，则线程池处于 STOP 状态，此时线程池不能接受新的任务，并且会去尝试终止正在执行的任务。只要调用了这两个关闭方法的其中一个，isShutdown 方法就会返回 true。当所有的任务都已关闭后，才表示线程池关闭成功，这时调用 isTerminated 方法会返回 true。至于应该调用哪一种方法来关闭线程池，应该由提交到线程池的任务特性决定。通常调用 shutdown 来关闭线程池，如果任务不一定要执行完，则可以调用 shutdownNow。

9.4.4 Java 线程池编程

在这个案例中，拟用多线程计算从 1 加到 1000 的总和。程序划分为 10 个子任务，每个子任务计算 100 个数的和，然后主线程把各个子任务的和做加总。例子采用了线程池技术，具体的代码如下。

```
package chapter09.PoolDemo;
import java.util.concurrent.ThreadPoolExecutor;
import java.util.concurrent.TimeUnit;
import java.util.Random;
import java.util.concurrent.ArrayBlockingQueue;
import java.util.concurrent.Future;
import java.util.concurrent.Callable;
import java.util.concurrent.ExecutionException;

public class ThreadPoolFuture {
  final static int coreSize = 2;            //核心线程数量
  final static int maxSize = 5;             //最大线程数量
  final static int taskNum = 10;            //任务数
```

```
    public static void main(String[] args) {
        ThreadPoolExecutor executor = new ThreadPoolExecutor(coreSize, maxSize, 200,
                        TimeUnit.MILLISECONDS, new ArrayBlockingQueue<Runnable>(5));
        Future<Integer>[] results = new Future[taskNum];
        int finalResult = 0;
        for (int i = 0; i < taskNum; i++) {
            SomeTask task = new SomeTask(i,i * 100 + 1,i * 100 + 100,executor);
            results[i] = executor.submit(task);
        }//设置计算任务并提交
        try {
            for (int i = 0; i < taskNum; i++) {
                int n = results[i].get();
                finalResult += n;
                System.out.println("任务 " + i + " 运行结果" + n);
            }
        } catch (InterruptedException e) {
            e.printStackTrace();
        } catch (ExecutionException e) {
            e.printStackTrace();
        }
        System.out.println(1 + " 到 " + taskNum * 100 + " 加总 最终运算结果: " + finalResult);
        executor.shutdown();
    }
}

class SomeTask implements Callable<Integer> {
    private int taskNum;
    private int low, high;
    ThreadPoolExecutor executor;                    //执行器
    Random r;

    public SomeTask(int id, int low, int high,ThreadPoolExecutor pool) {
        this.taskNum = id;
        this.low = low;
        this.high = high;
        this.executor = pool;
        r = new Random();
    }

    @Override
    public Integer call() throws Exception {        //回调函数将线程池状态打印到控制台
        System.out.println("任务 " + taskNum + " 正在执行: " + low + " 到 " + high + " 的加总:");
        Thread.sleep(1000 + r.nextInt(2000));       //随机休眠 1~3s
        int sum = 0;
        for (int i = low; i <= high; i++)
            sum += i;
        System.out.print("task " + taskNum + "执行完毕: ");
        System.out.println("池中线程数:" + executor.getPoolSize()
                        + ",等待数:" + executor.getQueue().size()
                        + ",已完成数:" + executor.getCompletedTaskCount());
        return sum;
    }
}
```

其中,Callable 是 java.util.concurrent 包下的接口,在它里面也只声明了一个方法 call()。Future 类是对于具体的 Runnable 或者 Callable 任务的执行结果,进行取消、查询是否完成和获取结果。必要时可以通过 get 方法获取执行结果,该方法会阻塞直到任务返回结果。Future 类位于 java.util.concurrent 包下,它是一个接口:

```
public interface Future<V> {
  boolean cancel(boolean mayInterruptIfRunning);
  boolean isCancelled();
  boolean isDone();
  V get() throws InterruptedException, ExecutionException;
  V get(long timeout, TimeUnit unit)
    throws InterruptedException, ExecutionException, TimeoutException;
}
```

在 Future 接口中声明了 5 个方法,下面依次解释每个方法的作用。

cancel():用来取消任务,如果取消任务成功则返回 true,如果取消任务失败则返回 false。参数 mayInterruptIfRunning 表示是否允许取消正在执行却没有执行完毕的任务,如果设置为 true,则表示可以取消正在执行过程中的任务。如果任务已经完成,则无论 mayInterruptIfRunning 为 true 还是 false,此方法肯定返回 false,即如果取消已经完成的任务会返回 false;如果任务正在执行,若 mayInterruptIfRunning 设置为 true,则返回 true,若 mayInterruptIfRunning 设置为 false,则返回 false;如果任务还没有执行,则无论 mayInterruptIfRunning 为 true 还是 false,肯定返回 true。

isCancelled():表示任务是否被取消成功,如果在任务正常完成前被取消成功,则返回 true。

isDone():表示任务是否已经完成,若任务完成,则返回 true。

get():用来获取执行结果,这个方法会产生阻塞,会一直等到任务执行完毕才返回。

get(long timeout,TimeUnit unit):用来获取执行结果,如果在指定时间内,还没获取到结果,就直接返回 null。

程序的执行结果如下(运行结果具有差异性)。

```
任务 0 正在执行: 1 到 100 的加总:
任务 8 正在执行: 801 到 900 的加总:
任务 7 正在执行: 701 到 800 的加总:
任务 1 正在执行: 101 到 200 的加总:
任务 9 正在执行: 901 到 1000 的加总:
task 7 执行完毕: 池中线程数:5,等待数:5,已完成数:0
任务 2 正在执行: 201 到 300 的加总:
task 1 执行完毕: 池中线程数:5,等待数:4,已完成数:1
任务 3 正在执行: 301 到 400 的加总:
task 9 执行完毕: 池中线程数:5,等待数:3,已完成数:2
任务 4 正在执行: 401 到 500 的加总:
task 0 执行完毕: 池中线程数:5,等待数:2,已完成数:3
任务 5 正在执行: 501 到 600 的加总:
任务 0 运行结果 5050
任务 1 运行结果 15050
task 8 执行完毕: 池中线程数:5,等待数:1,已完成数:4
任务 6 正在执行: 601 到 700 的加总:
task 2 执行完毕: 池中线程数:5,等待数:0,已完成数:5
任务 2 运行结果 25050
```

```
task 5 执行完毕: 池中线程数:4,等待数:0,已完成数:6
task 3 执行完毕: 池中线程数:4,等待数:0,已完成数:7
任务 3 运行结果 35050
task 6 执行完毕: 池中线程数:4,等待数:0,已完成数:8
task 4 执行完毕: 池中线程数:3,等待数:0,已完成数:9
任务 4 运行结果 45050
任务 5 运行结果 55050
任务 6 运行结果 65050
任务 7 运行结果 75050
任务 8 运行结果 85050
任务 9 运行结果 95050
1 到 1000 加总 最终运算结果: 500500
```

9.5 负载均衡技术概述

9.5.1 负载均衡的概念

在互联网早期,业务流量比较小,业务逻辑比较简单,单台服务器便可满足基本的需求。但随着互联网的发展,业务流量越来越大,业务逻辑也越来越复杂,单台机器的性能问题及单点问题凸显了出来。一般地,会采用计算机集群的方式,通过多台机器来进行性能的水平扩展并避免单点故障。但如何将不同的用户的流量分发到不同的服务器上面呢?

早期的方法是使用域名系统 DNS 做负载均衡。对客户端的 IP 地址进行解析,让客户端的流量分配到各个服务器。但是这种方法有延时性的问题,做出的调度策略改变以后,DNS 各级结点的缓存并不会及时地在客户端生效。而且基于 DNS 的负载的调度策略比较简单,无法满足业务需求。因此需要专门的负载均衡技术和中间件。

负载均衡(Load Balancing)是指将工作任务、访问请求等负载进行平衡,分摊到多个服务器和组件等操作单元上进行执行,是解决高性能,单点故障,提高可用性和可扩展性,进行水平伸缩的终极解决方案。具体地,客户端的流量首先会到达负载均衡服务器,由负载均衡服务器通过一定的调度算法将流量分发到不同的应用服务器上面。同时负载均衡服务器也会对应用服务器做周期性的健康检查,当发现故障结点时便动态地将结点从应用服务器集群中剔除,以此来保证应用的高可用性。

9.5.2 负载均衡技术的分类

负载均衡技术有很多实现方案,有基于 DNS 域名轮流解析的方法,有基于客户端调度访问的方法,有基于应用层系统负载的调度方法,还有基于 IP 地址的调度方法。而从传输的角度看,负载均衡技术主要聚焦在网络传输的协议中进行均衡优化。由于网络层可分为多个层次,因此可以根据网络层次的不同,对负载均衡技术进行分类。

如图 9-6 所示,OSI 的网络模型从上到下分别是: 7. 应用层; 6. 表示层; 5. 会话层; 4. 传输层; 3. 网络层; 2. 数据链路层; 1. 物理层。其中,高层(即 7、6、5、4 层)定义了应用程序的功能,下面 3 层(即 3、2、1 层)主要面向通过网络的端到端的数据流。例如,TELNET、

HTTP、FTP、NFS、SMTP、DNS等属于第7层应用层的概念，TCP、UDP、SPX等属于第4层传输层的概念，IP、IPX(互联网分组交换协议)等属于第3层网络层的概念，而ATM(异步传输模式)、FDDI(光纤分布式数据接口网络)等属于第2层数据链路层的概念。高层依赖于低层，层次越高，对用户而言使用起来越方便。

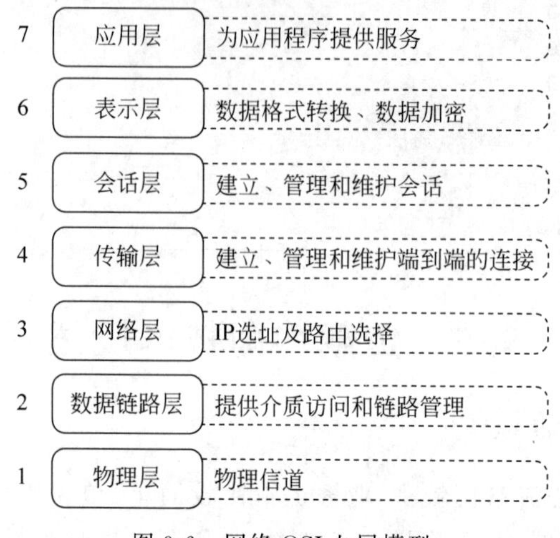

图9-6　网络OSI七层模型

常见的负载均衡技术在实现方式中，主要是在应用层(7层)、传输层(4层)、网络层(3层)做文章。所以，工作在应用层的负载均衡，通常称为7层负载均衡，工作在传输层的称为4层负载均衡。

负载均衡技术可大致可以分为以下几种。

(1) 2层负载均衡。

负载均衡服务器对外依然提供一个虚IP(VIP)，集群中不同的机器采用相同IP地址，但是机器的MAC地址不一样。当负载均衡服务器接收到请求之后，通过改写报文的目标MAC地址的方式将请求转发到目标机器实现负载均衡。

(2) 3层负载均衡。

和2层负载均衡类似，负载均衡服务器对外依然提供一个VIP，但是集群中不同的机器采用不同的IP地址。当负载均衡服务器接收到请求之后，根据不同的负载均衡算法，通过IP将请求转发至不同的真实服务器。

(3) 4层负载均衡。

4层负载均衡工作在OSI模型的传输层。传输层的TCP/UDP中除了包含源IP、目标IP以外，还包含源端口号及目的端口号。四层负载均衡服务器在接收到客户端请求后，通过修改数据包的地址信息(IP+端口号)将流量转发到应用服务器。

(4) 7层负载均衡。

7层负载均衡工作在OSI模型的应用层。应用层协议较多，常用HTTP、Radius、DNS等。7层负载基于这些协议来均衡负载。这些应用层协议中会包含很多有意义的内容。例如，同一个Web服务器的负载均衡，除了根据IP加端口进行负载外，还可根据7层的URL、浏览器类别、语言来决定是否要进行负载均衡。

9.6 典型负载均衡技术

客户端发送请求至4层负载均衡器,4层负载均衡器根据负载策略把客户端发送的报文目标地址(原来是负载均衡设备的IP地址)修改为后端服务器(可以是Web服务器、邮件服务等)IP地址。这样客户端就可以直接跟后端服务器建立TCP连接并发送数据。工作原理如图9-7所示。

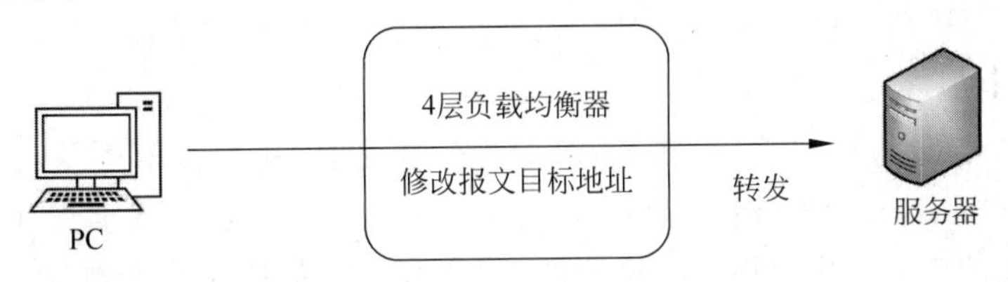

图9-7 基于4层交换技术的负载均衡

4层负载均衡技术的代表性产品是LVS(开源软件),F5(硬件)。其优点是具有较高的性能、支持各种网络协议。缺点是对网络依赖较大,负载智能化不如7层负载均衡技术。例如,不支持对URL的个性化负载,且硬件成本较高。

7层负载均衡服务器起到了一个代理服务器的作用。客户端要访问服务器要先与7层负载设备进行三次握手后建立TCP连接,将要访问的报文信息发送给7层负载均衡。然后7层负载均衡再根据设置的均衡规则选择特定的服务器,再次通过三次握手与此台服务器建立TCP连接。接下来,服务器把需要的数据发送给7层负载均衡设备,负载均衡设备最后将数据发送给客户端。工作原理如图9-8所示。

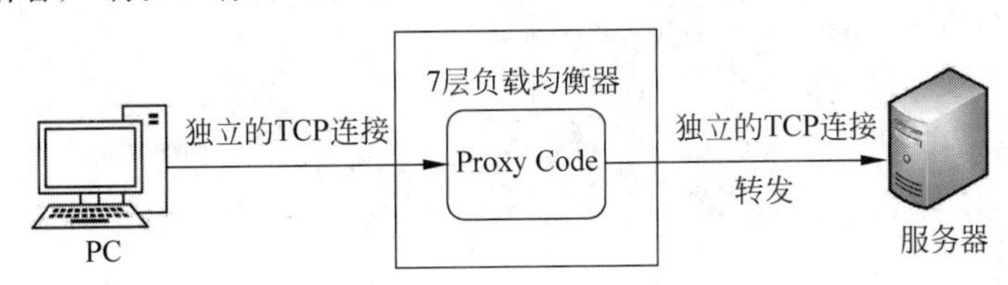

图9-8 基于7层交换技术的负载均衡

7层负载均衡技术的代表性产品是Nginx(软件)、Apache(软件)。优点是对网络依赖少,负载智能方案多。缺点是网络协议有限,且性能不如4层负载。

9.6.1 LVS负载均衡

1. LVS简介

LVS是Linux Virtual Server的简称,即Linux虚拟服务器,是4层负载均衡的代表性的产品。从Linux 2.4以后,LVS成为Linux标准内核的一部分。LVS的目标是通过所提供的负载均衡技术和Linux操作系统,实现一个高性能、高可用的服务器群集,且集群具有良好可靠性、可扩展性和可操作性,以低廉的成本实现最优的服务性能。

LVS是一个基于内核级别的应用软件,具有很高的处理性能。用LVS构架的负载均衡集群系统具有较强的处理能力,可支持上百万个并发连接请求。如配置百兆网卡,采用VS/TUN或VS/DR调度技术,整个集群系统的吞吐量可高达1Gb/s;如配置千兆网卡,则系统的最大吞吐量可接近10Gb/s。

LVS支持大多数的TCP和UDP。支持TCP的应用有HTTP、HTTPS、FTP、SMTP、POP3、IMAP4、PROXY、LDAP、SSMTP等；支持UDP的应用有DNS,NTP,ICP,视频、音频流播放协议等。因此，利用LVS技术可实现高可伸缩的、高可用的网络服务。例如，WWW服务、Cache服务、DNS服务、FTP服务、MAIL服务、视频/音频点播服务等。有许多比较著名的网站和组织都在使用LVS架设的集群系统，例如，Linux的门户网站（www.linux.com）、向RealPlayer提供音频视频服务而闻名的Real公司（www.real.com）、全球最大的开源网站（sourceforge.net）等。

2. LVS架构

使用LVS架设的服务器集群系统由三个部分组成。前端是负载均衡层（Load Balancer），中间是服务器群组层（Server Array），底端的是数据共享存储层（Shared Storage）。所有的内部应用对用户是透明的，用户只是在使用一个虚拟服务器提供的高性能服务。

LVS体系结构如图9-9所示。

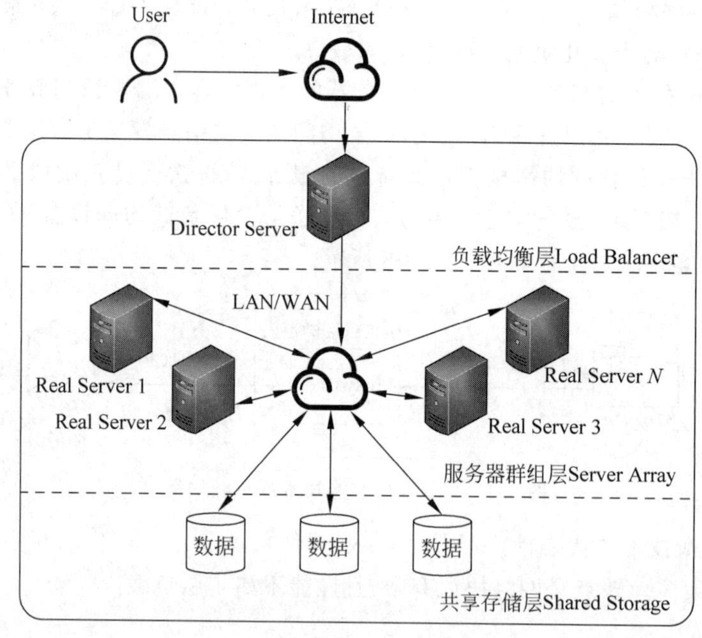

图9-9　LVS体系结构

LVS的各个组成部分的详细介绍如下。

(1) Load Balancer层：位于整个集群系统的最前端，由一台或者多台负载调度器（Director Server）组成。LVS模块就安装在Director Server上，而Director Server的主要作用类似于一个路由器，含有完成LVS功能所设定的路由表，通过这些路由表把用户的请求分发给Server Array层的应用服务器（Real Server）上。同时，在Director Server上还要安装对Real Server服务的监控模块Ldirectord。该模块用于监测各个Real Server服务的健康状况。在Real Server不可用时把它从LVS路由表中剔除，恢复时重新加入。

(2) Server Array层：由一组实际运行应用服务的机器组成。Real Server可以是Web

服务器、Mail 服务器、FTP 服务器、DNS 服务器、视频服务器中的一个或者多个，每个 Real Server 之间通过高速的 LAN 或分布在各地的 WAN 相连接。在实际的应用中，Director Server 也可以同时兼任 Real Server 的角色。

（3）Shared Storage 层：是为所有 Real Server 提供共享存储空间和内容一致性的存储区域。在物理上，一般由磁盘阵列设备组成。为了提供内容的一致性，可以通过 NFS 网络文件系统共享数据。或者是针对业务繁忙的系统，可采用集群文件系统，例如，Red Hat 的 GFS 文件系统，Oracle 提供的 OCFS2 文件系统等，以提高性能。

从整个 LVS 结构可以看出，Director Server 是整个 LVS 的核心。目前，用于 Director Server 的操作系统只能是 Linux 和 FreeBSD，Linux 2.6 内核不用任何设置就可以支持 LVS 功能。而 Real Server 可以是几乎所有的系统平台，如 Linux、Windows、Solaris、AIX、BSD 系列都能很好地支持。

3. IP 负载均衡技术

在负载调度算法中，执行效率最高的是 IP 负载均衡技术。LVS 的 IP 负载均衡技术是通过 IPVS 模块来实现的。IPVS 是 LVS 集群系统的核心软件，主要作用是：安装在 Director Server 上，同时在 Director Server 上虚拟出一个 IP 地址，用户必须通过这个虚拟的 IP 地址访问服务。这个虚拟 IP 一般称为 LVS 的 VIP，即 Virtual IP。访问的请求首先经过 VIP 到达负载调度器，然后由负载调度器从 Real Server 列表中选取一个服务结点响应用户的请求。

当用户的请求到达负载调度器后，调度器如何将请求发送到提供服务的 Real Server 结点，Real Server 结点如何返回数据给用户，是 IPVS 实现的重点技术。IPVS 实现负载均衡机制有三种，分别是 NAT、TUN 和 DR。

（1）VS/NAT（Virtual Server via Network Address Translation）。

即网络地址翻译技术实现虚拟服务器。当用户请求到达调度器时，调度器将请求报文的目标地址（即虚拟 IP 地址）改写成选定的 Real Server 地址，同时报文的目标端口也改成选定的 Real Server 的相应端口，最后将报文请求发送到选定的 Real Server。在服务器端得到数据后，Real Server 返回数据给用户时，需要再次经过负载调度器将报文的源地址和源端口改成虚拟 IP 地址和相应端口，然后把数据发送给用户，完成整个负载调度过程。

在 NAT 方式下，用户请求和响应报文都必须经过 Director Server 地址重写。当用户请求越来越多时，调度器的处理能力将成为瓶颈。

（2）VS/TUN（Virtual Server via IP Tunneling）。

即 IP 隧道技术实现虚拟服务器。它的连接调度和管理与 VS/NAT 方式一样，只是它的报文转发方法不同。在 VS/TUN 方式中，调度器采用 IP 隧道技术将用户请求转发到某个 Real Server，而这个 Real Server 将直接响应用户的请求，不再经过前端调度器。此外，对 Real Server 的地域位置没有要求，可以和 Director Server 位于同一个网段，也可以是独立的一个网络。因此，在 TUN 方式中，调度器将只处理用户的报文请求，集群系统的吞吐量大大提高。

（3）VS/DR（Virtual Server via Direct Routing）。

即用直接路由技术实现虚拟服务器。它的连接调度和管理与 VS/NAT 和 VS/TUN 中的一样，但它的报文转发方法又有不同。VS/DR 通过改写请求报文的 MAC 地址，将请求发送到 Real Server，而 Real Server 将响应直接返回给客户，免去了 VS/TUN 中的 IP 隧道开销。这种方式是三种负载调度机制中性能最高最好的，但是必须要求 Director Server 与 Real Server 都有一块网卡连在同一物理网段上。

4. 负载调度算法

负载调度器是根据各个服务器的负载情况，动态地选择一台 Real Server 响应用户请求。动态选择的关键就是负载的调度算法。根据不同的网络服务需求和服务器配置，IPVS 实现了 8 种负载调度算法。这里简要介绍最常用的四种调度算法。

(1) 轮叫调度(Round Robin)。

"轮叫"调度也叫 1∶1 调度。调度器通过"轮叫"调度算法将外部用户请求按顺序 1∶1 地分配到集群中的每个 Real Server 上，这种算法平等地对待每一台 Real Server，而不管服务器上实际的负载状况和连接状态。

(2) 加权轮叫调度(Weighted Round Robin)。

"加权轮叫"调度算法是根据 Real Server 的不同处理能力来调度访问请求。可以对每台 Real Server 设置不同的调度权值，对于性能相对较好的 Real Server 可以设置较高的权值；而对于处理能力较弱的 Real Server，可以设置较低的权值。这样就保证了处理能力强的服务器处理更多的访问流量，充分合理地利用了服务器资源。同时，调度器还可以自动查询 Real Server 的负载情况，并动态地调整其权值。

(3) 最少连接调度(Least Connections)。

"最少连接调度"算法动态地将网络请求调度到已建立的连接数最少的服务器上。如果集群系统的真实服务器具有相近的系统性能，采用"最小连接"调度算法可以较好地均衡负载。

(4) 加权最少连接调度(Weighted Least Connections)。

"加权最少连接调度"是"最少连接调度"的超集。每个服务结点可以用相应的权值表示其处理能力，而系统管理员可以动态地设置相应的权值，默认权值为 1，加权最小连接调度在分配新连接请求时尽可能使服务结点的已建立连接数和其权值成正比。

此外的 4 种调度算法是：基于局部性的最少连接(Locality-Based Least Connections)、带复制的基于局部性最少连接(Locality-Based Least Connections with Replication)、目标地址散列(Destination Hashing)和源地址散列(Source Hashing)。读者可自行查阅更详细的信息。

9.6.2 DNS 负载均衡

域名系统 DNS 是因特网上把域名和 IP 地址相互映射的一个分布式数据库，能够使用户更方便地访问互联网，而不用去记住能够被机器直接读取的 IP 数字串。通过主机名，最终得到该主机名对应的 IP 地址的过程叫作域名解析(或主机名解析)。DNS 协议运行在 UDP 之上，默认占用 53 号端口。

DNS 负载均衡技术是最早的负载均衡解决方案。它通过 DNS 服务中的随机名字解析来实现。在 DNS 服务器中，可为同一个域名配置多个不同的地址。查询域名的客户机可获得其中的一个地址。因此对于同一个域名，不同的客户机会得到不同的地址，并访问不同地址上的 Web 服务器，达到负载均衡的目的。工作原理如图 9-10 所示。

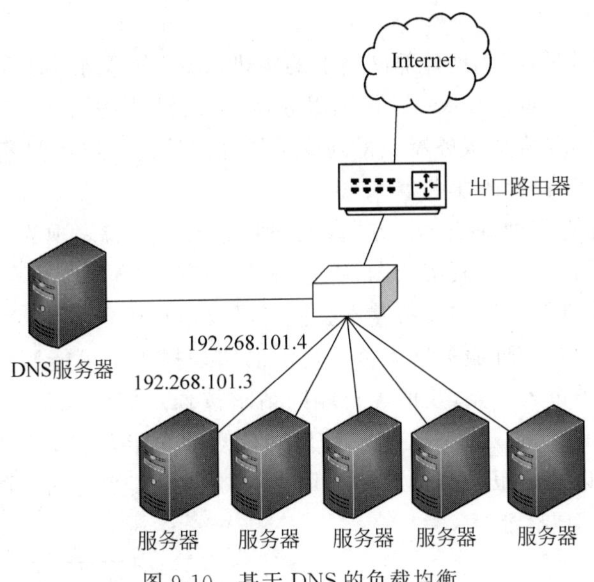

图 9-10　基于 DNS 的负载均衡

DNS 负载均衡的优点是实现简单、实施容易、成本低、适用于大多数 TCP/IP 应用。但缺点也很明显，可能存在以下问题。

(1) 负载分配不均匀。DNS 服务器将 HTTP 请求平均地分配到后台的 Web 服务器上，未考虑每个 Web 服务器当前的负载情况。如果后台的 Web 服务器的配置和处理能力不同，最慢的 Web 服务器将成为系统的瓶颈，处理能力强的服务器不能充分发挥作用。

(2) 可靠性低。如果后台的某台 Web 服务器出现故障，DNS 服务器仍然会把 DNS 请求分配到这台故障服务器上，导致不能响应客户端。

(3) 变更生效时间长。更改 DNS 的配置时，有可能造成相当一部分客户不能使用 Web 服务；并且由于 DNS 缓存的原因，所造成的后果要持续相当长一段时间。

9.6.3　Nginx 负载均衡

1. Nginx 简介

Nginx 是一个高性能的 HTTP 和反向代理 Web 服务器，同时也提供了 IMAP/POP3/SMTP 服务。Nginx 是由俄罗斯人伊戈尔·赛索耶夫开发的，第一个公开版本发布于 2004 年，源代码以类 BSD 许可证的形式发布。其特点是占有内存少，并发能力强。中国大陆使用 Nginx 网站的用户有百度、京东、新浪、网易、腾讯、淘宝等。

Nginx 可以在大多数 UNIX 和 Linux 操作系统上编译运行，并有 Windows 移植版。在连接高并发的情况下，Nginx 是 Apache 服务不错的替代品，能够支持高达 50 000 个并发连接数的响应。

2. 正向和反向代理

代理服务就是网络信息的中转站。通常的代理称为正向代理，只用于代理内部网络对外部因特网的连接请求。客户机必须指定代理服务器，并将本来要直接发送到 Web 服务器上的 HTTP 请求发送到代理服务器中。因此，当配备代理服务器后，浏览器无须直接至 Web 服务器获取网页，只需向代理服务器发出所需的请求，由代理服务器传送给访问者所需的浏览器。

当一个代理服务器能够代理外部网络上的主机，访问内部网络时，这种代理服务的方式称为反向代理服务(Reverse Proxy)。代理服务器接收因特网上的连接请求，将请求转发给内部网络上的服务器，并将从服务器上得到的结果返回给请求连接的客户端，此时代理服务器对外就表现为一个反向代理服务器。

反向代理服务器有多种好处。一方面，代理服务器对外就表现为一个Web服务器，但该服务器没有保存任何网页的真实数据，所有的网页和应用程序都保存在内部的Web服务器上。因此对反向代理服务器的攻击并不会使得网页信息遭到破坏，增强了Web服务器的安全性。另一方面，通过代理服务器为负载均衡的实现提供了可能性。代理服务器可以作为Web应用程序的单个入口点，并把客户端的请求按预定好的规则分配给不同的Web服务器。如图9-11所示，Nginx就是这样一种反向代理服务器软件，可以配置为简单但功能强大的负载均衡器，以提高服务器资源的可用性和效率。其实现的分配策略被编进Nginx内核，可以实现轮询、IP哈希等。

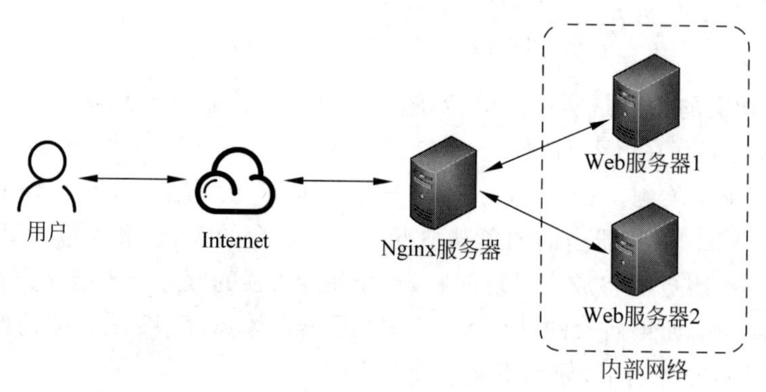

图9-11　Nginx反向代理

3. Nginx配置负载均衡

要在Nginx中实现负载均衡，只需修改Nginx的配置文件，其中包含要监听的连接类型以及重定向位置的说明。Nginx的前期安装及部署方式不在此赘述，读者可以自行搜索。通常在Linux环境下，Nginx的默认配置文件位于/usr/local/nginx/conf/nginx.conf。在nginx.conf中，需要定义以下两个段：upstream和server，请参阅下面的示例。

```
worker_processes 1;

events {
  worker_connections 1024;
}

http {
  upstream backend {
    #这里既可以设置为其他服务器的IP,也可设置为localhost的不同端口
    server 10.1.0.101:80;
    server 10.1.0.102:80;
  }

  #该服务器接收到端口80的所有流量并将其传递给上游upstream
```

```
    #请注意,upstream 名称和 proxy_pass 需要匹配
    server {
      listen 80;
      server_name localhost;

      location / {
        proxy_pass http:// backend;
        proxy_redirect default;
      }
    }
}
```

配置完成后,重启 Nginx 服务即可生效。

上面的代理服务器的配置实例将端口 80 收到的所有流量转发给 upstream 中配置的两台服务器,使用的负载调度算法是默认的轮询方式,即所有请求都按照时间顺序轮流分配到不同的服务器上。当然 Nginx 还支持 9.6.1 节中提到的其他负载调度算法。

(1) 轮叫调度。

即轮询方式,详见上述实例。

(2) 加权轮叫调度。

根据服务器的不同处理能力来调度访问请求,在下面的例子中,第二台服务器的访问比率将会是第一台的 2 倍。

```
upstream backend {
    server 10.1.0.101:80 weight = 1;
    server 10.1.0.102:80 weight = 2;
}
```

(3) 最少连接调度。

动态地将网络请求调度到已建立的连接数最少的服务器上。最少连接调度可以和加权轮叫调度结合使用。

```
upstream backend {
    least_conn;
    server 10.1.0.101:80;
    server 10.1.0.102:80;
}
```

(4) iphash。

每个请求都根据访问 IP 的 hash 结果分配,经过这样的处理,每个访问者被定向到同一个后端服务,以提供会话持久性。

```
upstream backend {
    ip_hash;
    server 10.1.0.101:80;
    server 10.1.0.102:80;
}
```

9.6.4 F5 BIG-IP 负载均衡

F5 BIG-IP 是美国 F5 公司的一款集成了网络流量管理、应用程序安全管理、负载均衡等功能的应用交付平台。BIG-IP 是一台对流量和内容进行管理分配的设备，提供 10 种灵活的算法将数据流有效地转发到它所连接的服务器群。

用户只需要一台虚拟服务器，客户端的数据流会被 BIG-IP 灵活地均衡到所有的服务器。BIG-IP 除了能够进行不同 OSI 层面的健康检查之外，还具有扩展内容验证和扩展应用查证两种健康检查方法。

基本的健康检查方法有以下几种。

(1) 在 Layer 2 健康检查涉及用来对给定的 IP 地址寻找 MAC 地址的地址分辨协议(ARP) 请求。因为 BIG-IP 设置了真实服务器的 IP 地址，它会发送针对每一个真实服务器的 IP 地址的 ARP 请求以找到相应的 MAC 地址，服务器会响应这个 ARP 请求，除非它已经停机。

(2) 在 Layer 3 健康检查涉及对真实服务器发送"ping"命令。"ping"是常用的程序来确认一个 IP 地址是否在网络中存在，或者用来确认主机是否正常工作。

(3) 在 Layer 4，BIG-IP 会试图连接到一个特定应用在运行的 TCP 或 UDP 端口。

(4) 扩展内容查证(Extended Content Verification，ECV)：ECV 是一种非常复杂的服务检查，主要用于确认应用程序能否对请求返回对应的数据。

(5) 扩展应用查证(Extended Application Verification，EAV)：EAV 是另一种服务检查，用于确认运行在某个服务器上的应用能否对客户请求做出响应。

当使用 BIG-IP 对服务器进行负载均衡时，就需要会话保持。如果某位用户连接到了一台服务器上，那么肯定希望该用户在将来再次连接时将仍可连接到该台服务器上。当该服务器存有用户相关数据，并且这些数据并不与其他服务器动态共享时，持续性就显得十分有必要了。BIG-IP 提供以下几种会话保持方法：Simple Persistence，SSL Session ID Persistence，SIP Persistence，Cookie Persistence，iMode Persistence，目的地址归类。

小　结

本章首先介绍了资源池化技术的概念，接着先后介绍了对象池、数据库连接池、线程池等技术，包括 Commons Pool 的概念和编程，以通过实际编程例子来帮助读者学习理解池化过程。接下来介绍了负载均衡的概念和典型技术方案，包括 LVS 负载均衡、DNS 负载均衡和基于 Nginx 反向代理的负载均衡技术等。

思 考 题

1. 什么是池化技术？简述池化的好处。
2. 什么是数据库连接池？常见的数据库连接池有哪些？
3. 简述数据库连接池的配置过程和使用过程。
4. 什么是对象池？对象池有哪些适用场景？

5. 池对象有哪两种组织结构？对象池空间是如何划分的？

6. 简述对象池的放逐与驱逐。

7. 简述线程池的概念和好处。

8. 请列举几个典型的负载均衡技术。

实验 7　测试和验证数据库连接池

一、实验目的

理解数据库连接池的基本原理，掌握数据库连接池的配置方法，并对数据库连接池的性能进行测试。

二、实验平台和准备

操作系统：Windows 或者 Linux 系统。

需要的软件：Java JDK（1.8 或以上版本）、IDEA 或者 Eclipse 等开发环境。安装 MySQL 数据库系统并启动服务。

三、实验内容和要求

设计一个客户端，可以同时开启多个数据库连接，并执行操作。同时，测试以下连接所需要的时间。

（1）在无数据库连接池的情况下，客户端开启 50 个数据库连接，每个连接分别往某个表格插入 100 条数据。

（2）配置数据库连接池 max_size=5，客户端开启 50 个数据库连接，每个连接分别往某个表格插入 100 条数据。

（3）配置数据库连接池 max_size=20，客户端开启 50 个数据库连接，每个连接分别往某个表格插入 100 条数据。

（4）配置数据库连接池 max_size=50，客户端开启 50 个数据库连接，每个连接分别往某个表格插入 100 条数据。

（5）配置数据库连接池 max_size=100，客户端开启 50 个数据库连接，每个连接分别往某个表格插入 100 条数据。

每个步骤执行 3～5 次，计算各步骤的平均时间，分析其所耗时间的原因。

四、扩展实验内容

学习和使用压力测试工具（如 Apache JMeter），完成步骤三的任务。

第10章　Web服务

在网络的分布式应用中，经常有应用需要能够跨平台和跨语言地进行编程。其中，跨编程语言是指服务端程序与客户端程序可以使用不同的编程语言编写，跨平台是指服务端程序和客户端程序可以在不同的操作系统上运行。而Web服务就是这样一个语言无关、平台独立、低耦合、自包含的Web应用程序。本章从Web服务的概念出发，介绍Web服务的发展历史，介绍基于SOAP和基于REST风格的Web服务框架，并附有实际编程案例。

10.1　Web服务的概念

Web服务(Web Service)是一套Web服务标准，它定义了应用程序如何在Web上实现互操作性。在Web服务应用中，服务端通过使用开放的可扩展标记语言(Extensible Markup Language，XML)来描述、发布、发现、协调和配置服务程序。客户端无须借助附加的第三方软件或硬件就可以调用服务端的服务。虽然对于Web服务标准的定义各不相同，但现有的Web服务应用可以大致分为以下两类。

1. 基于WSDL/SOAP架构的Web服务

WSDL/SOAP架构是一种成熟且完整的Web服务解决方案，通常被大型Web服务程序使用。简单对象访问协议(Simple Object Access Protocol，SOAP)为Web服务程序提供了一种消息传递标准，该标准是一种定义消息体系结构和消息格式的XML。Web服务描述语言(Web Services Description Language，WSDL)是一种用于语法定义接口的XML，它定义了Web服务程序中说明文档的编写标准。Web服务说明文档用于描述Web应用服务端的接口、调用方法等信息，客户端能通过该文档与服务端进行通信。在实际应用中，开发者通常使用JAX-WS实现WSDL/SOAP架构。

2. REST风格的Web服务

表征性状态转移(Representational State Transfer，REST)是一种新兴的Web服务解决方案，使用标准的超文本传输协议HTTP作为消息传递协议。REST强调以HTTP资源为中心，并规范了统一资源标识符(Uniform Resource Identifier，URI)的风格和HTTP请求动作的使用。与SOAP架构相比，REST具有操作简单、处理效率高等优点。在实际应用中，开发者通常使用基于SSM(Spring＋SpringMVC＋Mybatis)框架实现REST风格的软件架构。

10.2 Web服务的发展历史

10.2.1 XML-RPC协议

在传统计算技术由集中式的主机计算向对等的小型计算机和工作站网络过渡阶段，分布式应用的开发逐渐成为重要发展领域。在网络的分布式应用中，先后出现了DCE/RPC、CORBA、DCOM、.NET、JavaEE等分布式系统的框架。

20世纪90年代末，诞生了一个轻量级的RPC协议XML-RPC。XML-RPC是通过HTTP传输XML来实现远程过程调用的RPC。由于是基于HTTP并且使用XML文本的方式传输命令和数据，XML-RPC协议具有更好的兼容性，能够跨域不同的操作系统、不同的编程语言进行远程过程调用。XML-RPC与DCE/RPC协议的区别主要有以下两点。

- XML-RPC的消息载体是文本形式的，而DCE/RPC的消息是二进制数据。文本相对地容易编辑，并有各种工具可用。
- XML-RPC使用HTTP作为传输协议，用户只需使用标准的HTTP库和XML相关的处理库即可实现远程过程调用。

XML-RPC采用的是"请求-反馈"模式。请求的格式是HTTP请求头部加XML文件的具体数据内容，使用post方式将数据发送到服务器。如下所示，一个典型的方法调用文件包括两大部分：方法名及参数，用于指定要调用的方法和参数。

```
<?xml version = "1.0">
<methodCall>
  <methodName> callMethod <methodName>
  <params>
    <param>
      <value>
        <i4>11</i4>
      </value>
    </param>
  </params>
</methodCall>
```

10.2.2 重量级协议SOAP

XML-RPC其实是最初的SOAP，但它是十分轻量级的，只注重底层调用的RPC协议，无法满足一些复杂的通信需求。2000年5月，UserLand、HP、IBM、IONA、Microsoft等公司向W3C提交了SOAP因特网协议，期望此协议能够通过使用因特网标准(HTTP以及XML)把图形用户界面桌面应用程序连接到强大的因特网服务器，以此来彻底变革应用程序的开发。

SOAP即简单对象访问协议，是一种较为复杂的、重量级的协议，能够满足大多数通信需求。与XML-RPC相比，SOAP具有以下3个优点。

(1) SOAP是基于XML的协议，可以和现存的许多因特网协议和格式结合使用，如超文本传输协议、简单邮件传输协议(Simple Mail Transfer Protocol，SMTP)、多用途网际邮件扩充协议(Multipurpose Internet Mail Extensions,MIME)等。

(2) SOAP提供了标准的RPC方法来调用Web服务,并定义了SOAP消息的格式,以及怎样通过HTTP来使用SOAP。

(3) SOAP提供了一系列的标准以解决Web服务中的可靠性与安全性、异步处理与调用、上下文信息与对话状态管理等问题。

SOAP中调用Web服务是通过提交XML文件完成的。一个典型的SOAP中的方法调用文件如下。

```
<?xml version = "1.0" encoding = "utf - 8"?>
< soap:Envelope xmlns:xsi = "http://www.w3.org/2001/XMLSchema - instance"
                xmlns:xsd = "http://www.w3.org/2001/XMLSchema"
                xmlns:soap = "http://www.w3.org/2003/05/soap - envelope">
  < soap:Body >
    < getMobileCodeInfo xmlns = "http://WebXml.com.cn/">
    < mobileCode > $ number </mobileCode >
    < userID ></userID >
    </getMobileCodeInfo >
  </soap:Body >
</soap:Envelope >
```

一条SOAP消息中需要包含下列元素。

(1) Envelope元素:用于将此XML文档标识为一条SOAP消息。

(2) Header元素(可选):包含头部信息。

(3) Body元素:包含所有的调用和响应信息。

(4) Fault元素(可选):提供有关在处理此消息时所发生错误的信息。

10.2.3 REST架构风格

尽管SOAP为Web服务提供了完整的解决方案,但相对复杂的架构导致其通信效率和易用性较低。

而随着Web 2.0的兴起,REST逐步成为一个流行的架构风格。REST是一种轻量级的Web Service架构风格,其实现和操作比SOAP和XML-RPC更为简洁,可以完全通过HTTP实现,还可以利用缓存Cache来提高响应速度,性能、效率和易用性上都优于SOAP。REST架构对资源的操作包括获取、创建、修改和删除资源的操作,正好对应HTTP提供的GET、POST、PUT和DELETE方法,这种针对网络应用的设计和开发方式,可以降低开发的复杂性,提高系统的可伸缩性。REST架构尤其适用于完全无状态的CRUD(创建、读取、更新、删除,Create、Read、Update、Delete)操作。

10.3 Web服务相关技术

Web服务涉及的技术主要有XML、WSDL、SOAP和UDDI,它们分别定义了Web服务通信语言、接口描述语言、通信协议和注册规范。本节将对这些技术进行详细介绍。

10.3.1 可扩展标记语言

XML是万维网联盟(World Wide Web Consortium,W3C)制定的作为Internet上数据

交换和表示的标准语言，是一种允许用户自定义的元语言。XML 是从标准通用标记语言(Standard Generalized Markup Language，SGML)发展来的，保留了 SGML 中约 80%的功能并大大减少了 SGML 的复杂性。XML 可以用来描述复杂的 Web 页面，如复杂的数学公式、化学分子式等。

XML 使用 XML Schema 作为建模语言，具有以下几个优点。

(1) 具有丰富的数据类型，支持类型继承，且具有严格的合法性检查机制。

(2) 引入了命名空间的概念，解决了可能的名称重复问题。

(3) 允许用户定义任意复杂度的结构，具有良好的扩展性。

(4) 具有自描述性，适合数据交换和共享。

(5) 独立于具体的平台和厂商，确保了结构化数据的统一。

目前 XML 已成为开放环境下描述数据信息的标准技术，也是 Web 服务中信息描述和交换的标准手段。

10.3.2 SOAP

SOAP 是 Web 服务的通信协议，用来定义数据消息的 XML 格式。SOAP 为 Web 服务应用提供了一个基于 XML 形式的信息交换机制，并通过提供一个包模型和数据编码机制定义了一个简单的表示应用程序语义的机制。因此，SOAP 能够应用于从消息传递到 RPC 的各种系统中。SOAP 包括 3 个部分，这 3 个部分在功能上是相互交叉的。

(1) SOAP 封装结构：定义了一个整体框架，用来表示消息中包含什么内容、谁来处理这些内容以及这些内容是可选的或是必需的。

(2) SOAP 编码规则：定义了一系列用来交换应用程序的数据的机制。

(3) SOAP RPC 表示：定义了一个用来表示远程过程调用和应答的协议。

SOAP 消息从发送方到接收方是单向传送，但经常以请求/应答的方式实现。SOAP 的实现可以通过使用特定网络系统的特性来优化。例如，HTTP 可以使 SOAP 应答消息以 HTTP 应答的方式传输，并使用同一个连接返回请求。

不管 SOAP 在哪个网络协议上实现，它的消息总是采用“消息路径”的形式发送，这样在终结点之外的中间结点就可以处理消息。一个接收 SOAP 消息的 SOAP 应用程序必须按以下的顺序来处理消息：①识别应用程序需要的 SOAP 消息的所有部分；②检验应用程序是否支持识别的消息中所有必需部分，并处理这部分；如果不支持，则丢弃该消息。在不影响处理结果的情况下，应用程序可以忽略第 1 步中识别出的可选部分。如果这个 SOAP 应用程序不是这个消息的最终目的地，在转发消息之前删除识别出来的所有部分。

由于 SOAP 实现了 Web 服务中系统之间的绑定和请求/应答机制，应用程序可以通过 Internet 和 Web 服务进行数据交换，完成数据交换工作。

10.3.3 Web 服务描述语言

WSDL 是一种 XML 文档，用于说明 Web 服务中可调用的接口。WSDL 以 XML 架构标准为基础定义了 Web 服务说明文档的格式。WSDL 与编程语言无关，能够描述不同平台、以不同编程语言访问的 Web 服务接口。此外，WSDL 文档很容易进行阅读和编辑。除说明消息内容外，WSDL 还定义了服务的位置，以及使用什么通信协议与服务进行通信。WSDL

对于SOAP的作用就像IDL(Interactive Data Language,交互式数据语言)对于CORBA(Common Object Request Broker Architecture)或COM(Component Object Model)的作用。

WSDL将Web服务定义为网络端点的集合,使用类型、消息、端口等元素来描述服务接口。请求者据此可以知道服务要求的数据类型、消息结构、传输协议等,从而实现对Web服务的调用。

10.3.4 统一描述、发现和集成

统一描述、发现和集成(Universal Description Discovery and Integration,UDDI)的目标是建立标准的注册中心来加速互联网环境下电子商务应用中企业应用系统之间的集成,它是一个面向基础架构的标准。UDDI使用一个共享的目录来存储企业用于彼此集成的系统界面及服务功能的描述,这些描述都是通过XML完成的。

UDDI注册中心是对所有提供公共UDDI注册服务站点的统称,凡是实现UDDI规范的站点都可被称为UDDI操作入口站点,站点之间通过复制机制保持彼此间的内容同步。服务提供者可以在服务注册中心发布自己提供的服务,服务请求者则在注册中心查找期望的服务。

10.4 基于SOAP的Web服务

10.4.1 Web服务基本框架

图10-1为基于SOAP的Web服务基本框架,该框架包含客户端和服务端两个对象。在该框架中,客户端与服务器之间使用SOAP进行通信,使用XML文件传递消息。为了简化开发者工作,该框架提供了JAXB模块用于将Java类映射为XML文件。

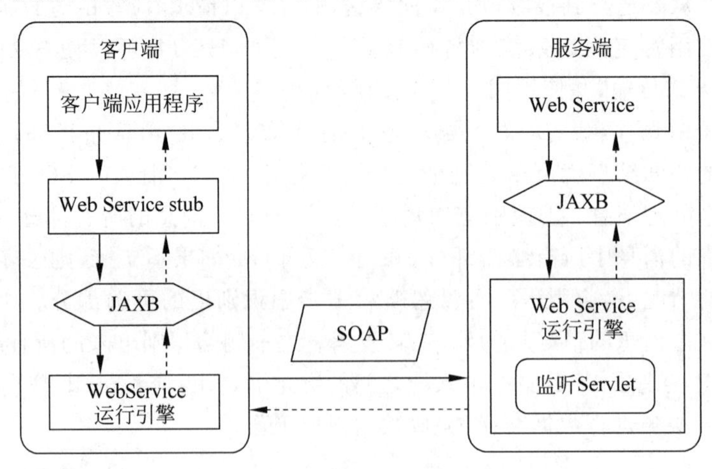

图10-1 Web服务框架

具体来说,客户端和服务器之间的交互过程如下。

(1) 客户端生成一个XML Web服务的代理对象,并调用代理服务器的一个方法。

(2) 代理服务器使用SOAP对该方法和参数打包,串行化后通过网络发送到服务器。

(3) 服务器进行解包,反串行化还原方法和参数,并生成一个Web服务的实例,调用和

运行传过来的方法和参数。

(4) 得到结果后,串行化返回值,通过网络送回客户端。

(5) 代理服务器反串行化获取返回值并把这个值转交给客户端。

现有的Web服务标准可以大致分为两类:基于SOAP的Web服务和REST风格的Web服务。而即使使用同一Web服务标准,不同公司实现方式也各不相同。本节将举例介绍Oracle公司基于SOAP提出的Web服务解决方案:JAX-WS。

10.4.2 基于Java的SOAP规范

JAX-WS规范是一组XML Web服务的Java API。JAX-WS对Web服务相关的协议(简称WS-*协议)有很好的支持度,能够解决企业计算中常见的高级QoS(Quality of Service)要求,如安全性和可靠性。使用JAX-WS的Web服务可以与其他符合WS-*协议的客户端和服务器进行互操作。

JAX-WS API有助于应用程序开发人员简化SOAP消息编辑的复杂性。在JAX-WS规范中,开发者可以选择RPC-oriented或者Message-oriented来实现自己的Web服务。在服务器端,用户只需要通过Java语言定义远程调用所需要实现的接口(Service Endpoint Interface,SEI),并提供相关的实现。通过调用JAX-WS的服务发布接口就可以将其发布为Web服务接口。在客户端,用户可以通过JAX-WS的API创建一个代理(用本地对象来替代远程的服务)来实现对于远程服务器端的调用。

在JAX-WS中,一个远程调用可以转换为一个基于XML的协议,如SOAP。开发者不需要编写任何生成和处理SOAP消息的代码。JAX-WS的运行时会将这些API的调用转换成为对应的SOAP消息。由于JAX-WS使用了W3C定义的技术标准,HTTP、SOAP和WSDL、JAX-WS客户端可以访问非Java平台的Web服务,反之亦然。

10.4.3 基于JAX-WS的Web服务编程

下面介绍一个基于JAX-WS的Web服务编程案例。在该例子中服务器向客户端提供一个名为StudentScoreService的服务。该服务能为用户提供两个操作:①search操作,根据学号和课程名查询该学生此课程的成绩;②average操作,查询给定课程学生的平均成绩。

1. 服务端代码

在JAX-WS中,实现Web服务端需要用到两个重要注解:@WebService和@WebMethod。

@WebService注解标注在类名上,表示该类是一个服务类,在该类中的public方法会被发布至服务端上。该注解提供的属性包括以下几种。

serviceName:对外发布的服务名,指定Web Service的服务名称:wsdl:service。默认值为Java类的简单名称+Service。

endpointInterface:服务接口全路径,指定作SEI(Service EndPoint Interface)服务端点接口。

name:此属性的值包含XML Web Service的名称。在默认情况下,该值是实现XML Web Service的类的名称。默认值为Java类或接口的非限定名称。

portName：wsdl：portName，默认值为 WebService.name+Port。

targetNamespace：指定你想要的名称空间，默认是使用接口实现类的包名的反缀。

wsdlLocation：指定用于定义 Web Service 的 WSDL 文档的 Web 地址。Web 地址可以是相对路径或绝对路径。

@WebMethod 注解标注在要发布的方法上，表示该方法为 Web Service 操作的方法。该注释包含的可设置属性如下。

operationName：指定与此方法相匹配的 wsdl：operation 的名称。默认值为 Java 方法的名称。

action：定义此操作的行为，对于 SOAP 绑定，此值将确定 SOAPAction 头的值。默认值为 Java 方法的名称。

exclude：指定是否从 Web Service 中排除某一方法。默认值为 false。

首先需要创建一个 Web 项目作为服务端。服务端至少需要包含三个文件：接口文件、方法文件和发布文件。其中，接口文件负责定义服务端提供方法的接口；方法文件负责实现接口文件中的方法；发布文件则负责将服务发布至服务端。本例中文件列表如下。

```
ScoreService.java
ScoreServiceImpl.java
ScoreServicePublisher.java
```

在上述文件列表中，ScoreService.java 为接口文件，它定义了服务端提供的两个方法：search、getAverage。ScoreService.java 文件中，需要在接口类上标注@WebService 表明该类是一个服务类，并在声明的方法上标注@WebMethod 表示此方法是要被发布出去的方法。具体代码如下。

```
package student;
import javax.jws.WebService;
import javax.jws.WebMethod;
import java.util.Random;

@WebService
public interface ScoreService {
  @WebMethod
  public int search(String name, String course);
  @WebMethod
  public float getAverage(String course);
}
```

然后，根据 JAX-WS 规范需要声明一个 ScoreService 接口的实现类：ScoreServiceImpl。与接口类相同，在方法文件中，需要使用@WebService 和@WebMethod 对类和方法进行注解。此外，还可以通过在@WebService 中填写 endpointInterface 属性来连接具体的服务。方法文件的具体代码如下。

```
package student;
import javax.jws.WebService;
import javax.jws.WebMethod;
```

```
import java.util.Random;

@WebService(endpointInterface = "student.ScoreService")
public class ScoreServiceImpl implements ScoreService {
  @WebMethod
  public int search(String name, String course){
    //查询成绩;在此用一个随机数表示结果
    return new Random().nextInt(100);
  }

  @WebMethod
  public float getAverage(String course) {
    // 查询平均成绩,在此用随机结果
    Random r = new Random();
    int total = 0;
    for (int i = 0; i < 10; i++)
      total += r.nextInt(100);
    return (float)(total/10.0);
  }
}
```

然后需要创建发布文件将服务发布出去。首先需要定义一个 Web 服务的发布地址,也是外界访问的 Web 服务的 URL 地址(Uniform Resource Location)。然后使用 Endpoint 类提供 publish 方法发布 Web 服务,发布时要确保使用的端口没有被占用。publish 方法需要填写两个参数:发布地址和方法类的实例对象。发布文件的具体代码如下。

```
package student;
import javax.xml.ws.Endpoint;

public class ScoreServicePublisher {
  public static void main(String[ ] args) {
    final String url = "http://localhost:9999/score";
    System.out.println("Publishing StudentScore Service at endpoint " + url);
    Endpoint.publish(url, new ScoreServiceImpl()); //发布 Web 服务
  }
}
```

在发布了 Web 服务后,JAX-WS 会自动在服务器端生成相应的 WSDL 文件,可以通过地址 http://localhost:9999/score?wsdl 来查看。文件请参阅附录 A。

2. 客户端调用代码

接着需要创建新的项目来实现客户端代码。在实现客户端代码之前,需要在项目中生成客户端与服务端关联的 Java 文件。在 JDK(Java Development Kit,Java 开发工具包)中提供了 wsimport 工具来自动生成这些文件。需要在 command 端口中输入如下命令。

```
$ wsimport -s client -keep http://localhost:9999/score?wsdl
```

该命令的参数解释如下。

-s 指定文件存放的路径,需要将文件存放到客户端项目下。

-keep 表示将产生 Java 源代码(.java)和编译代码(.class)。

在这个例子中,使用该命令生成的文件列表如下。

```
ScoreService.java
ScoreServiceImplService.java
Search.java
SearchResponse.java
GetAverage.java
GetAverageResponse.java
ObjectFactory.java
package-info.java
```

生成这些文件后，只需要创建一个文件来调用客户端即可。在客户端代码中，需要实例化wsimport自动生成的ScoreServiceImplService类，并通过调用该实例的getScoreServiceImplPort()方法获取服务对象。随后即可调用服务端方法，客户端代码的具体实现如下。

```
package client;

public class Client {
  public static void main(String[] args) {
    // 实例化 ScoreServiceImplService 类并获取服务
    ScoreServiceImplService service = new ScoreServiceImplService();
    ScoreService port = service.getScoreServiceImplPort();
    // 调用服务
    String name = "小明", course = "英语";
    System.out.println("你好," + name + ",在本次 " + course + "考试中,你获得了"
              port.search(name,course) + "分");
    System.out.println("此次考试平均分是 " +
              port.getAverage(course) + "分");
    }
}
```

上述代码的执行结果如下。

```
你好,小明,在本次英语考试中,你获得了 96 分
此次考试的平均分是 67 分
```

10.5 基于REST的Web服务

表征性状态转移REST是一种轻量级的Web Service架构风格，它的实现和操作比SOAP和XML-RPC更为简洁。REST风格的Web服务可以完全通过HTTP实现，还可以利用缓存Cache来提高响应速度。与SOAP架构相比，REST架构在性能、效率和易用性上都很有优势。

10.5.1 REST架构和准则

REST架构是针对Web应用而设计的，其目的是为了降低开发的复杂性，提高系统的可伸缩性。REST提出了以下3条设计准则。

(1) 所有事物都被抽象为资源，每个资源对应唯一的标识符。

(2) 通过标准的方法对资源进行操作。

(3) 所有的操作都是无状态的，对资源的各种操作不会改变资源标识符。

1. 对资源的定义和连接

REST 中的资源所指的不是数据，而是数据和表现形式的组合。例如，“最新访问的 10 位会员”和“最活跃的 10 位会员”在数据上可能有重叠或者完全相同，而由于它们的表现形式不同，所以被归为不同的资源。

在 REST 规范中，对所有类型的资源使用通用资源标识符（Universal Resource Identifier，URI）进行唯一的标识。URI 命名规范是全球标准，构成 Web 的所有资源都可以互联互通，使用 URI 标识的资源可以在全球范围访问。任何情况下，使用链接可以访问和指向被标识的资源。

2. 标准的操作方法

在 REST 架构中，所有的资源都支持同样的接口。REST 架构遵循了 CRUD 原则，CRUD 原则对于资源只需要四种行为：Create（创建）、Read（读取）、Update（更新）和 Delete（删除）就可以完成对其操作和处理。这四个操作是一种原子操作。对资源的操作包括获取、创建、修改和删除，正好对应 HTTP 提供的 GET、POST、PUT 和 DELETE 方法。因此 REST 把 HTTP 对一个 URL 资源的操作限制在 GET、POST、PUT 和 DELETE 这四个之内。

在 RESTful HTTP 方案中的所有资源都继承自类似于这样的一个类：

```
class Resource {
    Resource(URI u);
    Response get();
    Response post(Request r);
    Response put(Request r);
    Response delete();
}
```

3. 无状态通信

无状态通信是指请求与请求之间不保存状态，即服务器不能保存各个请求之间的联系。因为如果服务器要记住上一次请求的相关信息，必然需要将这些信息保存在服务器端，这增大了服务器压力。Web 服务是无状态的请求，客户端和服务器之间的交互在请求之间是无状态的。在 REST 架构中，请求的状态要么被放入资源状态中，要么保存在客户端上。这样不仅能使客户端的请求之间联系起来，还能减缓服务器的压力。

以上的设计准则也可以看作某种约束条件。当 REST 架构的约束条件作为一个整体应用时，将生成一个可以扩展到大量客户端的应用程序，可以降低开发的复杂性，提高系统的可伸缩性。它还降低了客户端和服务器之间的交互延迟；统一的界面也简化了整个系统架构，改进了子系统之间交互的可见性。

10.5.2 基于 REST 的 Web 服务编程

JAX-RS 即 Java API for RESTful Web Services，是一个 Java 编程语言的应用程序接口，支持按照表述性状态转移（REST）架构风格创建 Web 服务。JAX-RS 使用了 Java SE5 引入的 Java 标注来简化 Web 服务的客户端和服务端的开发和部署。Jersey、RESTEasy、Apache Wink 以及 Apache CXF 等都是 JAX-RS 的具体实现。

本例中使用 Jersey 定义 REST 样式的学生 Web 服务：StudentService，并提供对学生的增、删、改、查四个操作；同时，查询可基于学生学号，返回结果可以是XML格式或JSON格式。

1. 服务端代码

首先定义学生记录类StudentRecord，该类拥有学号id和姓名name两个字段，并具有相应的get和set方法。在实现服务端代码时，需要使用JAXB中的@XmlRootElement注解对StudentRecord类进行标注。该注解能将标注的类映射为XML文档中的XML元素。

```
package rest.student;
import javax.xml.bind.annotation.XmlRootElement;

@XmlRootElement(name = "student")
public class StudentRecord {
  private String id;
  private String name;
  public StudentRecord(){ }

  @Override
  public String toString() {
    return id + " -- " + name;
  }

  public void setId(String id) { this.id = id; }
  public String getId() { return id; }
  public void setName(String name) { this.name = name;}
  public String getName() { return name; }
}
```

然后需要定义一个StudentResource类，管理访问的服务资源。该类中需要用到@Path、@GET、@POST、@PUT、@DELETE和@Produces注解，它们的作用如下。

@Path：路径信息，表示映射出去的访问路径。范例：@Path("/myResource")。

@GET、@POST、@PUT、@DELETE分别定义了CRUD对应的操作。

@Produces用于限制post和get方法返回的参数类型，支持json、string、xml、html。范例：@Produces({"application/xml","application/json"})。

在StudentResource类中有4个方法被定义为@GET方法，分别是getPlain()，getXML()，getJson()，getStudent(String id)。前三种方法返回全部的学生列表，但分别用不同的格式返回；第四个方法根据id查询返回学生数据。下面是该类处理GET请求的代码片段。

```
package rest.student;

import com.fasterxml.jackson.databind.ObjectMapper;
import javax.ws.rs.core.Response;
import javax.ws.rs.*;
import javax.ws.rs.POST;
import javax.ws.rs.Path;
import javax.ws.rs.PathParam;
import javax.ws.rs.Produces;
import javax.ws.rs.FormParam;
```

```
import javax.ws.rs.core.MediaType;
import javax.xml.bind.annotation.XmlElementDecl;
import javax.xml.bind.JAXBElement;
import javax.xml.namespace.QName;

import java.util.ArrayList;

@Path("student")
public class StudentResource {
  private static ArrayList<StudentRecord> students = createInitialSutdent();

  public StudentResource() {}
  private static ArrayList<StudentRecord> createInitialSutdent() {
    ArrayList<StudentRecord> s = new ArrayList<StudentRecord>();
    s.add(new StudentRecord("007", "小明"));
    s.add(new StudentRecord("001", "小红"));
    return s;
  }

  @GET
  @Produces("text/plain")       //限制返回的参数类型,Get 注解表示查询操作
  public String getPlain() {
    String result = "";
    for (Object r : students) {
      result += r.toString() + "\n";
    }
    return result;
  }

  @GET
  @Path("/xml")//表示请求的域名可以以 xml 结尾
  @Produces(MediaType.APPLICATION_XML)
  public ArrayList<StudentRecord> getXML() {
    return students;
  }

  @GET
  @Path("/json")
  @Produces(MediaType.APPLICATION_JSON)
  public String getJson () {
    String json = "出现错误";
    try {
      json = new ObjectMapper().writeValueAsString(students);
    } catch (Exception e) {}
    return json;
  }

  @GET
  @Produces("text/plain")
  @Path("/{id:\\d+}")
  public String getStudent(@PathParam("id") String id) {     //域名中携带参数供查询使用
    StudentRecord s = find(id);
    if (s == null) return "查无此人!";
    return s.toString();
  }
}
```

下面举个例子介绍一下上面的代码。getXML()上的注解表示该方法将处理路径为"/xml"的GET请求，其请求路径可以表示为http://localhost:8080/mywebapp/student/xml。其中，mywebapp是war包的部署名，/student对应StudentResource类，/xml对应的是getStudent方法。该请求将产生XML格式的返回。Jersey将自动调用JAXB把StudentRecord的数组students转换为相应的XML格式并返回。在浏览器访问该请求，执行结果如下。

```
<?xml version = "1.0" encoding = "UTF - 8" standalone = "yes"?>
< studentRecords >
  < student >
    < id > 007 </id >
    < name > Lai </name >
  </student >
  < student >
    < id > 001 </id >
    < name > John </name >
  </student >
</studentRecords >
```

在getJson()方法中，利用了第三方库jackson的ObjectMapper类来把java类转换为json类的格式。

在getStudent()方法中，@Path("/{id:\\d+}")表示其路径包含id变量，注解@PathParam表示方法的参数将接收来自请求路径的参数id，该参数id刚好就是@Path定义的变量，例如：http://localhost:8080/mywebapp/student/007。在该路径中，007作为id参数传递给该方法。

下面是StudentResource类中处理POST请求的代码片段。

```
@POST
@Produces("text/plain")          //表示增加操作,限制了返回的数据类型为文本
public Response createStudent(@FormParam("id") String id,
                              @FormParam("name") String name) {
  String msg = "";
  StudentRecord s = find(id);
  if (s != null) {
    msg = "重复的学生 ID:" + id + "\n";
  } else {
    StudentRecord sr = new StudentRecord(id, name);
    students.add(sr);            //增添学生信息到服务器
    msg = "学生信息已经添加: " + sr + "\n";
  }
  return Response.ok(msg, "text/plain").build();
}

private StudentRecord find(String id) {
  for (StudentRecord s : students) {
    if (s.getId().equals(id))
     return s;
  }
  return null;
}
```

在上述代码中，createStudent()方法用于处理 POST 请求，接收从表单传来的参数 id 和 name，进行相应的查询。确认没有重复的 id，则增加学生信息。该方法没有@Path 注解，默认路径为类对应的路径，即 http://localhost:8080/mywebapp/student/。

下面是 StudentResource 类中处理 PUT 和 DELETE 请求的代码片段，PUT 和 DELETE 方法与 POST 方法类似，都采用标注定义了不同的操作类型。

```
@PUT
@Produces({ MediaType.TEXT_PLAIN })
@Path("/update")                          //设置服务路径
public Response update(@FormParam("id") String id,
                       @FormParam("name") String name) {
  String msg = null;
  if (id == null && name == null)
    msg = "学生 id 和姓名都没有指明\n";
  StudentRecord s = find(id);
  if (s == null) {
    msg = "用户所查 id 不存在" + id + "\n";
    if (msg != null)
      return Response.status(Response.Status.BAD_REQUEST).
    entity(msg).type(MediaType.TEXT_PLAIN).build();
  }
  // Update.
  s.setId(id);
  s.setName(name);
  msg = "学生" + id + " 信息已经更新.\n";
  return Response.ok(msg, "text/plain").build();
}

@DELETE
@Produces({ MediaType.TEXT_PLAIN })
@Path("/delete")
public Response update(@FormParam("id") String id) {
  String msg = null;
  if (id == null)
    msg = "没有指明 ID 无法进行删除.\n";
  StudentRecord s = find(id);
  if (s == null) {
    msg = "没有 ID 为 " + id + "的学生信息\n";
    if (msg != null)
      return Response.status(Response.Status.BAD_REQUEST)
                     .entity(msg).type(MediaType.TEXT_PLAIN).build();
  }
  students.remove(s);                     //remove
  msg = "学生 " + id + " 已经删除.\n";
  return Response.ok(msg, "text/plain").build();
  }
}
```

下面对 Jersey 中其他常用注解做说明。

@Consumes：用于限制输入的参数的类型，支持 json、string、xml、html。范例：@Consumes("text/plain")。

@QueryParam：通过 request 传入的参数，可以转换任何有以 String 为参数的构造函数的类。

@DefaultValue：表示默认参数。

@MatrixParam：提取 URL 路径段的信息。

@HeaderParam：提取的 HTTP 头信息。

@CookieParam：提取信息的 Cookie 宣布相关的 HTTP 标头。

2. 客户端调用代码

curl 是一种命令行工具，作用是发出网络请求，然后获取数据，显示在“标准输出”(stdout)上面，此处可以用来验证以上例子中 REST 样式的服务是否运行正确。

```
$ curl --request GET http://localhost:8080/helloworld-webapp/student/
007 - 小明
001 - 小红
$ curl --request GET http://localhost:8080/helloworld-webapp/student/json
[{"id":"007","name":"小明"},{"id":"001","name":"小红"}]
$ curl -- request POST - drld - webapp/student/ng" http://localhost: 8080/ helloworld -
webapp/id=002,name=小绿"
Student is added to Server: 002 - 小绿
$ curl --request PUT - data "id=002&name=小黄"
  http://localhost:8080/helloworld-webapp/student/update
Student 002 has been updated.
$ curl --request GET http://localhost:8080/helloworld-webapp/student/002
002 - 小黄
$ curl --request DELETE --data "id=007"
    http://localhost:8080/helloworld-webapp/student/delete
Student 007 has been removed.
$ curl --request GET http://localhost:8080/helloworld-webapp/student/xml
<?xml version="1.0" encoding="UTF-8" standalone="yes"?><studentRecords><student>
<id>001</id><name>John</name></student><student><id>002</id><name>Lang</name>
</student></studentRecords>
```

10.5.3 REST 和 SOAP 的比较

REST 是一种思想，一种设计风格，而 SOAP 是一种通信协议。基于它们都可以开发 Web 服务相关的应用。REST 和 SOAP 的主要区别体现在以下几点。

(1) 接口是否标准。

REST 风格的 Web 服务使用标准的 HTTP 方法(GET/PUT/POST/DELETE)来抽象所有 Web 系统的服务能力，SOAP 应用都通过定义自己个性化的接口方法来抽象 Web 服务。SOAP 根据各种需求不断扩充其接口和协议的内容，这导致其处理效率有所下降。REST 通过面向资源接口设计以及操作最大化利用了 HTTP 的设计，因此，REST 具有高效以及简洁易用的特性。

(2) 是否可复用 HTTP 缓存。

REST 风格的应用可以充分地挖掘 HTTP 对缓存支持的能力，而 SOAP 因为无法查看 SOAP 请求的内容从而无法轻易实现缓存支持。

(3) 以资源为中心和以操作为中心。

REST 风格的 Web 服务是以资源为中心的，以 URL 定位所有可访问目标，对每个资源的操作都是标准化的 HTTP 方法。而 SOAP 的 Web 服务以操作为核心，每个操作的输入输出都通过 XML 文件实现。

(4) 成熟度和标准化。

SOAP 发展较早，在异构环境服务发布和调用，厂商的支持相对较为成熟。不同平台、开发语言之间通过 SOAP 来交互的 Web 服务都能够较好地互通。而 REST 是一种基于 HTTP 实现资源操作的思想，不同网站的 REST 实现风格各不相同，REST 并没有统一的实现标准。

10.6 面向服务的体系结构

面向服务的体系结构(Service-Oriented Architecture，SOA)是由 Garnter 公司在 1996 年提出的一个概念，旨在让软件变得有弹性，能够迅速响应业务的需求，实现实时企业。其基本理念是让所有信息系统中需要整合的业务使用服务和接口联系起来，接口中立，与开发平台和编程语言无关。这也使得异构信息系统变得可开发，信息孤岛、重复造轮子等问题在 SOA 的体系架构下不攻自破。

10.6.1 SOA 的概念

SOA 是一个组件模型。它通过定义良好的接口，将应用程序的不同功能单元(称为服务)联系起来。SOA 采用中立的方式定义接口，这些接口独立于实现服务的硬件平台、操作系统和编程语言。因此，构建在不同系统中的服务可以使用一种统一和通用的方式进行交互。通过 SOA，松散耦合的、粗粒度的应用组件可根据需求进行分布式的部署、组合和使用。

从业务角度上看，SOA 中不同的业务建立不同的服务，服务之间可根据数据交互的粗粒度来对服务接口进行分级。这样松散耦合可以提高服务的重用性，也让业务逻辑变得可组合，并且每个服务可以根据使用情况做出合理的分布式部署，从而让服务变得规范、高性能、高可用。

10.6.2 SOA 系统架构

SOA 可以看作 B/S 模型、XML、Web 服务技术之后的自然延伸。SOA 体系结构由 3 种参与者和 3 种基本操作构成。参与者分别是服务提供者、服务请求者和注册中心，基本操作分别是发布、查找和绑定。

如图 10-2 所示，SOA 架构中，服务提供者是服务的所有者，提供服务访问的平台；服务请求者是需要特定功能的企业或组织，是查找和调用服务的客户端应用程序；服务注册库是存储服务描述信息的信息库，服务提供方在此发布他们的服务，服务请求方在此查找服务，获取服务的绑定信息。

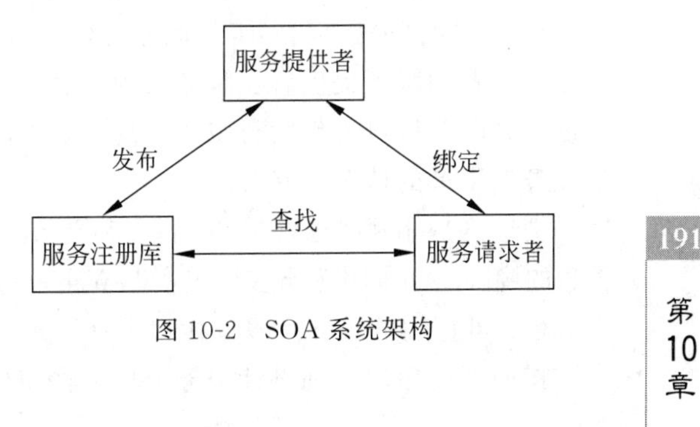

图 10-2　SOA 系统架构

三个参与者之间主要通过发布、查找和绑定操作进行交互。服务提供者在通过身份验证后，将服务的描述信息和访问规则发布到服务注册库上。当服务请求者需要调用该服务时，首先需要从服务注册库中搜索该服务，得到如何调用该服务的信息。然后请求者通过分析服务信息，获取服务的访问路径、传输协议等，并与服务提供者进行绑定，从而实现对服务的远程调用。

10.6.3 SOA的实施

实施SOA的关键目标是实现企业IT资产的最大化作用。SOA的实施具有以下鲜明的基本特征。

(1) 可从企业外部访问。

即业务伙伴或者外部用户也能像企业内部用户一样访问相同的服务。业务伙伴采用B2B协议(如ebXML或RosettaNet)相互合作。当业务伙伴基于业务目的交换业务信息时，他们就参与了一次会话。会话是业务伙伴间一系列的一条或多条业务信息的交换。除了B2B协议外，外部用户还能够以Web服务的方式提供企业服务。

(2) 随时可用。

当有服务使用者请求服务时，SOA要求必须有服务提供者能够响应。大多SOA都能够为门户应用之类的同步应用和B2B之类的异步应用提供服务。相比于同步应用，异步应用更为稳健，异步消息可以确保系统在不同负荷下的伸缩性，在接口响应时间不是很短时尤其如此。

(3) 粗粒度服务接口。

粗粒度服务提供一项特定的业务功能，而细粒度服务代表了技术组件的方法。例如，向计费系统中添加一个客户是典型的粗粒度服务，而将客户名加入计费系统中、添加详细的客户联系方式、添加计算信息等属于细粒度服务。几个细粒度服务可以实现同一粗粒度功能。

采用粗粒度服务接口的优点在于使用者和服务层之间不必再进行多次的往复，也能避免多段细粒度请求可能导致的服务超时问题。

(4) 服务分级。

粗粒度服务比细粒度服务的重用性差，因为粗粒度服务倾向于解决专门的业务问题但可以采用不同的粗粒度等级来创建服务，这种服务分级包含粒度较细、重用性较高的服务，也可包含粒度较粗、重用性较差的服务。此外，应允许在服务层创建私有服务，通过正确的文档、配置管理和私有服务的重用对IT部门在SOA服务层快速开发新的公开服务的能力十分重要。

(5) 松散耦合。

SOA具有“松散耦合”组件服务，这一点区别于大多数其他的组件架构。该方法旨在将服务使用者和服务提供者在服务实现和客户如何使用服务方面隔离开来。松散耦合背后的关键点是服务接口可作为与服务实现分类的实体而存在，这使得服务实现能够在完全不影响服务使用者的情况下修改。

消息类Web服务通常是松散耦合和文档驱动的，这优于与服务特定接口的连接。通过基于消息的接口，采用同步和异步协议实现Web服务对于SOA服务接口来讲是一个重要的标准。

(6) 可重用的服务及服务接口设计管理。

按照可重用的原则设计服务，SOA将使应用变得更为灵活。服务设计是成功的关键，因此 SOA 实施时应当寻找一种适当的方法进行服务设计过程管理。在大型组织中实现重用的一个先决条件是建立通用服务库和开发流程,以保证重用的正确性和通用性。应尽量按规则编写服务以保证可重用的 SOA 的成功实施。

(7) 标准化的接口。

应采用类似 Web 服务使用的标准化接口(WSDL),并基于标准化传输方式(HTTP 和 JMS),采用标准化协议(SOAP)进行调用。开发人员可以采用最适合的工具创建新的应用,而完全无须了解这些应用的内部工作原理。

(8) 支持各种消息模式。

在一个 SOA 实现中常会出现混合采用不同消息模式的服务,包括无状态的消息、有状态的消息,以及等幂消息。等幂消息向软件代理发送多次重复消息的效果和发送单条信息相同,这一限度使提供者和使用者能够在出现故障时简单地复制消息,改进服务可靠性。

(9) 精确定义的服务契约。

服务是由提供者和使用者间的契约定义的,服务契约须进行精确定义。契约规定了服务使用方法及使用者期望的最终结果,可能的话还可以规定服务质量。

10.6.4 SOA 与 Web 服务

在 SOA 架构中,消费者和提供者或消费者和服务之间的通信多见于不知道提供者的环境中。其中,Web 服务描述语言(WSDL)是用于描述服务的标准语言,服务用消息进行通信,该消息通常使用 XML Schema 来定义。而 SOA 服务通过一个扮演目录列表角色的登记处来进行维护,应用程序在登记处寻找并调用某项服务。统一描述、定义和集成(UDDI)是服务登记的标准。每项 SOA 服务都有一个与之相关的服务品质。服务品质的一些关键元素有安全需求(例如认证和授权),可靠通信,以及谁能调用服务的策略。

从本质上来说,SOA 是一种架构模式,而 Web 服务是利用一组标准实现的服务。Web 服务是实现 SOA 的方式之一,也是最适合实现 SOA 的一些技术的集合,但 SOA 和 Web 服务不能混为一谈。SOA 的流行在很大程度上归功于 Web 服务标准的成熟和应用的普及,为广泛地实现 SOA 架构提供了基础。

为满足 SOA 架构的要求,Web 服务中的协议通常具有以下几个特点。

(1) 独立的功能实体:通过 UDDI 的目录查找可以动态改变一个服务的提供方而无须影响客户端的应用程序配置。所有的访问都通过 SOAP 访问进行,只要 WSDL 接口封装良好,外界客户端是根本没有办法直接访问服务器端的数据的。

(2) 大数据量低频率访问:通过使用 WSDL 和基于文本的 SOAP 请求,可以实现能一次性接收大量数据的接口。这里需要着重指出的是,SOAP 请求分为文本方式和远程调用两种方式,正如上文已经提到的,采用远程调用方式的 SOAP 请求并不符合这点要求。但是令人遗憾的是,现有的大多数 SOAP 请求采用的仍然是远程调用方式,在某些平台上,例如 IBM WebSphere 的早期版本,甚至没有提供文本方式的 SOAP 支持。

(3) 基于文本的消息传递:Web Service 所有的通信是通过 SOAP 进行的,而 SOAP 是基于 XML 的,不同版本之间可以使用不同的 DTD 或者 XML Schema 加以辨别和区分。只需要为不同的版本提供不同的处理就可以轻松实现版本控制的目标。

小　结

本章首先介绍了Web服务的基本概念、发展历史和Web服务中的关键技术，包括XML、SOAP、WSDL和UDDI等；接着介绍了Web服务中两种主流的实现方式：基于SOAP和REST的Web服务，并给出了实际编程案例。最后，介绍了面向服务的体系结构SOA，并说明了Web服务与SOA之间的联系。

思　考　题

1. 为什么需要Web服务？其产生的背景是什么？
2. 简述主要的Web服务架构。
3. 与Web服务的相关技术有哪些？
4. SOAP由哪些部分组成？
5. 什么是WSDL？其作用是什么？
6. 简述UDDI的概念及其主要作用。
7. 简述SOAP的优缺点。
8. 简述基于SOAP和基于REST的Web服务架构的区别。
9. 简述SOA架构的概念及其主要操作。

实验8　构建REST风格的Web服务

一、实验目的

理解Web服务的基本原理，掌握REST风格的Web服务编程方法并构建Web服务。

二、实验平台和准备

操作系统：Windows或者Linux系统。

需要的软件：Java JDK(1.8或以上版本)、Spring、IDEA或者Eclipse等开发环境。安装MySQL数据库系统并启动服务。

三、实验内容和要求

基于实验3构建校友的信息收集系统，构建REST风格的Web服务。后端数据库使用Mybatis或者Hibernate进行操作。具体的Web服务方法包括以下几个。

(1) 对校友目录进行插入操作，可添加校友信息。

(2) 对校友目录进行检索操作，包括基于姓名、学号、年级等检索。

(3) 对校友目录进行修改和删除操作，仅针对学号作为关键字。

(4) 对校友目录进行统计检索的功能，包括查询总人数、城市分布等。

构建网页或者利用第三方工具(如Postman，https://www.postman.com/)测试以上的Web服务接口。

四、扩展实验内容

构建基于SOAP的Web服务，完成步骤三的任务。

第11章 微 服 务

微服务是近年来出现的一种新型的架构风格,它提倡将应用程序划分为一组细粒度的服务,服务间采用轻量级的通信机制进行交互。在微服务架构中,每个微服务都是具有单一职责的小程序,能够被独立地部署、扩展和测试。通过将这些独立的服务进行组合可以完成一些复杂的业务。本章介绍了微服务的概念、架构体系、流行框架以及适用场景等,特别是较为详细地说明了 Spring Cloud 微服务架构。

11.1 软件服务架构的发展

随着互联网和电子商务的跨越式发展,出现了一些大型电商网站、社交媒体网站和系统,其日活用户量都在千万别级,甚至亿级。与之相对应的软件应用系统的架构逐步变得不堪重负,"逢促销即宕机"的现象时有发生。如何打造一个高可用性、高性能、易扩展、可伸缩且安全的网站,一直是业界关注的焦点。

软件的服务架构也是随着业务的需求逐步发展的。如图 11-1 所示,大概可分为 5 个阶段:单体架构、集群架构、垂直架构、面向服务架构和微服务架构。

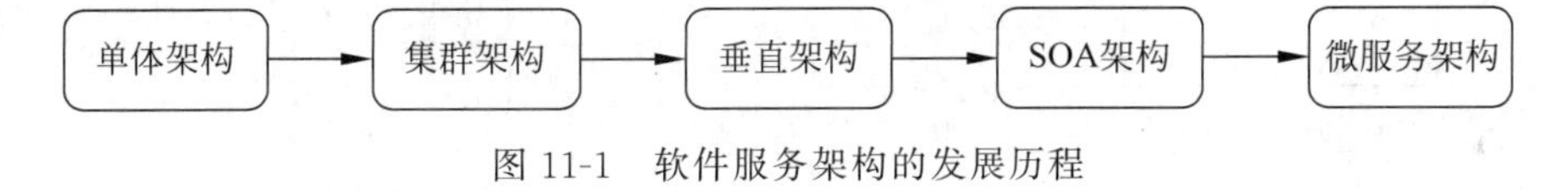

图 11-1 软件服务架构的发展历程

11.1.1 单体架构

单体架构如图 11-2 所示。单体应用就是指将所有功能集中在一个项目上,不可分开部署的应用。单体应用具有部署便捷、调试便捷和共享便捷等优点。基于单体架构的应用在一个工程内,可打包为一个文件(如 WAR 包或 JAR 包),这相对于分布式应用部署起来更便捷。且单个文档即可描述应用的所有功能,便于在团队之间以及不同的部署阶段之间共享。

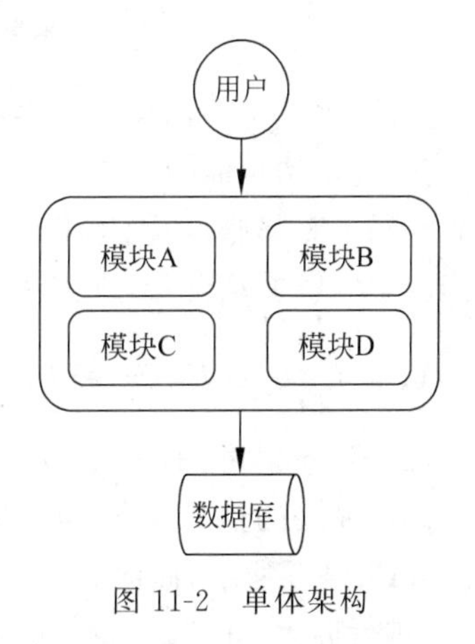

图 11-2 单体架构

单体架构的缺点体现在复杂性高、稳定性差、可维护性差等方面。单体应用在一个项目中实现所有功能,整个项目包含的模块非常多。这经常导致单体应用逻辑复杂、模块耦合、代码臃肿、修改难度大。项目规模的增大会导致应用复杂性上升、系统难以维护。特别地,单体应用中任何一个模块的错误均可能造成整个系统的宕机,任何一个模块的维护都需要对整个应用系统进行全面升级。其错误隔离性差、可用性较差。

11.1.2 集群架构

集群架构如图11-3所示，可以看作单体架构的延伸。所有代码仍然在一个工程内，不带来额外的开发工作。但可以部署多个服务器形成集群，进行横向扩展并引入反向代理做负载均衡。集群中的代理服务器接收因特网上的连接请求，然后将请求转发给内部网络上的服务器，一方面增强了Web服务器的安全性，另一方面也通过代理服务器实现了负载的均衡，提高服务器资源的可用性和效率。

同时，当流量增长到一定阶段，集群的瓶颈会变成后端对应的状态存储，例如数据库。主流的做法是通过缓存、读写分离、垂直拆分、水平拆分等提高数据库的扩展能力。

11.1.3 垂直架构

当访问量逐渐增大，单一应用无法满足需求时，为了应对更高的并发和业务需求，人们根据业务功能对系统进行垂直拆分。如图11-4所示，垂直架构是通过对单体架构进行垂直拆分得到的，实现了流量分担，解决了并发问题。垂直架构中模块是分离的，可以针对不同模块进行优化。相对于单体架构，垂直架构具有水平扩展性高、负载均衡、容错率高等优点。

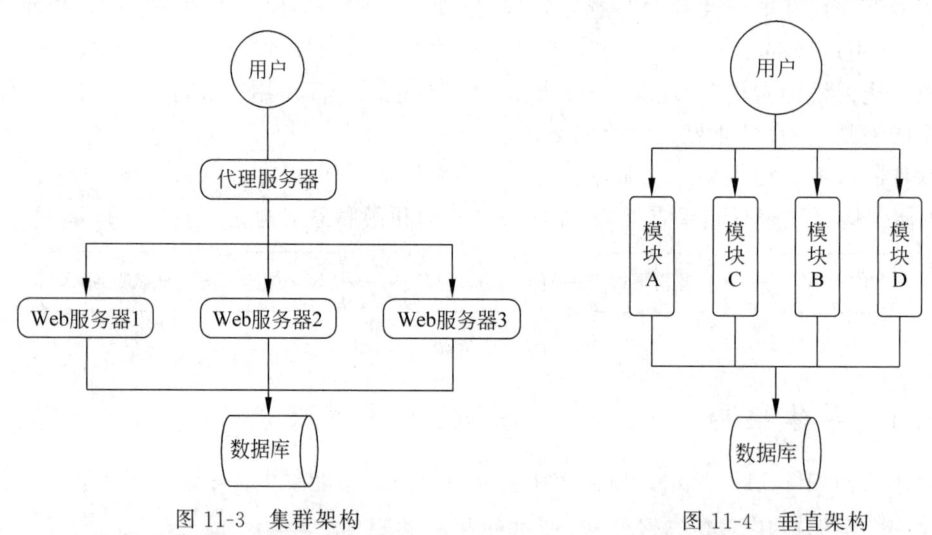

图11-3 集群架构　　图11-4 垂直架构

然而，垂直架构仍存在诸多问题。复杂应用的开发维护成本变高，部署效率逐渐降低。此外，垂直架构可能导致应用中公共功能重复开发，代码重复率高的问题。不仅如此，随着业务代码不断膨胀，功能越来越复杂，已有垂直架构模式下无法对复杂的业务进行拆分，代码修改牵一发而动全身，维护和定制都较为困难。

11.1.4 面向服务架构

面向服务架构(Service-Oriented Architecture，SOA)的探索始于2000年左右。针对企业内部的孤立的信息系统，如ERP、CRM、OA等，SOA可对它们进行应用集成和数据集成。如图11-5所示，面向服务的架构是一个组件模型，它将应用程序的不同功能单元(称为服务)进行拆分，并通过这些服务之间定义良好的接口和协议联系起来。

SOA 架构能够提高开发效率，可以将整个系统分为几个不同的子系统，不同团队负责不同的系统，从而提高开发效率并降低系统之间的耦合。此外，SOA 架构还具有良好的扩展性，业务逻辑改变时只需要修改单个服务，减少了对使用者的影响。但 SOA 架构里面比较依赖的企业服务总线(Enterprise Service Bus，ESB)，所有的服务都集中在一个 ESB 上。SOA 的发展并没有那么成功，在企业中并没有得到大规模应用。

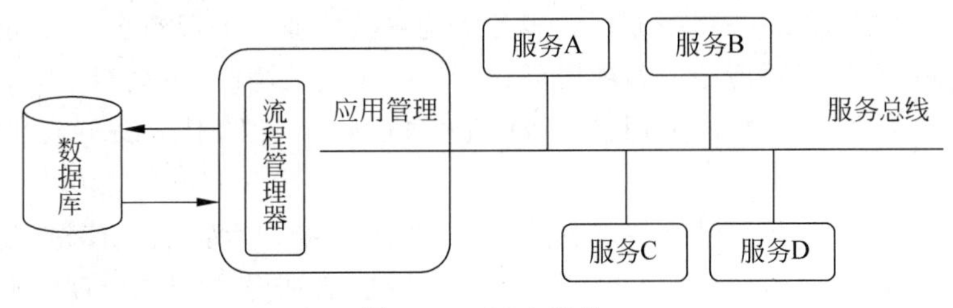

图 11-5　SOA 架构

11.1.5　微服务架构

微服务架构是在互联网业务规模增长快，变更多且频繁，团队强烈关注运维(DevOps)和持续交付等研发理念下发展的。微服务架构是一种将单个应用程序作为一套小型服务开发的方法，每种应用程序都在自己的进程中运行。如图 11-6 所示，它采用一组服务的方式来构建一个应用，服务独立部署在不同的进程中，不同服务通过一些轻量级交互机制来通信。

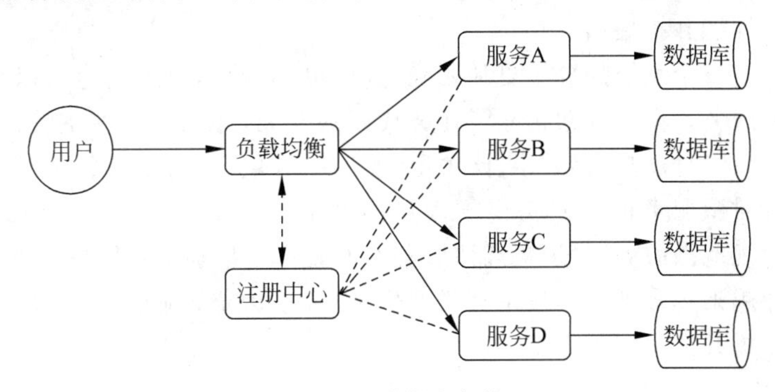

图 11-6　微服务架构

提出微服务概念的 Martin Fowler 说过，“我们应该把 SOA 看作微服务的超集”。也就是说，微服务是 SOA 的子集。微服务架构与 SOA 架构主要有以下 3 点区别。

(1) 架构划分不同。SOA 强调按水平架构划分为前端、后端、数据库、测试等。微服务强调按垂直架构划分，按业务能力划分，每个服务完成一种特定的功能，服务即产品。

(2) 技术平台选择不同。SOA 应用倾向于使用统一的技术平台来解决所有问题。微服务可以针对不同业务特征选择不同技术平台，去中心统一化，发挥各种技术平台的特长。

(3) 系统间边界处理机制不同。SOA 架构强调的是异构系统之间的通信和解耦合(一种粗粒度、松耦合的服务架构)。微服务架构强调的是系统按业务边界做细粒度的拆分和部署。

从某种意义上说，SOA 和微服务的差别不仅在于服务和通信模式上，更在于对扩展性、容错性、和运维的支持上。亚马逊、奈飞和脸书等主要的互联网公司是微服务架构实践的先驱，产生了一系列的最佳实践。

11.2 微服务的概念

微服务是面向服务体系结构(Service-Oriented Architecture,SOA)架构样式的一种变体。不同于单体式架构,SOA将应用拆分成多个核心功能。而微服务架构更进一步,服务粒度更细,每个功能都称为一项服务。微服务围绕着具体业务进行构建,并且能够被独立地部署到生产环境、类生产环境等。各项服务在工作中出现故障时,不会相互影响。微服务中几乎不存在集中管理,服务之间采用轻量级的通信机制(如HTTP、REST或Thrift API)互相沟通。

微服务具有松耦合、部署独立、数据存储独立和易于维护等特点。首先,微服务之间是松耦合的。微服务的功能可分为业务功能和技术功能,各服务之间耦合度较低。一个微服务在整个系统中只负责一个功能,微服务只有在该功能改变时才跟着改变。其次,各服务之间是独立部署的。当改变一个特定的微服务时,只需要将该微服务的变更部署到生产环境中,而无须部署或触及系统的其他部分。在改动的微服务部署之时和部署完成之后,系统中的其他微服务均能够持续运行。第三,每个微服务有独立的数据存储,易于维护。微服务系统中存在多个微服务,同时部署和更新多个微服务使得部署管理较为困难,并可能导致高风险部署。采用独立的数据存储,能有效避免微服务间在数据库层面的耦合。在同一系统下,不同微服务可以使用不同数据存储技术。根据微服务的业务和需求选择合适的数据库技术能提升微服务的性能和扩展性。

微服务架构使整个系统的分工更加明确,责任更加清晰,每个角色可以专心负责,为其他人提供更好的服务。微服务架构除了业务代码的开发,还需要一些支撑性的服务。成熟的微服务架构体系,一般包括接入层、网关层、业务服务层、支持服务、平台服务和基础设施层等。业界也针对微服务的开发提出了大量的框架,如Spring Cloud、Dubbo和Istio等。这些框架能有效规范微服务开发,提高微服务开发效率。特别是容器技术流行之后,采用微服务架构的企业越来越多了。不仅是互联网公司,很多传统企业都已经采用微服务架构来实现高效研发以提升公司竞争力了。

11.3 微服务架构

11.3.1 微服务架构体系

微服务涉及的整体架构体系较为广泛。除了业务代码的开发以外,还需要很多的支撑服务。公司和用户可以设计自己的微服务架构体系。尽管这些架构在细节上有许多不同,但整体的思路是类似的。微服务架构体系一般包括接入层、网关层、业务服务层、支持服务、平台服务和基础设施层6大模块。

如图11-7所示,微服务体系结构的最外层是接入层。通过负载均衡接入请求到内部平台。这些请求既有外部互联网请求,也有公司内部其他系统的请求。网关层是业务层接收外部流量的屏障。网关层的主要作用有:①为全部微服务提供唯一入口点,网关起到内部和外部隔离的作用,保障了后台服务的安全性;②识别每个请求的权限,拒绝非法请求;③对请求进行分类,动态地将请求路由到不同的后端集群中。微服务的核心层是业务服务层,包含系统核心的业务逻辑。业务服务层可以简单地划分为聚合服务层与基础服务层。其中,基础层提供单一简单的基础服务,如人员、订单、支付等功能。聚合层则是将不同的基础层聚合在一起,完成复杂的业务处理。支撑服务层提供非业务功能,以支撑业务服务层和网关层软件的正常运行。支撑服务层的核心模块有服务注册发现、集中配置、容错限流、认证授权、日志聚合、监控告警和后台中间件(如异步队列、缓存、数据库、任务调度)等功能。平台服务层站在系统平台的角度上,有处理系统发布、资源调度整合等功能。其核心模块有发布系统、资源调度、容器镜像治理、资源治理、身份识别和认证管理等。最底层是基础设施层,其提供支撑系统需要的硬件资源,包括计算、网络、存储、监控、安全、互联网数据中心等。

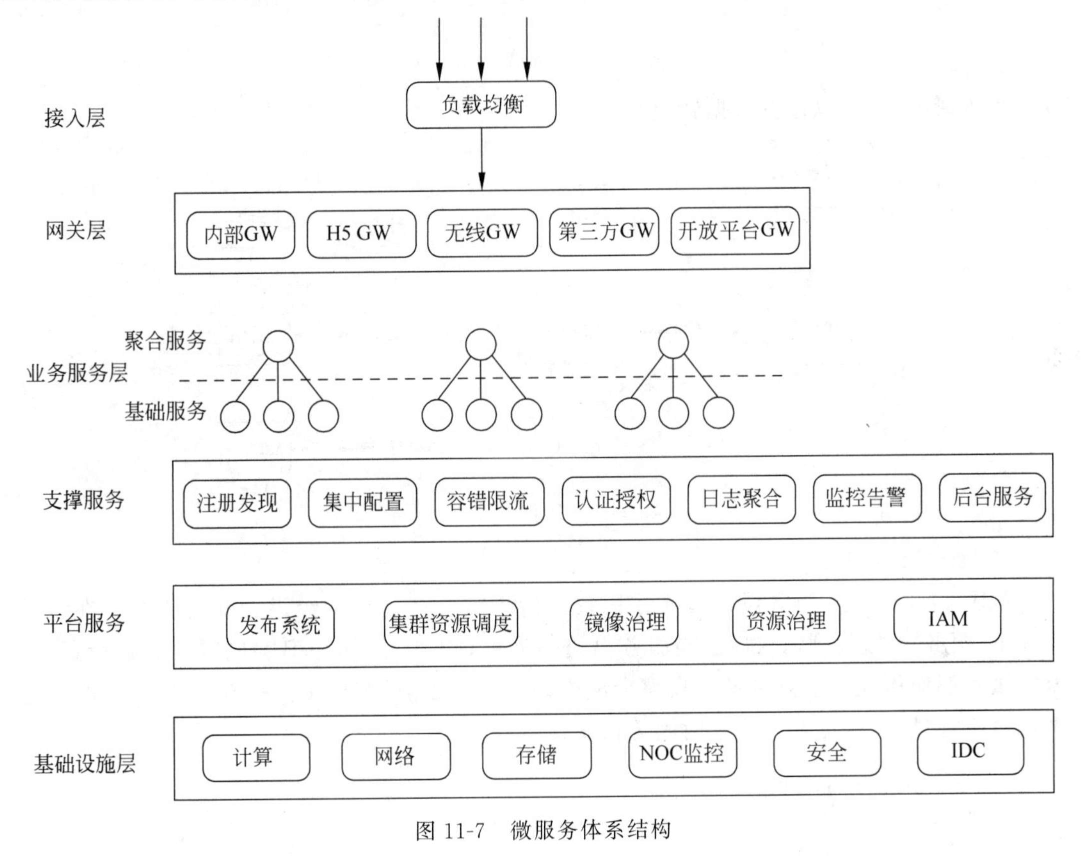

图 11-7 微服务体系结构

11.3.2 微服务设计模式

微服务架构的设计理念是各服务间保持隔离、自治、独立部署、异步通信,但各独立的服务可进行组合以满足业务的需求。下面介绍几种常用的组合方式。

(1) 聚合器设计模式。

如图 11-8 所示,聚合器根据业务流程处理的需要,以一定的顺序调用依赖的多个微服务,对依赖的微服务返回的数据进行组合、加工和转换,最后以一定的形式返回给使用方。

(2) 代理设计模式。

代理设计模式是聚合器模式的一个变体。如图 11-9 所示,在代理设计模式中,客户端并不使用聚合器聚合数据,而是使用代理根据业务需求的差别调用不同的微服务。代理可

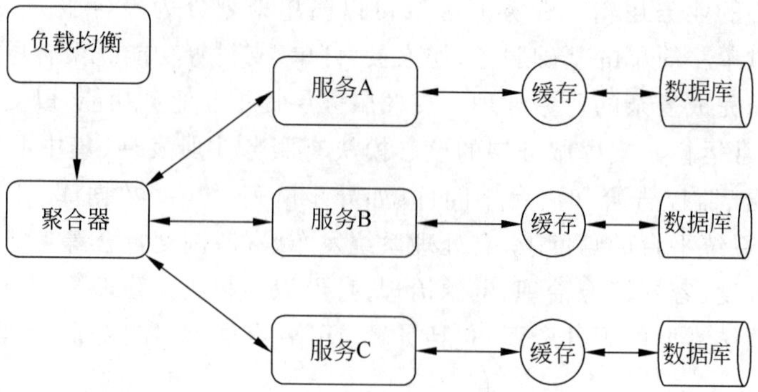

图 11-8　聚合器设计模式

以仅委派请求，也可以进行数据转换工作。

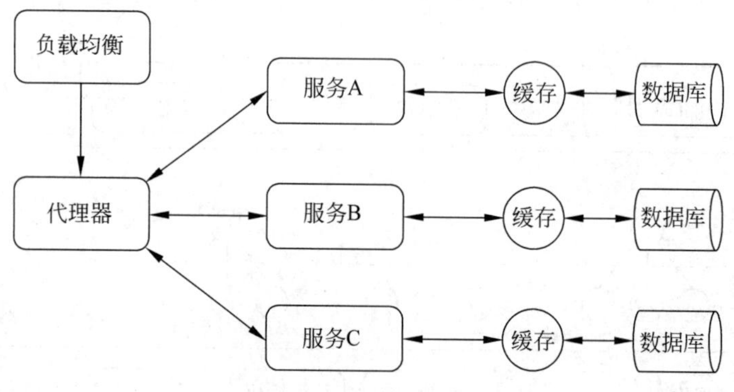

图 11-9　代理设计模式

（3）链式设计模式。

如图 11-10 所示，链式设计模式在接收到请求后会产生一个经过合并的响应。在这种情况下，服务 A 接收到请求后会与服务 B 进行通信；类似地，服务 B 会同服务 C 进行通信。所有服务都使用同步消息传递。在整个链式调用完成之前，客户端会一直阻塞。因此，服务调用链不宜过长，以免客户端长时间等待。

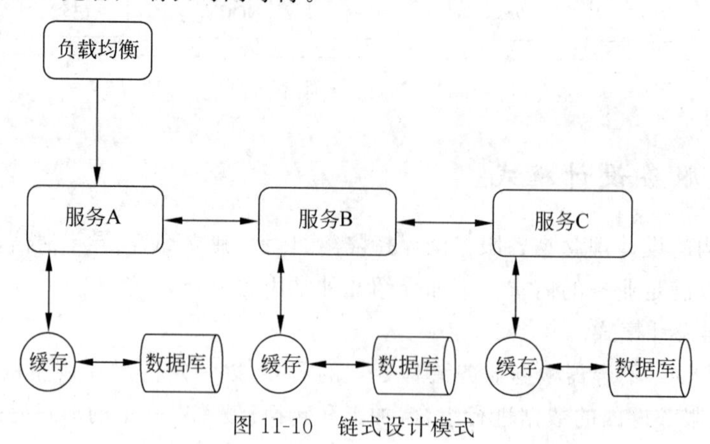

图 11-10　链式设计模式

（4）分支设计模式。

如图 11-11 所示，分支设计模式是聚合模式、代理模式和链式模式结合的产物。该模式下，分支服务可以拥有自己的数据库存储，调用多个后端服务或者服务串联链，然后将结果进行组合处理再返回给客户端。也可以使用代理模式，简单地调用后端的服务或者服务链，然后将数据直接返回给使用方。

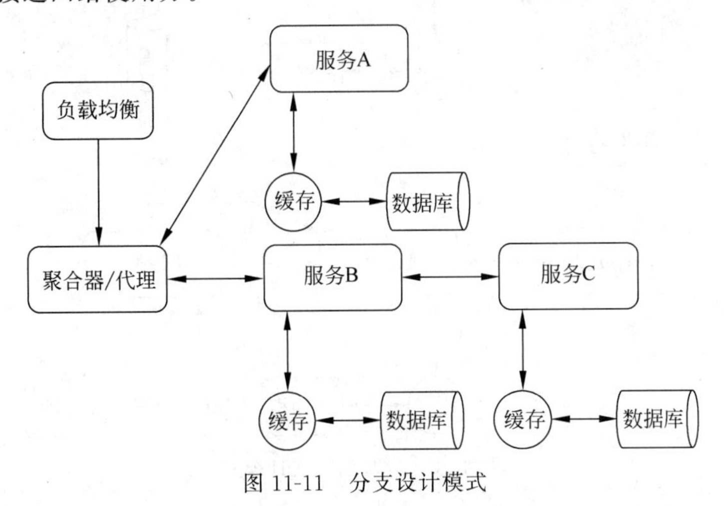

图 11-11　分支设计模式

(5) 数据共享设计模式。

微服务架构是根据核心功能将传统单体结构应用拆分为多个服务。在单体应用到微服务架构的过渡阶段，可以使用数据共享模式。如图 11-12 所示，数据共享模式下部分微服务可以共享缓存和数据库存储。然而，该模式只适用于两个服务之间存在强耦合关系的情况。

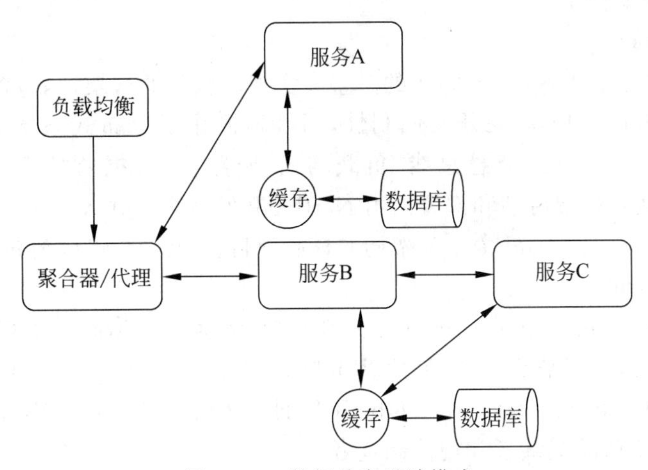

图 11-12　数据共享设计模式

(6) 异步消息设计模式。

在代理调用微服务过程中，同步模式在调用过程中会出现线程阻塞问题。当服务提供者未返回结果时，服务使用者会一直阻塞，这可能导致服务器线程池崩溃。

在构建服务架构系统时，可将微服务划分为多个集合，集合内的微服务可以使用同步调用模式，不同集合间的服务使用异步消息队列实现调用。如图 11-13 所示，服务 B 和服务 C 之间为同步调用模式，而服务 A 与服务 B、服务 C 之间为异步调用模式。

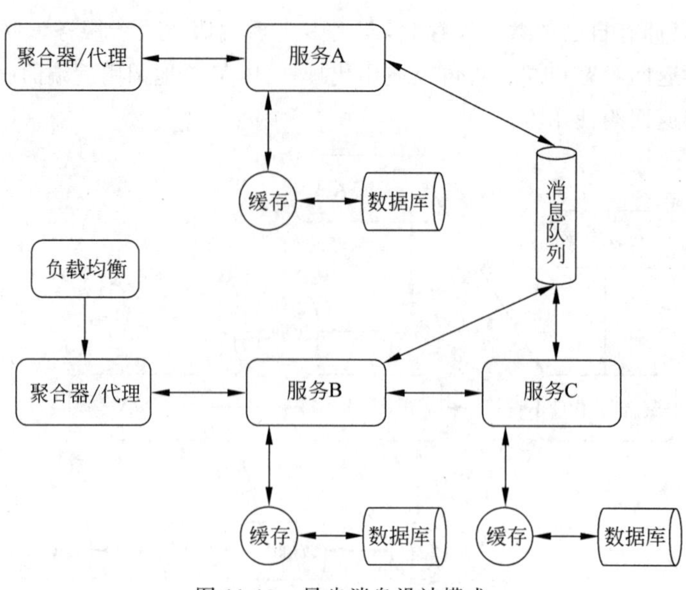

图 11-13　异步消息设计模式

11.3.3　常用的微服务架构方案

微服务架构是技术发展的必然结果。虽然微服务架构还没有公认的技术标准和规范草案,但业界已经有一些很有影响力的开源微服务架构平台。主流的微服务框架有 Spring Cloud、ZeroC IceGrid、Dubbo、Service Fabric、Docker Swarm 和基于消息队列的框架等。以下对各框架进行简要介绍。

1. Spring Cloud

Spring Cloud 是基于 Spring Boot 的一整套实现微服务的框架,是包含很多子项目的整体方案。它利用 Spring Boot 的开发便利性,巧妙地简化了分布式系统基础设施的开发。如服务发现注册、配置中心、消息总线、负载均衡、断路器、数据监控等,都可以用 Spring Boot 的开发风格做到一键启动和部署。由 Netflix 开发后来又并入 Spring Cloud 的 Spring Cloud Netflix 是 Spring Cloud 微服务架构的核心项目。11.4 节将详细介绍该框架。

2. ZeroC IceGrid

ZeroC ICE 是指 ZeroC 公司的 ICE 中间件平台,为客户端和服务端程序的开发提供了很大的便利。ICE 为主流平台设计,包括 Windows 和 Linux,支持 C++,Java,C#,Python,Ruby,PHP 和 ActionScript 等语言。Zeroc ICE 的团队核心是当年 IONA 公司做 Corba 的人,是 Corba 的主要产品提供者和规范制定者。

ZeroC IceGrid 作为一种微服务架构,基于 RPC 框架发展而来,具有良好的性能与分布式能力。IceGrid 服务注册采用 XML 文件来定义。通过 LocatorService 提供的 API 来发现服务,可以根据服务名查询对应的服务实例可用地址。在 IceGrid 中,一个 IceBox 就是一个单独的进程。IceGrid 通过客户端 API 内嵌的算法实现负载均衡,并提供 grid.xml 来描述与定义一个基于微服务架构的应用。可通过命令行工具一键部署应用,并有发布二进制程序的辅助工具 icepatch2。IceGrid 在国内的使用案例并不多。

3. Dubbo

Dubbo 是阿里巴巴公司开源的一个高性能优秀的服务框架,是阿里巴巴多年构建生产级分布式微服务的技术结晶，在国内技术社区具有较大的影响力。Dubbo 本质上是一套基于 Java 的 RPC 框架，实现服务的输出和输入并和 Spring 框架无缝集成。

Dubbo 是高性能和轻量级的框架，提供了六大核心能力：①面向接口代理的高性能 RPC 调用：提供高性能的基于代理的远程调用能力，服务以接口为粒度，为开发者屏蔽远程调用底层细节。②智能负载均衡：内置多种负载均衡策略，智能感知下游结点健康状况，显著减少调用延迟，提高系统吞吐量。③服务自动注册与发现：支持多种注册中心服务，服务实例上下线实时感知。④高度可扩展能力：遵循微内核＋插件的设计原则，所有核心能力如 Protocol、Transport、Serialization 被设计为扩展点，平等对待内置实现和第三方实现。⑤运行期流量调度：内置条件、脚本等路由策略，通过配置不同的路由规则，轻松实现灰度发布、同机房优先等功能。⑥可视化的服务治理与运维：提供丰富服务治理、运维工具，随时查询服务元数据、服务健康状态及调用统计，实时下发路由策略、调整配置参数。

4. Service Fabric

Azure Service Fabric 是一个分布式系统平台，可方便用户打包、部署和管理可缩放且可靠的微服务和容器。Service Fabric 还解决了开发和管理云原生应用程序面临的重大难题。Service Fabric 平台提供了生命周期管理、可用性、业务流程、编程模型、运行状况和监视、开发和操作工具，以及在 Azure、本地、其他云和客户开发计算机上进行自动伸缩的功能。

Service Fabric 提供了一种复杂的轻型运行时（Runtime），可支持无状态和有状态微服务。它高度支持使用内置编程模型或容器化服务生成有状态的服务，可以使用 Service Fabric 编程模型或语言编写容器化的有状态服务。除微软的 Azure 云，用户还可以在任何位置创建 Service Fabric 群集，包括本地和其他公有云上的 Windows Server 和 Linux。Microsoft 当前的很多服务都是由 Service Fabric 提供技术支持的，包括 Azure SQL 数据库、Azure Cosmos DB、Cortana、Microsoft Power BI、Microsoft Intune、Azure 事件中心、Azure IoT 中心、Dynamics 365、Skype for Business 以及其他许多核心 Azure 服务。

5. Kubernetes

Kubernetes 是 Google 在 2014 年开源的系统，简称 K8S。K8S 是基于 Google 十多年的管理容器的研究和开发经验，是一个针对容器应用的自动化部署、伸缩和管理的开源系统。它兼容多种语言且提供了创建、运行、伸缩以及管理分布式系统的原语。K8S 是 GitHub 上开源社区最活跃的项目之一。

K8S 兼容多种语言，能兼容运行原生云应用和传统的容器化应用。它提供的服务，例如配置管理、服务发现、负载均衡、度量收集，以及日志聚合，能被各种语言使用。其主要特点是：①自我修复：在结点故障时重新启动失败的容器，替换和重新部署，保证预期的副本数量。杀死健康检查失败的容器，并且在未准备好之前不会处理客户端请求，确保线上服务不中断。②弹性伸缩：使用命令、UI 或者基于 CPU 使用情况自动快速扩容和缩容应用程序实例，保证应用业务高峰并发时的高可用性。在业务低峰时回收资源，以最小成本运行服务。③自动部署和回滚：采用滚动更新策略更新应用，一次更新一个 Pod，而不是同时删除所有 Pod。如果更新过程中出现问题，将回滚更改，确保升级不影响业务。④服务发现和负载均衡：K8S 为多个容器提供一个统一访问入口（内部 IP 地址和一个 DNS 名称），并且负载均衡关联的所有容器，使得用户无须考虑容器 IP 问题。⑤机密和配置管理：管理机密数据和应用程序配置，而不需要把敏感数据暴露在镜像里，提高敏感数据安全性。并可以将一些常用的配置存储在K8S中，方便应用程序使用。⑥存储编排：挂载外部存储系统，无论是来自本地存储、公有云（如AWS），还是网络存储（如NFS、GlusterFS、Ceph），都作为集群资源的一部分使用，极大提高存储使用灵活性。⑦批处理：提供一次性任务和定时任务，可满足批量数据处理和分析的场景。

6. Docker Swarm

Swarm是Docker公司推出的用来管理Docker集群的平台，几乎全部用GO语言来完成开发。Swarm是Docker的集群管理工具，将一群Docker宿主机变成一个单一的虚拟主机。Swarm使用标准的Docker API作为其前端的访问入口，各种形式的Docker客户端均可以直接与Swarm通信，甚至Docker本身都可以很容易地与Swarm集成。这大大方便了用户将原本基于单结点的系统移植到Swarm上，同时Swarm内置了对Docker网络插件的支持，用户也很容易地部署跨主机的容器集群服务。

Swarm支持的工具包括Dokku、Docker Compose、Docker Machine、Jenkins等。其集群由管理结点（manager）和工作结点（work node）构成。管理结点负责整个集群的管理工作，包括集群配置、服务管理等所有跟集群有关的工作。工作结点主要负责运行相应的服务来执行任务（task）。从Docker 1.12.0版本开始，Docker Swarm已经包含在Docker引擎中，并且已经内置了服务发现工具。

11.4 基于Spring Cloud架构的开发

Spring Cloud是一个主流的微服务框架，为开发人员提供了快速构建分布式系统中一些常见模式的工具。它将各家公司开发的较为成熟的服务框架组合起来，通过Spring Boot风格进行再封装，屏蔽掉了复杂的配置和实现原理，最终给开发者留出了一套简单易懂、易部署和易维护的分布式系统开发工具包。本节将基于Spring Cloud介绍微服务的开发过程。

11.4.1 Spring Cloud框架

在Spring Cloud中，可以使用Spring Boot的开发风格进行一键启动和部署服务发现注册、配置中心、消息总线、负载均衡、断路器、数据监控。分布式系统的协调导致了样板模式，使用Spring Cloud的开发人员可以快速地获得支持，实现这些模式的服务和应用程序并运行在任何分布式环境中。环境包括本地计算机，裸机数据中心，以及Cloud Foundry等托管平台。

图11-14是Spring Cloud组件架构示意图，其包括5大核心组件：服务发现组件Netflix Eureka、负载均衡器Netflix Ribbon、断路器Netflix Hystrix、服务网关Netflix Zuul和分布式配置Spring Cloud Config。架构中各组件运行流程如下。

（1）请求统一通过API网关（Zuul）来访问内部服务。

（2）网关接收到请求后，从注册中心（Eureka）获取可用服务。

（3）由Ribbon进行均衡负载后，分发到后端具体实例。

（4）微服务之间通过消息总线进行通信处理业务。

（5）Hystrix负责处理服务超时熔断。

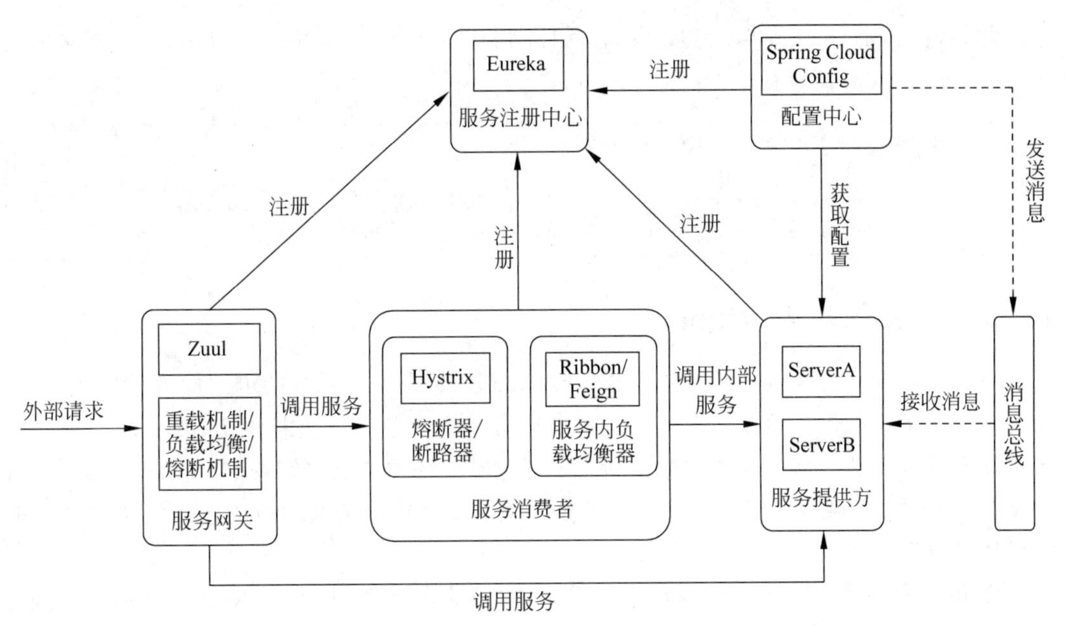

图 11-14　Spring Cloud 组件架构

11.4.2　服务发现框架 Eureka

Eureka 是基于 REST 的服务发现框架，主要用于定位服务，以实现负载均衡和中间层服务器的故障转移。SpringCloud 将它集成在其子项目 spring-cloud-netflix 中，以实现 SpringCloud 的服务发现功能。

Eureka 由两个部分组成：Eureka 服务端和 Eureka 客户端。服务端用作服务注册中心，支持集群部署；客户端是一个 Java 客户端，用来处理服务注册与发现，负责把服务的信息注册到服务端。客户端还具有一个内置的负载平衡器，可以执行基本的循环负载平衡。Eureka 的主要功能如下。

(1) 服务注册：Eureka 客户端向 Eureka Server 注册时需提供自身的元数据，例如 IP 地址、端口、主页等。

(2) 服务续约：Eureka 客户会每隔 30s(默认情况下)发送续约消息，若 Eureka Server 在 90s 没有收到 Eureka 客户的续约，它会将实例从其注册表中删除。

(3) 获取注册列表信息：Eureka 客户端从服务器获取注册表信息，并将其缓存在本地。客户端会使用该信息查找其他服务，从而进行远程调用。

(4) 服务下线：Eureka 客户端在程序关闭时向 Eureka 服务器发送取消请求。发送请求后，该客户端实例信息将从服务器的实例注册表中删除。

Eureka Server 配置如下。

```
spring.application.name = eureka - server
server.port = 8080                                  # 服务端口号
eureka.instance.hostname = localhost
eureka.client.register - with - eureka = false      #是否将 eureka 服务本身登记到注册中心
eureka.client.fetch - registry = false              #是否从 eureka 注册中心获取注册中心
    eureka.client.serviceUrl.defaultZone = http:// ${eureka.instance.hostname}: ${server.
port}/eureka/                                       #配置暴露给 eureka client 的请求地址
```

此外，在 Spring boot 启动类中设置 @EnableEurekaServer 注解开启 Eureka 服务。Eureka Client 配置如下。

```
spring.application.name = eureka - provider
server.port = 8081
eureka.instance.hostname = peer2                    #默认的服务显示方式是 hostname
eureka.client.serviceUrl.defaultZone = http://localhost:8080/eureka/
```

11.4.3 负载均衡 Ribbon

负载均衡在系统架构中是一个非常重要的部分，它是提高系统的可用性、缓解网络压力和处理能力扩容的重要手段之一。负载均衡通常是指服务端的负载均衡，其中分为硬件负载均衡和软件负载均衡。硬件负载均衡主要通过在服务器结点之间安装专门用于负载均衡的设备；而软件负载均衡则是通过在服务器上安装一些用于负载均衡功能或模块的软件来完成请求分发工作。

Ribbon 是一个基于 HTTP 和 TCP 的客户端负载均衡工具，基于 Netflix Ribbon 实现。Spring Cloud 对 Ribbon 进行了一些封装以更好地使用 Spring Boot 的自动化配置理念，可以将面向服务的 REST 模板请求自动转换成客户端负载均衡的服务调用。

Ribbon 的工作分为两步：①选择 Eureka Server，通常优先选择在同一个 Zone 且负载较少的 Server；②根据用户指定的策略，从 Server 取到的服务注册列表中选择一个地址。地址的挑选其实是在进行负载均衡。Ribbon 中有多种负载均衡算法，默认使用轮询策略。用户还可以通过实现 Ribbon 中的 IRule 接口来自定义负载均衡算法。常用的三种负载均衡算法如下。

(1) 轮询策略(Round robin)：Ribbon 默认采用的策略。轮询查找可用的服务，默认查询 10 轮。若最终还没有找到，则返回空。

(2) 随机策略(Random)：从所有可用的服务中随机选择一个。

(3) 重试策略：先按照轮询策略获取服务，若获取失败，则在指定的时限内重试。默认的时限为 500ms。

可以通过修改配置文件或者修改配置类来更换 Ribbon 的负载均衡算法。

(1) 修改配置文件。

```
providerName:
  ribbon:
    //选择随机负载均衡算法
    NFLoadBalancerRuleClassName: com.netflix.loadbalancer.RandomRule
```

(2) 在代码中更换负载均衡算法。

```
@Configuration
public class ConfigBean
{
  @Bean
  @LoadBalanced
  public RestTemplate getRestTemplate(){
```

```
        return new RestTemplate();
    }

    @Bean
    public IRule myRule(){
        //选择随机负载均衡算法
        return new RandomRule ();
    }
}
```

以下展示了一个简单的 Ribbon 使用示例。使用 RestTemplate 进行 Eureka Client(包括服务提供者以及服务消费者,在这里其实是服务消费者使用 RestTemplate)之间的通信。需要为 RestTemplate 配置类添加@LoadBalanced 注解,如下。

```
@Bean
@LoadBalanced
public RestTemplate restTemplate() {
    return new RestTemplate();
}
```

主程序:

```
@SpringBootApplication
@EnableEurekaClient
//在启动该微服务的时候加载自定义 Ribbon 配置类
@RibbonClient(name = "MICROSERVICECLOUD - DEPT")
public class Consumer_App{
    public static void main(String args){
        SpringApplication.run(Consumer_App.class, args);
    }
}
```

11.4.4 熔断器 Hystrix

分布式系统环境下,一个业务调用通常依赖多个基础服务。当系统中部分服务故障时,调用该服务的线程受到阻塞。当有大量请求调用时涌入系统,可能出现大量线程阻塞并导致系统崩溃。Hystrix 是 Netflix 开源的一个针对分布式系统的延迟和容错库。通过添加延迟容忍和容错逻辑,来控制这些分布式服务之间的交互。Hystrix 能够对来自依赖的延迟和故障进行防护和控制,并阻止故障的连锁反应。

Hystrix 遵循的设计原则如下。

(1) 防止任何单独的依赖耗尽资源(线程)。

(2) 过载立即切断并快速失败,防止排队。

(3) 尽可能提供回退以保护用户免受故障。

(4) 使用隔离技术(例如隔板、泳道和断路器模式)来限制任何一个依赖的影响。

(5) 通过近实时的指标、监控和告警,确保故障被及时发现。

(6) 通过动态修改配置属性,确保故障及时恢复。

Hystrix 工作流程如下。

(1) 构造一个 HystrixCommand 或 HystrixObservableCommand 对象,用于封装请求,并在构造方法中配置请求被执行需要的参数。

(2) 执行命令,Hystrix 提供了 4 种执行命令的方法,后面详述。

(3) 判断是否使用缓存响应请求,若启用了缓存,且缓存可用,直接使用缓存响应请求。Hystrix 支持请求缓存,但需要用户自定义启动。

(4) 判断熔断器是否打开,如果打开,跳到 8。

(5) 判断线程池/队列/信号量是否已满,已满则跳到 8。

(6) 执行 HystrixObservableCommand. construct()或 HystrixCommand. run()方法,如果执行失败或者超时,跳到 8; 否则,跳到 9。

(7) 统计熔断器监控指标。

(8) 走 Fallback 备用逻辑。

(9) 返回请求响应。

Hystrix 的熔断器就像家庭电路中的保险丝,一旦后端服务不可用,Hystrix 会直接切断请求链,避免发送大量无效请求影响系统吞吐量,并且熔断器有自我检测并恢复的能力。具体地,当 Hystrix Command 请求后端服务失败数量超过一定比例(默认 50%),熔断器会切换到开路状态(Open)。这时所有请求会直接失败而不会发送到后端服务。熔断器保持在开路状态一段时间后(默认为 5s),自动切换到半开路状态(HALF-OPEN)。这时会判断下一次请求的返回情况,如果请求成功,断路器切回闭路状态(CLOSED),否则重新切换到开路状态(OPEN)。以下是 Hystrix 的简单示例。

第一步,继承 HystrixCommand 实现自己的 command,在 command 的构造方法中需要配置请求被执行需要的参数,并组合实际发送请求的对象,代码如下。

```
public class QueryOrderIdCommand extends HystrixCommand < Integer > {
  private OrderServiceProvider orderServiceProvider;

  public QueryOrderIdCommand(OrderServiceProvider orderServiceProvider) {
    super(Setter.withGroupKey(HystrixCommandGroupKey.Factory.asKey("orderService"))
      .andCommandKey(HystrixCommandKey.Factory.asKey("queryByOrderId"))
      .andCommandPropertiesDefaults(HystrixCommandProperties.Setter()
        //至少有 10 个请求,熔断器才会进行错误率的计算
        .withCircuitBreakerRequestVolumeThreshold(10)
        //熔断器中断请求 5s 后进入半打开状态
        .withCircuitBreakerSleepWindowInMilliseconds(5000)
        //错误率达到 50 开启熔断保护
        .withCircuitBreakerErrorThresholdPercentage(50)
        .withExecutionTimeoutEnabled(true))
      .andThreadPoolPropertiesDefaults(HystrixThreadPoolProperties.Setter()
        .withCoreSize(10)));
    this.orderServiceProvider = orderServiceProvider;
  }

  @Override
  protected Integer run() {
    return orderServiceProvider.queryByOrderId();
  }
```

```
    @Override
    protected Integer getFallback() {
      return -1;
    }
  }
```

第二步，调用 HystrixCommand 的执行方法发起实际请求。

```
  @Test
  public void testQueryByOrderIdCommand() {
    Integer r = new QueryOrderIdCommand(orderServiceProvider).execute();
  }
```

Hystrix 提供了 4 种执行命令的方法：execute()和 queue()适用于 HystrixCommand 对象，而 observe()和 toObservable()适用于 HystrixObservableCommand 对象。

execute()以同步阻塞方式执行 run()方法，只支持接收一个值对象。Hystrix 会从线程池中取一个线程来执行 run()方法，并等待返回值。

queue()以异步非阻塞方式执行 run()，只支持接收一个值对象。调用 queue()就直接返回一个 Future 对象。可通过 Future.get()拿到 run()的返回结果，但 Future.get()是阻塞执行的。若执行成功，Future.get()返回单个返回值。当执行失败时，如果没有执行 fallback，Future.get()抛出异常。

observe()和 toObservable()则根据调用对象的类型选择执行方式。在这两个方法中，如果调用方法的对象继承的是 HystrixCommand，Hystrix 会从线程池中取一个线程以非阻塞方式执行 run()；如果继承的是 HystrixObservableCommand，将调用线程堵塞执行 construct()，调用线程需等待 construct()执行完才能继续往下走。

11.4.5 微服务网关 Zuul

Zuul 是 Netflix 开源的微服务网关，可以和 Eureka、Ribbon、Hystrix 等组件配合使用。Zuul 网关是系统唯一对外的入口，介于客户端与服务器端之间，用于对请求进行鉴权、限流、路由、监控等功能。

Zuul 的核心是一系列的 filters，在 Zuul 把请求路由到用户处理逻辑的过程中，这些 filters 对请求进行过滤处理。Zuul 主要有以下几个功能。

(1) 身份验证和安全性：确定每个资源的身份验证要求并拒绝不满足这些要求的请求。

(2) 洞察和监控：在边缘跟踪有意义的数据和统计数据。

(3) 动态路由：根据需要动态地将请求路由到不同的后端群集。

(4) 压力测试：逐渐增加群集的流量以衡量性能。

(5) 请求卸载(Load Shedding)：为每种类型的请求分配容量并删除超过限制的请求。

(6) 静态响应处理：直接在边缘构建一些响应，而不是将它们转发到内部集群。

在 Spring Cloud 中，Zuul 需要通过向 Eureka 进行注册获取系统中服务消费者和服务提供者的信息，从而实现请求的路由映射。下面是 Zuul 注册的配置文件。

```
server.port = 8085
spring.application.name = zuul - gateway
eureka.client.serviceUrl.defaultZone = http://localhost:8080/eureka/
```

注册后需要在 Zuul 启动类上标注@EnableZuulProxy。

```
@SpringBootApplication
@EnableZuulProxy
@EnableEurekaClient
public class ZuulApplication {
  public static void main(String args) {
    SpringApplication.run(ZuulApplication.class, args);
  }
}
```

此外，还可以通过配置 yaml 文件为请求设置统一前缀、路由规则和屏蔽设置。

```
zuul.routes.api - a.path = /api - a/ **
zuul.routes.api - a.service - id = eureka - provider
```

在上面的文件中，prefix 键用于设置请求的统一前缀。routes 键用于设置路由规则，将符合条件的请求转发至指定的服务消费者。ignore-services 键可以屏蔽服务名。在请求时直接使用服务名会将微服务名称暴露给用户，这样会产生导致安全问题。可以通过设置 routes 和 ignore-services 来隐藏微服务名称。ignore-patterns 键则可以屏蔽指定的路径 URI，即只要用户请求中包含指定的 URI 路径，那么该请求将无法访问到指定的服务。通过该方式可以限制用户的权限。

在 Zuul 中主要有三种过滤器：前置过滤器、路由过滤器和后置过滤器。前置过滤器在请求之前进行过滤，路由过滤器根据路由策略进行过滤，而后置过滤器在响应之前进行过滤。

前置过滤器示例：

```
//加入 Spring 容器
@Component
public class PreRequestFilter extends ZuulFilter {
  // 指定过滤器类型，此处类型为前置过滤器
  @Override
  public String filterType() {
    return FilterConstants.PRE_TYPE;
  }

  // 指定过滤器优先级
  @Override
  public int filterOrder() {
    return 0;
  }

  // 过滤请求
  @Override
  public boolean shouldFilter() {
    return true;
  }
```

```
    // 处理请求
    @Override
    public Object run() throws ZuulException {
        RequestContext ctx = RequestContext.getCurrentContext();
        ctx.set("startTime", System.currentTimeMillis());
        return null;
    }
}
```

后置过滤器示例：

```
@Component
public class AccessLogFilter extends ZuulFilter {
    // 指定过滤器类型,此处是后置过滤器
    @Override
    public String filterType() {
        return FilterConstants.POST_TYPE;
    }
    // SEND_RESPONSE_FILTER_ORDER 为最低优先级
    @Override
    public int filterOrder() {
        return FilterConstants.SEND_RESPONSE_FILTER_ORDER;
    }
    @Override
    public boolean shouldFilter() {
        return true;
    }
    //处理请求
    @Override
    public Object run() throws ZuulException {
        RequestContext context = RequestContext.getCurrentContext();
        HttpServletRequest request = context.getRequest();
        Long startTime = (Long) context.get("startTime");
        String uri = request.getRequestURI();
        long duration = System.currentTimeMillis() - startTime;
        log.info("uri: " + uri + ", duration: " + duration / 100 + "ms");
        return null;
    }
}
```

11.4.6 配置中心 Config

Spring Cloud Config 是一个解决分布式系统的配置管理方案，包含 Client 和 Server 两个部分。Server 提供配置文件的存储，以接口的形式将配置文件的内容提供出去；Client 通过接口获取数据，并依据此数据初始化自己的应用。服务器存储后端的默认实现使用 git，可轻松支持标签版本的配置环境并访问用于管理内容的各种工具。除了 git 外还可以用数据库、SVN、本地文件等作为存储。

1. 创建配置中心服务端

首先创建一个配置中心服务端项目 springcloud-config-server 用于管理配置，该项目需在 Eureka 注册中心中注册。下面是以 git 为仓储方式的项目配置文件。

```
spring.application.name = springcloud - config - server      #应用名
server.port = 9005                                            #服务器端口
eureka.client.serviceUrl.defaultZone =                        #eureka 注册中心地址
spring.cloud.config.server.git.uri =                          #git 仓库地址
spring.cloud.config.server.git.search - paths =               #git 仓库下的相对路径
spring.cloud.config.server.git.username =                     # git 仓库的账号
spring.cloud.config.server.git.password =                     #git 仓库的密码
eureka.client.serviceUrl.defaultZone = http://localhost:8080/eureka/
```

注：使用本地方式读取配置信息，需将 spring.cloud.config.server.git 的配置改成 spring.profiles.active=native，并在 resources 路径下新增一个文件作为本地仓库。

如果采用本地方式读取的配置文件如下。

```
spring.application.name = config - server
server.port = 8888
spring.cloud.config.discovery.enabled = true
spring.profiles.active = native                    #表示配置文件存储在本地
eureka.client.serviceUrl.defaultZone = http://localhost:8080/eureka/
```

接着需要在 git 仓库或 resources 路径下创建一个配置文件 congfigdemo.properties，内容如下。

```
word = world
```

最后，在项目主类中添加@EnableConfigServer 注解并启动服务，该注解表示启用 config 配置中心功能。代码如下。

```
@EnableDiscoveryClient
@EnableConfigServer
@SpringBootApplication
public class ConfigServerApplication {
  public static void main(String[] args) {
    SpringApplication.run(ConfigServerApplication.class, args);
    System.out.println("配置中心服务端启动成功!");
  }
}
```

2. 创建配置中心客户端

首先创建一个 springcloud-config-client 的项目，用于做读取配置中心的配置。在该项目中需要新增一个配置，用于指定配置的读取。配置文件 bootstrap.properties 内容及注释如下。

```
spring.cloud.config.name = configtest      #指定配置文件的名称
spring.cloud.config.profile = native       #指定获取配置文件的方法是在 server 端本地获取
spring.cloud.config.label = master         #获取配置文件的分支，默认是 master。如果是本地
                                           #获取的话，则无用
spring.cloud.config.discovery.enabled = true                #开启配置信息可被发现
spring.cloud.config.discovery.service - id = config - server   #绑定 config - server 服务
                              #名称，这个名称需要与 config - server 端的配置文件中一致
eureka.client.serviceUrl.defaultZone = http://localhost:8080/eureka/
```

注：上面这些与 spring-cloud 相关的属性必须配置在 bootstrap. properties 中，config 部分内容才能被正确加载。因为 bootstrap. properties 的相关配置会先于 application. properties，而 bootstrap. properties 的加载也是先于 application. properties。需要注意的是，eureka. client. serviceUrl. defaultZone 要配置在 bootstrap. properties，不然客户端是无法获取配置中心参数的，会启动失败。

接着对应用进行配置，application. properties 配置如下。

```
spring.application.name = config - client
server.port = 8087
```

然后在客户端项目主类中添加@EnableConfigClient 注解并启动服务，该注解表示启用 config 配置中心功能。代码如下。

```
@EnableDiscoveryClient
@SpringBootApplication
public class ConfigClientApplication {
  public static void main(String[] args) {
    SpringApplication.run(ConfigClientApplication.class, args);
    System.out.println("配置中心客户端启动成功!");
  }
}
```

为了方便查询，可以在客户端控制中进行参数的获取。@Value 注解是默认是从 application. properties 配置文件获取参数。

```
@RestController
public class ClientController {
  @Value("${word}")
  private String word;

  @RequestMapping("/hello")
  public String index(@RequestParam String name) {
    return name + " " + this.word;
    }
}
```

3. 测试

在依次启动 Eruaka 注册中心、配置中心服务器、配置中心客户端后，在浏览器地址栏中输入：服务器地址：端口号/configdemo-1. properties 查看配置文件。浏览器页面返回：

```
word: world
```

注：配置文件的名称是 configdemo. properties，但是直接访问该名称获取不到配置文件，因为配置文件名需要通过"-"来进行获取，如果配置文件名称没有"-"，那么访问时添加了"-"之后，会自动进行匹配搜索。

springcloud config 的 URL 与配置文件的映射关系如下。

```
/{application}/{profile}[/{label}]
/{application} - {profile}.yml
/{label}/{application} - {profile}.yml
```

```
/{application}-{profile}.properties
/{label}/{application}-{profile}.properties
```

接着通过调用客户端接口查看配置信息，在浏览器地址栏中输入：客户端地址：端口号/hello? hello，界面返回：

```
hello world
```

11.5 微服务案例

以11.4节中所介绍的部分Spring Cloud常用模块为例，本节将快速构建一个可用的Spring Cloud微服务项目，项目构建使用的IDE平台为JetBrain公司的IDEA，JDK版本设置为1.8。

11.5.1 构建Spring Cloud项目父工程

如图11-15所示，打开IDEA，单击菜单栏左上角的File菜单，然后单击New Project菜单项，新建一个项目命名为demo，项目类型选择maven，这里的maven项目是整个Spring Cloud工程的父工程，随后的模块将在这个工程的基础上进行添加。

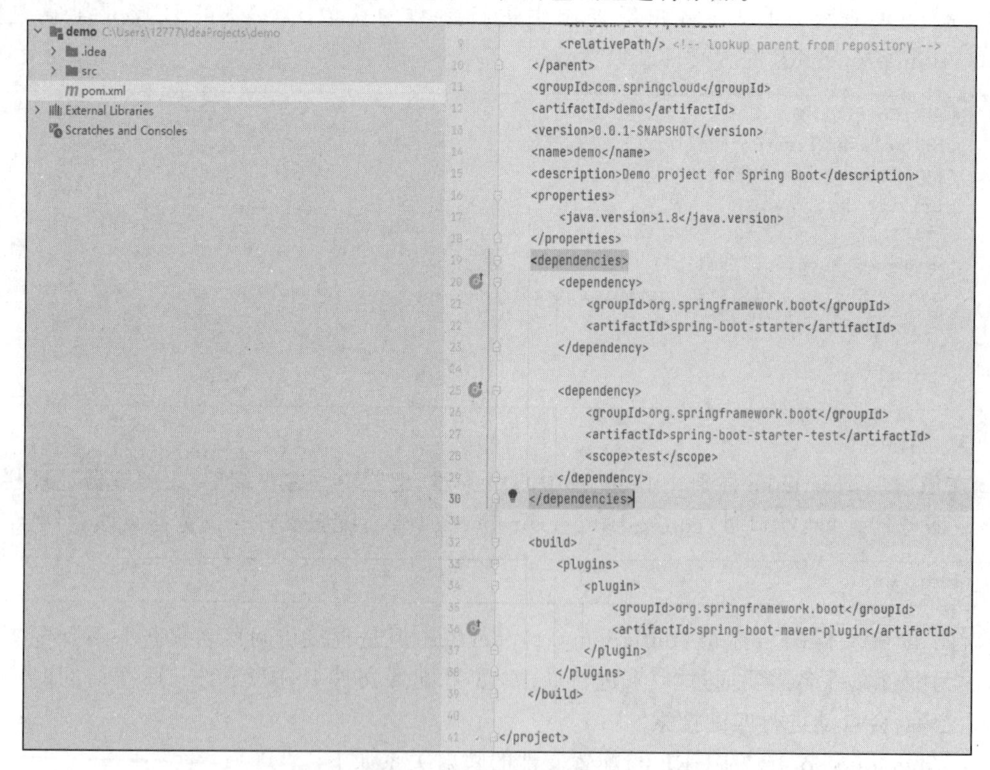

图11-15 父工程目录结构

父工程下的pom文件需要添加相应的spring-boot的依赖，父模块主要规定Spring Boot的版本，设置Spring Boot启动器，pom文件的内容如下。

```xml
<?xml version = "1.0" encoding = "UTF - 8"?>
<project xmlns = "http://maven.apache.org/POM/4.0.0"
xmlns:xsi = "http://www.w3.org/2001/XMLSchema - instance"
    xsi:schemaLocation = "http://maven.apache.org/POM/4.0.0
https://maven.apache.org/xsd/maven - 4.0.0.xsd">
  <modelVersion> 4.0.0 </modelVersion>
  <parent>
    <groupId> org.springframework.boot </groupId>
    <artifactId> spring - boot - starter - parent </artifactId>
    <version> 2.5.4 </version>
    <relativePath/> <!-- lookup parent from repository -->
  </parent>
  <groupId> com.springcloud </groupId>
  <artifactId> demo </artifactId>
  <version> 0.0.1 - SNAPSHOT </version>
  <name> demo </name>
  <description> Demo project for Spring Boot </description>
  <properties>
    <java.version> 1.8 </java.version>
  </properties>
  <dependencies>
    <dependency>
      <groupId> org.springframework.boot </groupId>
      <artifactId> spring - boot - starter </artifactId>
    </dependency>

    <dependency>
      <groupId> org.springframework.boot </groupId>
      <artifactId> spring - boot - starter - test </artifactId>
      <scope> test </scope>
    </dependency>
  </dependencies>

  <build>
    <plugins>
      <plugin>
        <groupId> org.springframework.boot </groupId>
        <artifactId> spring - boot - maven - plugin </artifactId>
      </plugin>
    </plugins>
  </build>

</project>
```

11.5.2 搭建 Eureka 服务中心

1. 新建 eureka-server 子模块

如图 11-16 所示，右击项目工程图中的 demo，新建子模块，并命名为 eureka-server，并配置 eureka-server 模块下的 pom 文件内容，指明该模块为 spring-cloud-starter-netflix-eureka-server 模块。

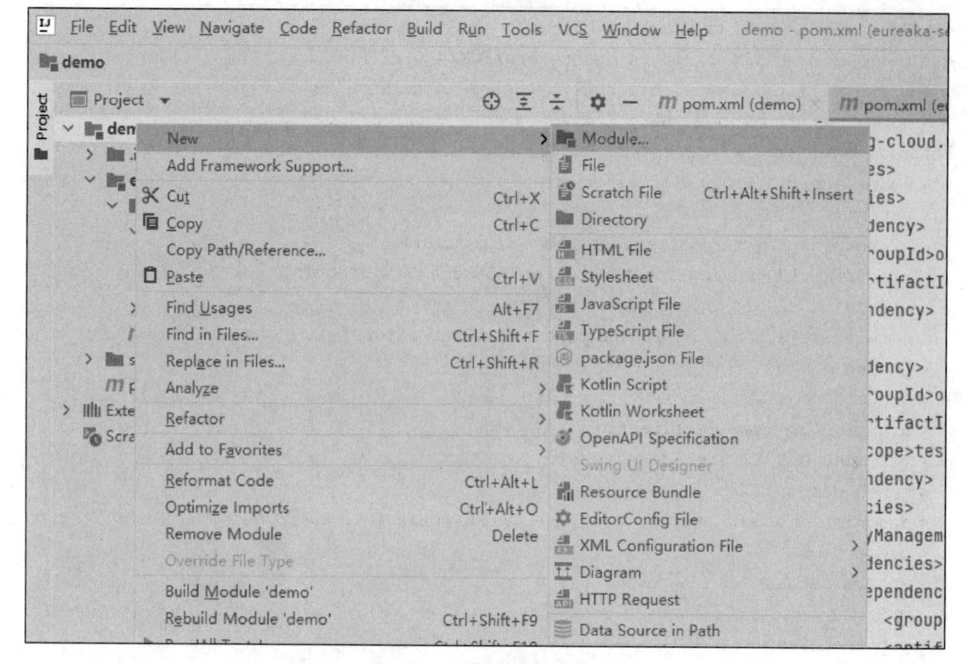

图 11-16　新建子模块

eureka-server 模块下的 pom 文件内容如下。

```
<?xml version = "1.0" encoding = "UTF - 8"?>
< project xmlns = "http://maven.apache.org/POM/4.0.0"
xmlns:xsi = "http://www.w3.org/2001/XMLSchema - instance"
    xsi:schemaLocation = "http://maven.apache.org/POM/4.0.0
https://maven.apache.org/xsd/maven - 4.0.0.xsd">
  < modelVersion > 4.0.0 </modelVersion >
  < parent >
    < groupId > org.springframework.boot </groupId >
    < artifactId > spring - boot - starter - parent </artifactId >
    < version > 2.5.4 </version >
    < relativePath/> <!-- lookup parent from repository -->
  </parent >
  < groupId > com.eureka </groupId >
  < artifactId > server </artifactId >
  < version > 0.0.1 - SNAPSHOT </version >
  < name > server </name >
  < description > Demo project for Spring Boot </description >
  < properties >
    < java.version > 1.8 </java.version >
    < spring - cloud.version > 2020.0.3 </spring - cloud.version >
  </properties >
  < dependencies >
    < dependency >
      < groupId > org.springframework.cloud </groupId >
      < artifactId > spring - cloud - starter - netflix - eureka - server </artifactId >
    </dependency >

    < dependency >
```

```
        <groupId>org.springframework.boot</groupId>
        <artifactId>spring-boot-starter-test</artifactId>
        <scope>test</scope>
      </dependency>
    </dependencies>
    <dependencyManagement>
      <dependencies>
        <dependency>
          <groupId>org.springframework.cloud</groupId>
          <artifactId>spring-cloud-dependencies</artifactId>
          <version>${spring-cloud.version}</version>
          <type>pom</type>
          <scope>import</scope>
        </dependency>
      </dependencies>
    </dependencyManagement>

    <build>
      <plugins>
        <plugin>
          <groupId>org.springframework.boot</groupId>
          <artifactId>spring-boot-maven-plugin</artifactId>
        </plugin>
      </plugins>
    </build>

</project>
```

2. 配置 eureka-server 子模块

右击 eureka-server 模块下的 src. main. resources 子文件夹，选择 New-> Resources Bundle 类型文件，将新建文件命名为 application，在新建的 application. properties 文件中设置 eureka-server 中心的访问端口等信息。application. properties 文件中的内容如下。

```
spring.application.name = eureka-server
server.port = 8080                                    # 服务端口号
eureka.instance.hostname = localhost
eureka.client.register-with-eureka = false           #是否将 eureka 服务本身登记到注册中心
eureka.client.fetch-registry = false                 #是否从 eureka 注册中心获取注册中心
eureka.client.serviceUrl.defaultZone = http://${eureka.instance.hostname}:${server.
port}/eureka/                                        #配置暴露给 eureka client 的请求地址
```

3. 编写启动类

如图 11-17 所示，右击 eureka-server 模块下的 src 文件夹，在 main. java 文件夹下新建包，将其命名为 com. eureka. server，在该包下新建类 ServerApplication. java 作为 Spring Boot 启动类。

ServerApplication 的内容如下。

```
package com.eureka.server;

import org.springframework.boot.SpringApplication;
import org.springframework.boot.autoconfigure.SpringBootApplication;
```

```
import org.springframework.cloud.netflix.eureka.server.EnableEurekaServer;

@EnableEurekaServer            //指定为 eurekaserver,激活 server 服务
@SpringBootApplication         //指定为 spring - boot 应用
public class ServerApplication {

  public static void main(String[] args) {
    SpringApplication.run(ServerApplication.class, args);
  }

}
```

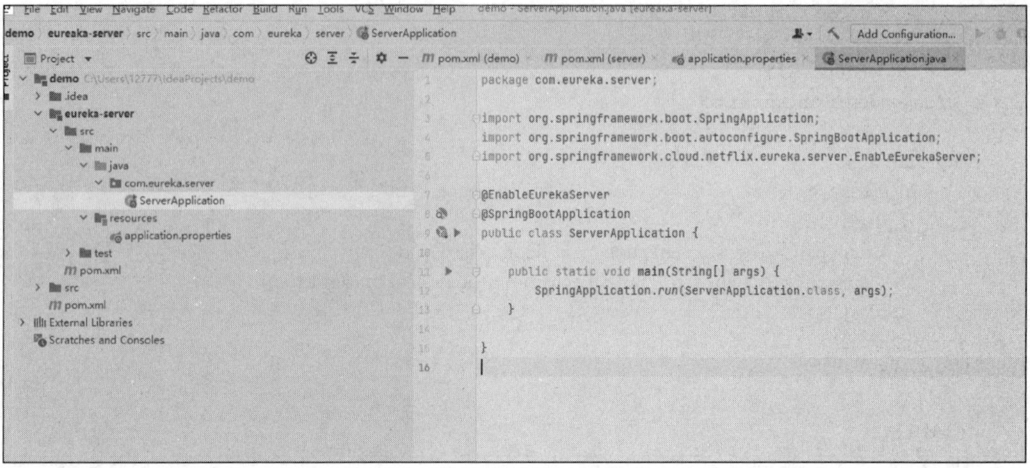

图 11-17　启动类 ServerApplication

4. 浏览器查看

如图 11-18 所示,打开浏览器,输入 properties 文件中设置的服务地址,本例中使用的是 localhost:8080(或 127.0.0.1:8080),可以看到 Eureka 的配置中心已经配置完成了。

图 11-18　eureka-server 配置中心

11.5.3 搭建 Eureka-Client 服务提供者模块

1. 新建 eureka-client 子模块

参考 11.5.1 节中的内容在 demo 工程下新建模块命名为 eureka-client，配置 pom.xml 文件设置坐标指明本模块是 Spring-Cloud 下的 eureka-client 服务。pom 文件内容如下。

```
<?xml version = "1.0" encoding = "UTF - 8"?>
<project xmlns = "http://maven.apache.org/POM/4.0.0"
xmlns:xsi = "http://www.w3.org/2001/XMLSchema - instance"
    xsi:schemaLocation = "http://maven.apache.org/POM/4.0.0
https://maven.apache.org/xsd/maven - 4.0.0.xsd">
  <modelVersion>4.0.0</modelVersion>
  <parent>
    <groupId>org.springframework.boot</groupId>
    <artifactId>spring - boot - starter - parent</artifactId>
    <version>2.5.4</version>
    <relativePath/> <!-- lookup parent from repository -->
  </parent>
  <groupId>com.eureka</groupId>
  <artifactId>client</artifactId>
  <version>0.0.1 - SNAPSHOT</version>
  <name>client</name>
  <description>Demo project for Spring Boot</description>
  <properties>
    <java.version>1.8</java.version>
    <spring - cloud.version>2020.0.3</spring - cloud.version>
  </properties>
  <dependencies>
    <dependency>
      <groupId>org.springframework.cloud</groupId>
      <artifactId>spring - cloud - starter - netflix - eureka - client</artifactId>
    </dependency>

    <dependency>
      <groupId>org.springframework.boot</groupId>
      <artifactId>spring - boot - starter - test</artifactId>
      <scope>test</scope>
    </dependency>
    <dependency>
      <groupId>org.springframework.boot</groupId>
      <artifactId>spring - boot - starter - web</artifactId>
    </dependency>
  </dependencies>
  <dependencyManagement>
    <dependencies>
      <dependency>
        <groupId>org.springframework.cloud</groupId>
        <artifactId>spring - cloud - dependencies</artifactId>
        <version>${spring - cloud.version}</version>
        <type>pom</type>
        <scope>import</scope>
      </dependency>
```

```
    </dependencies>
  </dependencyManagement>

  <build>
    <plugins>
      <plugin>
        <groupId>org.springframework.boot</groupId>
        <artifactId>spring-boot-maven-plugin</artifactId>
      </plugin>
    </plugins>
  </build>

</project>
```

2. 配置 eureka-server 子模块

在 src. main. resources 文件夹下同样新建 application. properties 文件，添加服务的相关信息，告诉 client，eureka-server 的注册中心的地址，application. properties 中的内容如下。

```
spring.application.name=eureka-provider
server.port=8081
eureka.client.serviceUrl.defaultZone=http://localhost:8080/eureka/
```

其中，server. port 指明服务提供者本身的端口号，eureka. client. serviceUrl. defaultZone 则指明 eureka-server 服务中心暴露给外界的服务访问地址，eureka. instance. prefer-ip-address=true 则指定服务提供者通过 IP 地址进行注册，eureka-server 查看注册服务的时候通过服务本身的 IP 地址进行显示。

3. 编写启动类和控制类

新建服务提供者的启动类和控制类，在 src. java 文件下新建包 com. eureka. client，并在该包下新建两个 Java 类，第一个是 ClientApplication，第二个是 ClientController 作为控制类，在启动类中通过 SpringBootApplication 注解来指明该模块可以作为服务单独启用，EnabelEurekaClient 注解指明该服务是 Eureka 注册中心的服务提供者，控制类中配置访问路径和提供的服务内容，这里为了简化，服务内容仅为返回字符串，目录结构如图 11-19 所示。

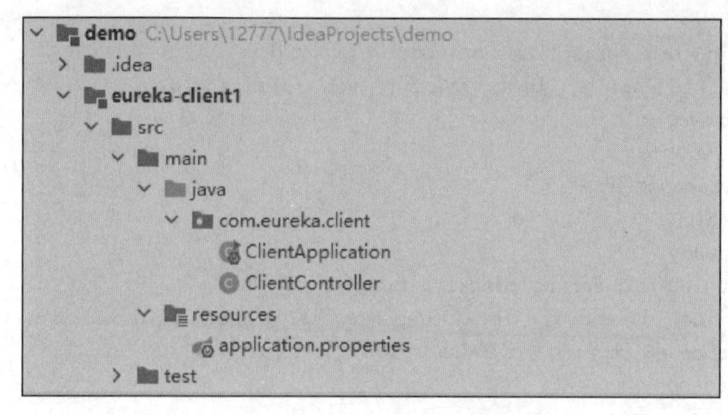

图 11-19　项目目录结构

ClientApplication 文件中的内容如下。

```
package com.eureka.client;

import org.springframework.boot.SpringApplication;
import org.springframework.boot.autoconfigure.SpringBootApplication;
import org.springframework.cloud.netflix.eureka.EnableEurekaClient;

@SpringBootApplication
@EnableEurekaClient  //以 Client 的形式进行激活,这一条在新版本的 SpringCloud 中可以不写
public class ClientApplication {

  public static void main(String[] args) {
    SpringApplication.run(ClientApplication.class, args);
  }

}
```

ClientController 文件中的内容如下。

```
package com.eureka.client;

import org.springframework.web.bind.annotation.RequestMapping;
import org.springframework.web.bind.annotation.RestController;

@RestController
@RequestMapping(value = "/hello")
public class ClientController {

  public String hello() {
    return "hello world";            //服务内容仅让浏览器页面打印 hello world
  }
}
```

4. 浏览器查看

如图 11-20 所示，启动 Client 模块，将服务注册到 Server 端，在浏览器地址栏中输入 Eureka-Server 路径(127.0.0.1：8080)查看，能看到新注册进来的服务。

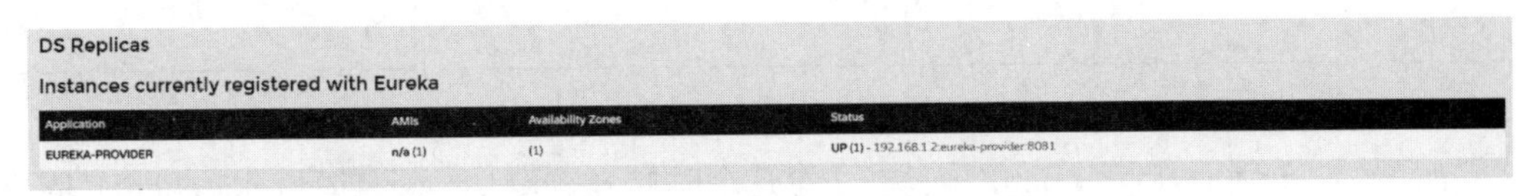

图 11-20　eureka-server 注册服务

11.5.4　Ribbon 负载均衡器的使用

负载均衡器是为了分担微服务提供者的访问压力而设计的分流器，具有同一功能或者类似功能的微服务提供者将服务共同注册到服务中心时，服务消费者通过负载均衡器的配置能够有秩序地借助负载均衡策略访问微服务的提供者，防止单点访问压力过大，系统崩溃。为了模拟多个同类型的服务提供者，参照前面的 Eureka-Client 配置，构建一个新的服务提供者 Eureka-Client2 注册到 Eureka-Server 中，功能保持与之前的 Client 基本一致，同

时构建一个 Eureka-Consumer 担任服务消费者（使用者）的角色，消费者借由 Ribbon 可以轮流调用两个服务提供者的服务，模拟负载分担的情况。值得一提的是，Eureka 内置了 Ribbon 负载分担模块，可以通过简单的配置直接使用。

1. 新建 eureka-client2 服务模块

新建 Eureka-Client2 服务模块，参照 Eureka-Client 配置，Eureka-Client2 的配置内容与 11.5.3 节的内容基本一致，可以新建一个模块命名为 eureka-client2，并将 eureka-client1 中的所有文件复制进来。

2. 修改文件内容

在新建模块下的启动类和控制类以及模块配置文件，详细过程与 11.5.3 节中一致，在配置文件上 application. properties 文件内容需要另外指定端口，这里使用 8082 区别于之前的 client 模块，服务的名称 spring. application. name 需要与之前的 client 模块保持一致，表示两个模块提供的是同一种微服务，方便 Ribbon 调用识别，application. properties 文件内容如下。

```
spring.application.name = eureka - provider
server.port = 8082
eureka.client.serviceUrl.defaultZone = http://localhost:8080/eureka/
```

在控制类 ClientController 中为了区别 eureka-client1 模块的功能，需要将页面返回的字符串内容进行修改，eureka-client2 下的 ClientController 内容如下。

```
package com.eureka.client;

import org.springframework.web.bind.annotation.RequestMapping;
import org.springframework.web.bind.annotation.RestController;

@RestController
@RequestMapping(value = "/hello")
public class ClientController {

  public String hello() {
    return "hello world 2";
  }
}
```

3. 浏览器查看

如图 11-21 所示，启动 client2 模块（注意这个时候 eureka-server 与 eureka-client1 是开启的），可以在 eureka server 页面（127. 0. 0. 1:8080）下看到同一个微服务有两台不同 IP 地址的服务提供者。

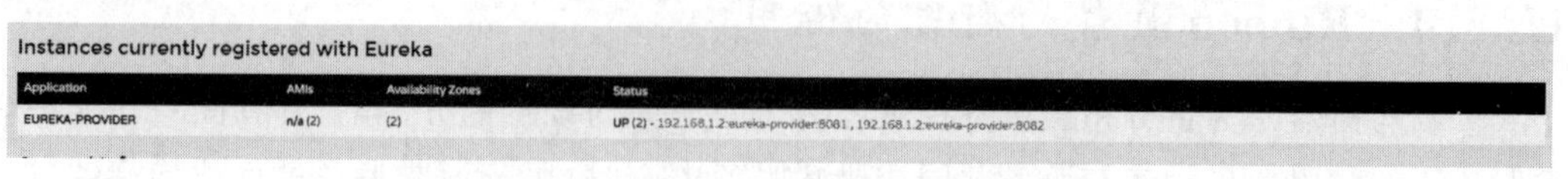
Instances currently registered with Eureka

Application	AMIs	Availability Zones	Status
EUREKA-PROVIDER	n/a (2)	(2)	UP (2) - 192.168.1.2:eureka-provider:8081 , 192.168.1.2:eureka-provider:8082

图 11-21　eureka-server 注册服务中心

4. 搭建服务使用者模块

新建 eureka-consumer 模块，为了测试服务可以以负载均衡的形式被消费者调用，在

Consumer 模块中以 Ribbon 推荐的方式调用服务，在 demo 工程下以 maven 的方式新建 eureka-consumer 模块。编辑 pom. xml 文件配置好所需要的 spring 包，在 src. main. java 文件夹下新建包 com. eureka. consumer，在该包下新建控制类和启动类，同时在 src. main. resources 文件夹下新建文件 application. properties 文件，配置模块端口，构建完成后的目录结构如图 11-22 所示。

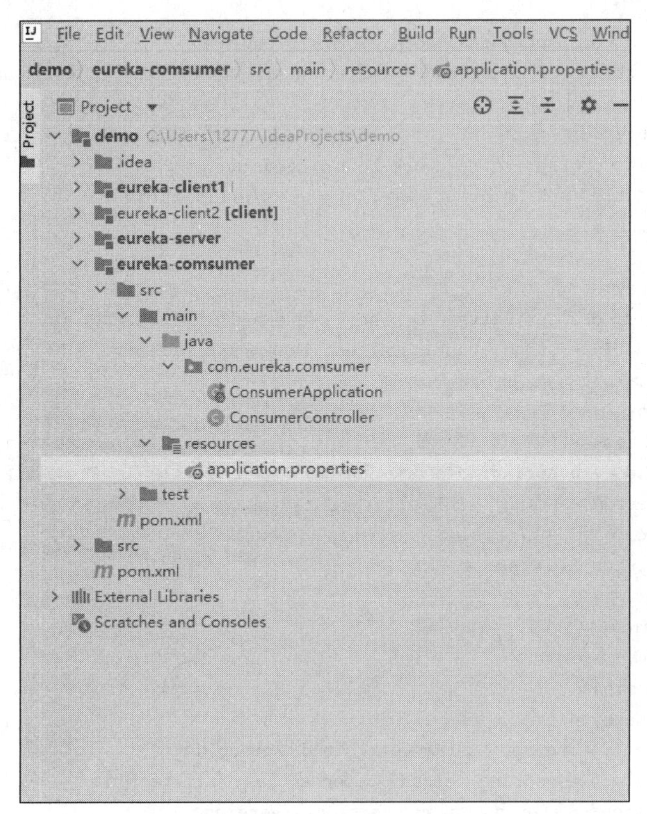

图 11-22　项目目录结构

pom. xml 文件内容如下。

```
<?xml version = "1.0" encoding = "UTF - 8"?>
< project xmlns = "http://maven.apache.org/POM/4.0.0"
xmlns:xsi = "http://www.w3.org/2001/XMLSchema - instance"
    xsi:schemaLocation = "http://maven.apache.org/POM/4.0.0
https://maven.apache.org/xsd/maven - 4.0.0.xsd">
  < modelVersion > 4.0.0 </modelVersion >
  < parent >
    < groupId > org.springframework.boot </groupId >
    < artifactId > spring - boot - starter - parent </artifactId >
    < version > 2.5.4 </version >
    < relativePath/> <!-- lookup parent from repository -- >
  </parent >
  < groupId > com.eureka </groupId >
  < artifactId > consumer </artifactId >
  < version > 0.0.1 - SNAPSHOT </version >
  < name > consumer </name >
```

```
    <description>Demo project for Spring Boot</description>
    <properties>
      <java.version>1.8</java.version>
      <spring-cloud.version>2020.0.3</spring-cloud.version>
    </properties>
    <dependencies>
      <dependency>
        <groupId>org.springframework.cloud</groupId>
        <artifactId>spring-cloud-starter-netflix-eureka-client</artifactId>
      </dependency>
      <dependency>
        <groupId>org.springframework.boot</groupId>
        <artifactId>spring-boot-starter-web</artifactId>
      </dependency>

      <dependency>
        <groupId>org.springframework.boot</groupId>
        <artifactId>spring-boot-starter-test</artifactId>
        <scope>test</scope>
      </dependency>
      <dependency>
        <groupId>org.springframework</groupId>
        <artifactId>spring-web</artifactId>
        <version>5.3.9</version>
        <scope>compile</scope>
      </dependency>
    </dependencies>
    <dependencyManagement>
      <dependencies>
        <dependency>
          <groupId>org.springframework.cloud</groupId>
          <artifactId>spring-cloud-dependencies</artifactId>
          <version>${spring-cloud.version}</version>
          <type>pom</type>
          <scope>import</scope>
        </dependency>
      </dependencies>
    </dependencyManagement>

    <build>
      <plugins>
        <plugin>
          <groupId>org.springframework.boot</groupId>
          <artifactId>spring-boot-maven-plugin</artifactId>
        </plugin>
      </plugins>
    </build>

</project>
```

application.properties 文件内容如下，主要指明服务的端口号以及将服务注册到 eureka-server 中心。

```
spring.application.name = eureka - consumer
server.port = 8083
eureka.client.serviceUrl.defaultZone = http://localhost:8080/eureka/
```

控制类中需要使用 RestTemplate 模板并对服务进行地址映射，启动类中使用注解 LoadBanlanced 使用内置的 Ribbon 模块进行负载均衡，同时使用注解 EnableDiscoveryClient 允许消费者发现并调用 Eureka 中心已经注册的服务内容。

ConsumerApplication 内容如下。

```
package com.eureka.comsumer;

import org.springframework.boot.SpringApplication;
import org.springframework.boot.autoconfigure.SpringBootApplication;
import org.springframework.cloud.client.discovery.EnableDiscoveryClient;
import org.springframework.cloud.client.loadbalancer.LoadBalanced;
import org.springframework.cloud.netflix.eureka.EnableEurekaClient;
import org.springframework.context.annotation.Bean;
import org.springframework.web.client.RestTemplate;

@EnableEurekaClient
@EnableDiscoveryClient
@SpringBootApplication
public class ConsumerApplication {

  @Bean
  @LoadBalanced
  RestTemplate restTemplate() {
    return new RestTemplate();
  }

  public static void main(String[] args) {
    SpringApplication.run(ConsumerApplication.class, args);
  }

}
```

ConsumerController 内容如下。

```
package com.eureka.comsumer;

import org.springframework.beans.factory.annotation.Autowired;
import org.springframework.web.bind.annotation.GetMapping;
import org.springframework.web.bind.annotation.RestController;
import org.springframework.web.client.RestTemplate;

@RestController
public class ConsumerController {

  @Autowired
  private RestTemplate restTemplate;

  @GetMapping("/info")
```

```
    public String getInfo() {
        return this.restTemplate.getForEntity("http://eureka-provider/hello", String.class)
.getBody();
    }
}
```

5. 测试

如图 11-23 所示，打开浏览器，访问 eureka-consumer 的页面（http://localhost:8083/info）内容显示“hello world”，此时刷新页面，由于负载分担机制服务消费者会调用另外一个服务提供者的服务内容，页面显示“hello world 2”，如图 11-24 所示。

图 11-23　刷新前页面

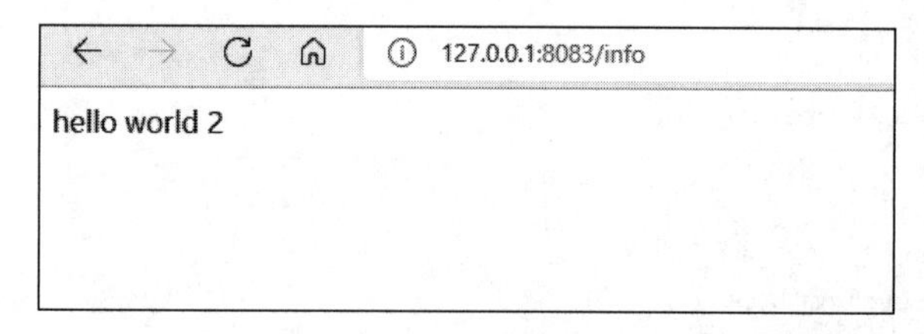

图 11-24　刷新后页面

11.5.5　搭建 Hystrix 模块应对服务宕机情况

当某项服务接受高频访问并超过其性能时可能会出现服务宕机或者出现错误的情况，为了应对服务提供者提供的服务出现异常的场景，Hystrix 模块可以通过配置进行服务的熔断降级，当下层服务因为访问压力过大响应变慢甚至失败时，上层服务暂时切断原有的调用链，进行紧急处理。在之前的例子中，服务的消费者承担的就是上层服务的决策，通过调用两个不同的服务提供者提供的下层服务来向用户展示界面。在下面的例子中，将通过关闭其中的一项服务来模拟服务出现故障的情况，并通过配置和代码编写设置出现服务调用失败时上游服务提供的服务内容。

1. 新建子模块

新建 Hystrix 模块，同之前的步骤在项目中新建一个模块命名为 hystrix，并在 src.main.java 文件夹下新建包名为 com.feign.hystrix 的包，包下新建两个类：控制器类和应用启动类，分别命名为 HystrixController 与 HystrixApplication，同时在 resources 文件夹下新建文件命名为 application，构建完成后目录结构如图 11-25 所示。

修改 pom 文件内容，添加 hystrix 标签，指明该模块为 Hystrix 模块，找到 Hystrix 模块下的 pom.xml 文件，并将如下内容粘贴进去。

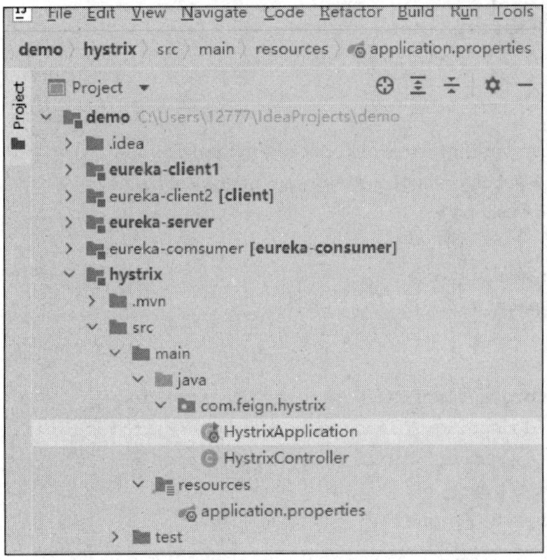

图 11-25　项目目录结构

```xml
<?xml version="1.0" encoding="UTF-8"?>
<project xmlns="http://maven.apache.org/POM/4.0.0"
xmlns:xsi="http://www.w3.org/2001/XMLSchema-instance"
    xsi:schemaLocation="http://maven.apache.org/POM/4.0.0
https://maven.apache.org/xsd/maven-4.0.0.xsd">
  <modelVersion>4.0.0</modelVersion>
  <parent>
    <groupId>org.springframework.boot</groupId>
    <artifactId>spring-boot-starter-parent</artifactId>
    <version>2.5.4</version>
    <relativePath/> <!-- lookup parent from repository -->
  </parent>
  <groupId>com.feign</groupId>
  <artifactId>hystrix</artifactId>
  <version>0.0.1-SNAPSHOT</version>
  <name>hystrix</name>
  <description>Demo project for Spring Boot</description>
  <properties>
    <java.version>1.8</java.version>
    <spring-cloud.version>2020.0.3</spring-cloud.version>
  </properties>
  <dependencies>
    <dependency>
      <groupId>org.springframework.cloud</groupId>
      <artifactId>spring-cloud-starter-netflix-eureka-client</artifactId>
    </dependency>
    <dependency>
      <groupId>org.springframework.cloud</groupId>
      <artifactId>spring-cloud-starter-netflix-hystrix</artifactId>
      <version>2.2.2.RELEASE</version>
    </dependency>
    <dependency>
      <groupId>org.springframework.boot</groupId>
```

```
            <artifactId>spring-boot-starter-web</artifactId>
        </dependency>

        <dependency>
            <groupId>org.springframework.boot</groupId>
            <artifactId>spring-boot-starter-test</artifactId>
            <scope>test</scope>
        </dependency>
    </dependencies>
    <dependencyManagement>
        <dependencies>
            <dependency>
                <groupId>org.springframework.cloud</groupId>
                <artifactId>spring-cloud-dependencies</artifactId>
                <version>${spring-cloud.version}</version>
                <type>pom</type>
                <scope>import</scope>
            </dependency>
        </dependencies>
    </dependencyManagement>

    <build>
        <plugins>
            <plugin>
                <groupId>org.springframework.boot</groupId>
                <artifactId>spring-boot-maven-plugin</artifactId>
            </plugin>
        </plugins>
    </build>

</project>
```

2. 配置Hytrix子模块

在application.properties配置文件中指明服务的名称端口号，以及Eureka注册中心的地址，application.properties文件内容如下。

```
spring.application.name=eureka-consumer-hystrix
server.port=8084
eureka.client.serviceUrl.defaultZone=http://localhost:8080/eureka/
```

3. 编写启动类和控制类

在HystrixApplication类中使用@EnableHystrix注解激活Hystrix模块，HystrixApplication类文件内容如下。

```
package com.eureka.comsumer;

import org.springframework.boot.SpringApplication;
import org.springframework.boot.autoconfigure.SpringBootApplication;
import org.springframework.cloud.client.discovery.EnableDiscoveryClient;
import org.springframework.cloud.client.loadbalancer.LoadBalanced;
import org.springframework.cloud.netflix.eureka.EnableEurekaClient;
import org.springframework.context.annotation.Bean;
```

```
import org.springframework.web.client.RestTemplate;

@EnableEurekaClient
@EnableDiscoveryClient
@SpringBootApplication
public class ConsumerApplication {

  @Bean
  @LoadBalanced
  RestTemplate restTemplate() {
    return new RestTemplate();
  }

  public static void main(String[] args) {
    SpringApplication.run(ConsumerApplication.class, args);
  }

}
```

在 HystrixController 类文件中通过@GetMapping 注解指明访问域名，通过@HystrixCommand 注解指明发生服务熔断时调用的方法，HystrixController 内容如下。

```
package com.feign.hystrix;

import com.netflix.hystrix.contrib.javanica.annotation.HystrixCommand;
import org.slf4j.Logger;
import org.slf4j.LoggerFactory;
import org.springframework.beans.factory.annotation.Autowired;

import org.springframework.web.bind.annotation.GetMapping;
import org.springframework.web.bind.annotation.RestController;
import org.springframework.web.client.RestTemplate;

@RestController

public class HystrixController {
  private Logger log = LoggerFactory.getLogger(this.getClass());

  @Autowired
  private RestTemplate restTemplate;

  @GetMapping("/info")
  @HystrixCommand(fallbackMethod = "getDefault")//getDefault 为熔断时调用的方法名,注意
//正常服务调用的返回值要和发生 fallback 情况下调用方法的返回值相同
  public String getInfo() {
    return this.restTemplate.getForEntity("http://eureka-provider/hello", String.class)
.getBody();
  }//正常调用时调用之前的 eureka-consumer 服务内容

  public String getDefault() {
    return "the default";
  }//发生熔断时页面返回 the default 字符串

}
```

4. 测试

如图 11-26 所示，启动 Hystrix 模块并访问 127.0.0.1：8080 查看 eureka-server 页面可以看到之前配置的所有模块的内容。

DS Replicas

Instances currently registered with Eureka

Application	AMIs	Availability Zones	Status
EUREKA-CONSUMER	n/a (1)	(1)	UP (1) - 192.168.1.2:eureka-consumer:8083
EUREKA-CONSUMER-HYSTRIX	n/a (1)	(1)	UP (1) - 192.168.1.2:eureka-consumer-hystrix:8084
EUREKA-PROVIDER	n/a (2)	(2)	UP (2) - 192.168.1.2:eureka-provider:8081 , 192.168.1.2:eureka-provider:8082

图 11-26　eureka-server 服务注册中心

在原本正常的情况下，Hystrix 模块应该调用 eureka-client1 和 eureka-client2 模块提供的服务，访问返回的字符应该为 hello world 或者 hello world2，现在关闭 eureka-client2 服务来模拟下层服务发生故障的情况访问 Hystrix 模块页面(127.0.0.1:8084/info)，可以看到返回的页面发生了变化，如图 11-27 所示。

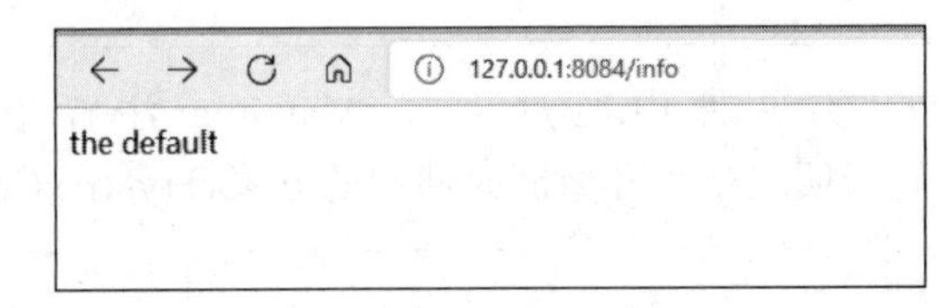

图 11-27　发生故障时的页面

11.5.6　Zuul 网关实现动态路由

Zuul 作为 Netflix 开源的 API 网关服务器，能为微服务云平台提供动态路由、压力测试、负载分配、身份认证等功能，其本质是一系列的过滤器。本节将构建一个简单的 Zuul 网关模块实现简单的动态路由功能。类似于之前的内容，Zuul 网关模块搭建同样分成三个部分：创建工程模块并配置 pom 文件导入坐标，配置启动类启动网关服务器功能，编写配置文件内容指定服务的访问路径并编写路由规则。

1. 新建子模块

构建 Zuul 模块，在项目中新建模块命名为 zuul，同样先配置好模块的 pom 文件，添加依赖，pom 文件内容如下。

```
<?xml version = "1.0" encoding = "UTF - 8"?>
<project xmlns = "http://maven.apache.org/POM/4.0.0"
xmlns:xsi = "http://www.w3.org/2001/XMLSchema - instance"
    xsi:schemaLocation = "http://maven.apache.org/POM/4.0.0
https://maven.apache.org/xsd/maven - 4.0.0.xsd">
  <modelVersion>4.0.0</modelVersion>
  <parent>
    <groupId>org.springframework.boot</groupId>
    <artifactId>spring - boot - starter - parent</artifactId>
    <version>1.5.22.RELEASE</version>
    <relativePath/> <!-- lookup parent from repository -->
  </parent>
  <groupId>com.zuul</groupId>
  <artifactId>gate</artifactId>
```

```xml
    <version>0.0.1-SNAPSHOT</version>
    <name>gate</name>
    <description>Demo project for Spring Boot</description>
    <properties>
        <java.version>1.8</java.version>
        <spring-cloud.version>2020.0.3</spring-cloud.version>
    </properties>
    <dependencies>
        <dependency>
            <groupId>org.springframework.cloud</groupId>
            <artifactId>spring-cloud-starter-netflix-zuul</artifactId>
        </dependency>
        <dependency>
            <groupId>org.springframework.boot</groupId>
            <artifactId>spring-boot-starter-web</artifactId>
        </dependency>
        <dependency>
            <groupId>org.springframework.cloud</groupId>
            <artifactId>spring-cloud-starter-netflix-eureka-client</artifactId>
        </dependency>


        <dependency>
            <groupId>org.springframework.boot</groupId>
            <artifactId>spring-boot-starter-test</artifactId>
            <scope>test</scope>
        </dependency>
    </dependencies>
    <dependencyManagement>
        <dependencies>
            <dependency>
                <groupId>org.springframework.cloud</groupId>
                <artifactId>spring-cloud-dependencies</artifactId>
                <version>Edgware.SR3</version>
                <type>pom</type>
                <scope>import</scope>
            </dependency>
        </dependencies>
    </dependencyManagement>

    <build>
        <plugins>
            <plugin>
                <groupId>org.springframework.boot</groupId>
                <artifactId>spring-boot-maven-plugin</artifactId>
            </plugin>
        </plugins>
    </build>

</project>
```

2. 编写启动类和控制类

同之前章节的内容在响应的文件夹下新建包 com.zuul.gate，并在该包下新建启动类和控制类 Java 文件，为了将服务启动和展示服务内容，需要编写启动类 GateApplication，在 Zuul 模块下建类文件，将下面的内容添加进去。启动类中通过注解@EnableZuulProxy 标明这是一个 Zuul 应用服务，在控制类中编写页面显示的内容，启动类 GateApplication 的内容如下。

```
package com.zuul.gate;

import org.springframework.boot.SpringApplication;
import org.springframework.boot.autoconfigure.SpringBootApplication;
import org.springframework.cloud.netflix.zuul.EnableZuulProxy;

@EnableZuulProxy
@SpringBootApplication
public class GateApplication {

  public static void main(String[] args) {
    SpringApplication.run(GateApplication.class, args);
  }
}
```

控制类 TestController 的内容如下。

```
package com.zuul.gate;

import org.springframework.web.bind.annotation.GetMapping;
import org.springframework.web.bind.annotation.RestController;

@RestController
public class TestController {

  @GetMapping("/api-a/**")  //URL 地址与后文中的 application.properties 配置的路径对应,
                            //** 表示任意字符
  public String hello() {
    return "hello";
  }
}
```

3. 配置子模块

在 resources 文件夹下新建配置文件 application. properties，为 Zuul 设置路由规则，即将其捕获到的 URL 映射到真正想要访问的微服务当中。下面的配置文件中表示 Zuul 模块的访问端口为 8085 将所有/api-a/ ** 的路径映射到前面 eureka-server 中已经注册的 eureka-provider 服务当中。之前 eureka-provider 服务访问链接为 127.0.0.1：8081/hello 或者 127.0.0.1：8082/hello 的形式，由于网关模块路由的作用可以访问 127.0.0.1：8085/api-a/ ** 来获取到服务。

```
server.port=8085
spring.application.name=zuul-gateway
zuul.routes.api-a.path=/api-a/**
zuul.routes.api-a.service-id=eureka-provider
eureka.client.serviceUrl.defaultZone=http://localhost:8080/eureka/
```

4. 测试

如图 11-28 所示，在浏览器地址中输入配置好的 URL(127.0.0.1：8085/api-a/xx)，其中，xx 可以使用任意字符替换，可以看到页面正常显示。

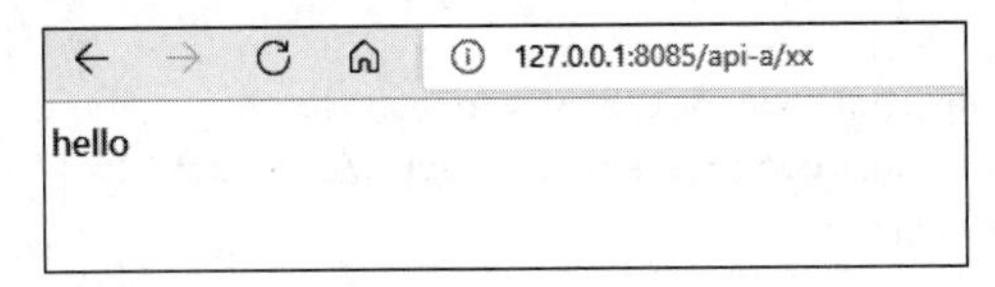

图 11-28　Zuul 动态路由访问

11.5.7　Spring Cloud Config 实现配置文件集中管理

Spring Cloud Config 是一个解决分布式系统的配置管理方案，在微服务架构中服务的配置文件繁杂多样，以本地化的形式存储在各自服务器上为管理和维护增添了许多麻烦，而 Spring Cloud Config 项目则将项目中所使用到的所有配置文件进行统一管理，它分为 Client 端和 Server 端两个部分。Server 端提供配置文件的存储和内容发布，而 Client 端则通过 Server 服务的接口获取配置文件数据用以初始化自身应用。

1. 构建配置中心服务器 config-server

创建一个新项目命名为 config-server，同之前的内容一样分为三部分：pom 文件编写、主程序启动类编写、服务配置文件编写。在 pom 文件中添加依赖标明模块功能为 spring-cloud-config-server，pom 文件内容如下。

```
<?xml version = "1.0" encoding = "UTF - 8"?>
<project xmlns = "http://maven.apache.org/POM/4.0.0"
xmlns:xsi = "http://www.w3.org/2001/XMLSchema - instance"
    xsi:schemaLocation = "http://maven.apache.org/POM/4.0.0
https://maven.apache.org/xsd/maven - 4.0.0.xsd">
  <modelVersion> 4.0.0 </modelVersion>
  <parent>
    <groupId> org.springframework.boot </groupId>
    <artifactId> spring - boot - starter - parent </artifactId>
    <version> 2.5.4 </version>
    <relativePath/> <!-- lookup parent from repository -->
  </parent>
  <groupId> com.config </groupId>
  <artifactId> server </artifactId>
  <version> 0.0.1 - SNAPSHOT </version>
  <name> server </name>
  <description> Demo project for Spring Boot </description>
  <properties>
    <java.version> 1.8 </java.version>
    <spring - cloud.version> 2020.0.3 </spring - cloud.version>
  </properties>
  <dependencies>
    <dependency>
      <groupId> org.springframework.cloud </groupId>
      <artifactId> spring - cloud - config - server </artifactId>
    </dependency>
    <dependency>
```

```
            <groupId>org.springframework.cloud</groupId>
            <artifactId>spring-cloud-starter-netflix-eureka-client</artifactId>
        </dependency>

        <dependency>
            <groupId>org.springframework.boot</groupId>
            <artifactId>spring-boot-starter-test</artifactId>
            <scope>test</scope>
        </dependency>
    </dependencies>
    <dependencyManagement>
        <dependencies>
            <dependency>
                <groupId>org.springframework.cloud</groupId>
                <artifactId>spring-cloud-dependencies</artifactId>
                <version>${spring-cloud.version}</version>
                <type>pom</type>
                <scope>import</scope>
            </dependency>
        </dependencies>
    </dependencyManagement>

    <build>
        <plugins>
            <plugin>
                <groupId>org.springframework.boot</groupId>
                <artifactId>spring-boot-maven-plugin</artifactId>
            </plugin>
        </plugins>
    </build>

</project>
```

与之前内容类似，在src-main-java下新建包com.config.server，并在该包下新建启动类ServerApplication.java，在类中通过注解指定模块启用config配置中心功能，代码如下。

```java
package com.config.server;

import org.springframework.boot.SpringApplication;
import org.springframework.boot.autoconfigure.SpringBootApplication;
import org.springframework.cloud.client.discovery.EnableDiscoveryClient;
import org.springframework.cloud.config.server.EnableConfigServer;

@EnableConfigServer
@EnableDiscoveryClient
@SpringBootApplication
public class ServerApplication {

    public static void main(String[] args) {
        SpringApplication.run(ServerApplication.class, args);
    }

}
```

而在配置文件的编写中有两部分，首先需要在 resources 文件夹下新建 application.properties 配置文件，配置 config-server 服务本身的相关信息，本例将 server 的端口设置为 8888，同时将配置文件获取的方式设置为 native，表示 server 端服务提供给 client 端的配置文件全部存储在 server 端的本机中。值得注意的是，client 端需要的配置文件可以存放在远端 git 服务器上并在 server 端通过相关配置指向这个专门存放配置文件的 git 服务器，这样就形成了 client 端通过 server 端在远端的 git 服务器上拿到配置文件的关系，为了快速部署项目，本例没有使用 git 服务，application.properties 配置文件内容如下。

```
spring.application.name = config - server
server.port = 8888
spring.cloud.config.discovery.enabled = true
spring.profiles.active = native                    #表示配置文件存储在本地
eureka.client.serviceUrl.defaultZone = http://localhost:8080/eureka/
```

第二部分需要编写 client 端所需要的配置文件，在 resources 文件夹下新建 configtest.properties 配置文件充当 client 端所请求的配置文件，注意这个文件名称，client 端的配置文件中需要使用，文件内容如下，仅做一个字符串的映射。

```
word = hello world
```

2. 构建配置访问服务器 config-client

新建模块 config-client 用作读取配置中心提供的配置文件的客户端，修改 pom.xml 文件内容进行依赖添加，pom 文件内容如下。

```
<?xml version = "1.0" encoding = "UTF - 8"?>
<project xmlns = "http://maven.apache.org/POM/4.0.0"
xmlns:xsi = "http://www.w3.org/2001/XMLSchema - instance"
    xsi:schemaLocation = "http://maven.apache.org/POM/4.0.0
https://maven.apache.org/xsd/maven - 4.0.0.xsd">
  <modelVersion> 4.0.0 </modelVersion>
  <parent>
    <groupId> org.springframework.boot </groupId>
    <artifactId> spring - boot - starter - parent </artifactId>
    <version> 2.5.4 </version>
    <relativePath/> <!--  lookup parent from repository -->
  </parent>
  <groupId> com.config </groupId>
  <artifactId> client </artifactId>
  <version> 0.0.1 - SNAPSHOT </version>
  <name> client </name>
  <description> Demo project for Spring Boot </description>
  <properties>
    <java.version> 1.8 </java.version>
    <spring - cloud.version> 2020.0.3 </spring - cloud.version>
  </properties>
  <dependencies>
    <dependency>
      <groupId> org.springframework.cloud </groupId>
      <artifactId> spring - cloud - starter - config </artifactId>
    </dependency>
```

```
        <dependency>
            <groupId>org.springframework.boot</groupId>
            <artifactId>spring-boot-starter-web</artifactId>
        </dependency>
        <dependency>
            <groupId>org.springframework.cloud</groupId>
            <artifactId>spring-cloud-starter-bootstrap</artifactId>
            <version>3.0.2</version>
        </dependency>

        <dependency>
            <groupId>org.springframework.cloud</groupId>
            <artifactId>spring-cloud-starter-netflix-eureka-client</artifactId>
        </dependency>

        <dependency>
            <groupId>org.springframework.boot</groupId>
            <artifactId>spring-boot-starter-test</artifactId>
            <scope>test</scope>
        </dependency>
    </dependencies>
    <dependencyManagement>
        <dependencies>
            <dependency>
                <groupId>org.springframework.cloud</groupId>
                <artifactId>spring-cloud-dependencies</artifactId>
                <version>${spring-cloud.version}</version>
                <type>pom</type>
                <scope>import</scope>
            </dependency>
        </dependencies>
    </dependencyManagement>

    <build>
        <plugins>
            <plugin>
                <groupId>org.springframework.boot</groupId>
                <artifactId>spring-boot-maven-plugin</artifactId>
            </plugin>
        </plugins>
    </build>

</project>
```

为了读取配置中心的配置文件，client 需要指定自己访问的配置中心地址和所需要获取的配置文件名称，在 resources 文件夹下新建文件 bootstrap.properties，并添加如下信息。

```
spring.cloud.config.name=configtest              #指定配置文件的名称
spring.cloud.config.profile=native               #指定获取配置文件的方法是在 server 端本地获取
spring.cloud.config.label=master                 #获取配置文件的分支，默认是 master。如果是本地
                                                 #获取的话，则无用
spring.cloud.config.discovery.enabled=true       #开启配置信息可被发现
```

```
spring.cloud.config.discovery.service-id=config-server  #绑定 config-server 服务名
#称,这个名称需要与 config-server 端的配置文件中一致
eureka.client.serviceUrl.defaultZone=http://localhost:8080/eureka/
```

同时,client 服务提供页面访问的功能,所以还需要指定自己的访问端口和服务名称,在 resources 文件夹下新建文件 application.properties,指明 client 端服务的名称和端口号。

```
spring.application.name=config-client
server.port=8087
```

编写 Client 的启动类和控制类,在 config-client 模块的 src.main.java 文件夹下新建包 com.config.client,在该包下新建两个文件：ClientApplicationl.java 与 ClientController.java。

ClientApplication.java 内容如下。

```
package com.config.client;

import org.springframework.boot.SpringApplication;
import org.springframework.boot.autoconfigure.SpringBootApplication;
import org.springframework.cloud.client.discovery.EnableDiscoveryClient;

@EnableDiscoveryClient
@SpringBootApplication
public class ClientApplication {
  public static void main(String[] args) {
    SpringApplication.run(ClientApplication.class, args);
  }
}
```

ClientController.java 内容如下。

```
package com.config.client;

import org.springframework.beans.factory.annotation.Value;
import org.springframework.web.bind.annotation.RequestMapping;
import org.springframework.web.bind.annotation.RequestParam;
import org.springframework.web.bind.annotation.RestController;

@RestController
    public class ClientController {

        @Value("${word}")
        private String word;

     @RequestMapping("/hello")
     public String index(@RequestParam String name) {
      return name+","+this.word;
     }//@RequestParam String name 注解获取 URL 后的访问参数
    }
```

其中,@Value 注解默认是从 application.properties 配置文件中获取的参数,但是这里在客户端并没有进行配置,该配置在配置中心服务端,本例已经通过 bootstrap.properties 配置文件中的内容将相关参数的请求指向到了 config-server 上,到此,客户端项目构建完成。

3. 测试

如图 11-29 所示，启动 config-server，config-client 启动类浏览器访问 127.0.0.1：8087/hello? name＝client 可以看到页面中显示“client hello world”，表示 client 端服务可以正常拿到 server 端上的配置文件的内容（word＝hello world）。

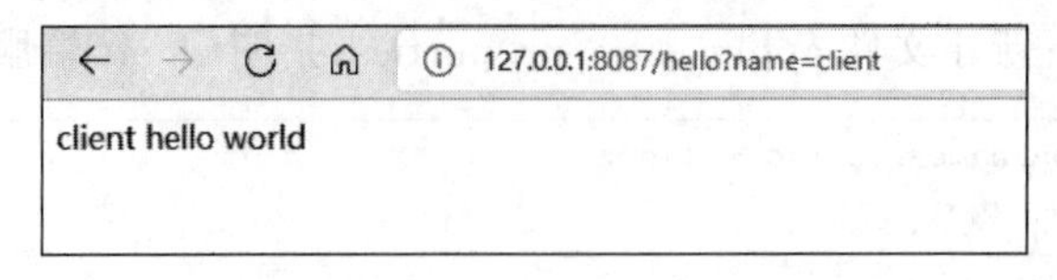

图 11-29　config-client 页面访问

11.6　微服务开发模式

在单块应用架构的时代，为了节省成本、快速实现目标，企业或者组织一般都会根据技能类型的差异化来划分团队。这个划分策略的缺点是，即便是某些简单的需求变更，都有可能导致不同团队之间跨组织、跨团队的协作，耗费很高的跨团队的沟通和协作成本。微服务架构的开发模式不同于传统方式，它倡导围绕应用程序为核心，按业务能力来划分为不同的团队。每个团队都要求能够对每个服务，将其对应的业务领域的全部功能实现。例如，团队需负责某业务需求的更改，从用户体验界面到业务逻辑实现，再到数据的存储和迁移等。

微服务架构这种开发模式，得益于微服务响应速度快、易于集成、开发效率高等特点。然而构建微服务架构需要额外的开销来支持和管理微服务。在业务简单、团队规模较小的时候，单体架构比微服务架构具有更高的生产率。但是随着业务复杂性的增加和团队规模的扩大，微服务的松散耦合自治特性能有效提升系统的开发效率。总体而言，微服务架构更适合大型、复杂、更新频率高的应用。

以下从服务的拆分和运维 DevOps 等方面介绍基于微服务架构的开发模式。

11.6.1　服务的拆分

微服务架构是一种架构模式，它提倡将单一应用程序划分成一组小的服务，服务之间互相协调、互相配合，为用户提供最终价值。在构建微服务应用时需要将应用拆分为多个粒度适中的服务。在微服务拆分过程中需遵循以下原则。

1. 高内聚低耦合，服务粒度适中

在微服务架构中，每个微服务都应围绕具体的业务进行构建，服务大小应该适中。在拆分微服务过程中，应尽量降低服务间的耦合。服务拆分是为了横向扩展，因而应该横向拆分。

微服务的纵向拆分最多三层。分别是：①基础服务层：用于屏蔽数据库、缓存层，提供原子的对象查询接口。上层在访问数据库时仅调用这一层的接口，不直接访问数据库和缓存。②组合服务层：调用基础服务层，完成较为复杂的业务逻辑，实现分布式业务。③控制层：为外部提供调用组合服务的接口。

2. 围绕业务概念建模

围绕业务建模是指以软件模型方式描述系统业务所涉及的对象和要素，以及对象的属性、行为和对象间的关系。围绕业务建模强调以体系的方式来理解、设计和构建应用系统。

在构建微服务系统过程中，使用业务模型可以确定微服务的功能边界。根据业务模型设计的微服务系统能有效提升微服务的凝聚力和自主性。此外，围绕业务构建系统模型能够更好地反映微服务系统业务流程的变化。

3. 演进式拆分

在拆分微服务应用时，难以一次给出合适的拆分粒度，可以使用"先粗后细"的方式拆分。在刚开始拆分时，可以将应用划分为几个粗粒度的子服务。当对服务有了更多认识后，会不断调整粒度，进行服务的进一步拆分、合并。微服务拆分后，服务之间的依赖关系复杂。循环调用会导致微服务之间相互依赖，系统难以维护。因而层次之间的调用，应遵循如下的规定。

(1) 基础服务层负责数据库的操作和一些简单的业务逻辑，不允许调用其他任何服务。

(2) 组合服务层可以调用基础服务层，完成复杂的业务逻辑；可以调用其他组合服务层，但不允许循环调用，也不允许调用控制层服务。

(3) 控制层可以调用组合业务层服务，但不允许被其他服务调用。

(4) 如果有的组合服务处理流程很长，需要调用多个外部服务，应该考虑如何通过消息队列，实现异步化和解耦。

在刚开始构建系统时，系统业务较为简单，企业通常使用单体架构开发应用。而随着系统业务复杂度提升，需要将单体应用重构为微服务架构以提升系统服务效率。重构单体应用的基本步骤如下。

(1) 将新加特性构建为微服务。在构建微服务系统时，可以将新增功能构建为微服务。在构建微服务过程中，需要隔离旧应用以提升系统的扩展性。

(2) 对旧应用进行分解。在分解单体应用过程中，首先需要围绕业务对系统进行建模，然后不断地提取微服务，直到应用中全部的"限界上下文"都提取为微服务，或其中所剩内容已无必要再提取。

(3) 提取组件为服务标准。在提取组件过程中，需要识别整体架构内的"限界上下文"，把不一致的概念分开。

在拆分微服务过程中，需要不断调整拆分粒度，避免微服务过大或过小。在拆分微服务时，可以通过以下方式确定服务粒度。

(1) 根据业务范围和功能确定服务粒度。微服务架构将应用拆分成多个核心功能，每个功能都被称为一项服务。在拆分微服务过程中，可以对系统业务进行建模并分析业务的范围和功能，从而确定服务粒度。

(2) 根据服务编制确定服务粒度。微服务架构将系统拆分为多个微服务。与传统架构相比，微服务架构通过各微服务之间的协作来实现一个完整的业务流程，这种协作就是服务编制。在微服务架构中，应当调整服务粒度避免服务编制过多或过少。

(3) 根据团队规模确定服务粒度。在微服务系统中，微服务粒度越小，耗费的管理资源越多。因此可以根据团队规模确定服务粒度。

11.6.2 微服务和 DevOps

DevOps(Development 和 Operations 的组合词)是一组过程、方法与系统的统称，用于促进开发(应用程序/软件工程)、技术运营和质量保障(QA)部门之间的沟通、协作与整合。

它是一种重视软件开发人员(Dev)和IT运维技术人员(Ops)之间沟通合作的文化、运动或惯例。DevOps通过自动化的软件交付和架构变更的流程,使得构建、测试、发布软件能够更加快捷、频繁和可靠。目前的软件行业也日益清晰地认识到:为了按时交付软件产品和服务,开发和运维工作必须紧密合作。

构建基于微服务的应用时,如果不采用DevOps等自动化工具,工作量之大,复杂度之高将难以估量。其工作量和难度主要体现在以下几个方面:①微服务的实施常常将原先一个应用拆分成数十个,对于每个拆分后的微服务进行编译、打包、部署是原来工作量的数倍;②多个微服务采用框架各异,微服务部署所依赖的基础环境相对复杂烦琐;③由于涉及多个团队协作开发,微服务需求的管理,项目的管控较为艰巨;④微服务时常频繁地进行应用更新,代码编译、版本控制、代码质量等的保障任务更具挑战。

因此,微服务的实施必然要具备需求管理、代码版本管理、质量管理、构建管理、测试管理、部署管理、环境管理等工具链。除此之外,还需要开发部门与运维部门的协作。因此,有研究者认为DevOps是微服务实施的充分必要条件。

小　　结

微服务是一种用于构建应用的架构方案。微服务架构能够将复杂臃肿的单体应用进行细粒度的服务化拆分,每个拆分出来的服务各自独立打包部署,并交由小团队进行开发和运维,从而极大地提高应用交付的效率。本章首先介绍了软件服务架构的发展,介绍了微服务的概念、架构体系、设计模式和常用的微服务架构方案,然后介绍了经典的微服务开发框架Spring Cloud,包括Eureka、Ribbon、Hystrix、Zuul、Config等5大核心组件,并给出了实际编程案例;最后介绍了微服务的开发模式,包括服务拆分的准则等。

思　考　题

1. 什么是微服务?请简述微服务的含义和特点。
2. 请描述微服务架构体系的组成。
3. 主流的微服务框架有哪些?有哪些设计模式?
4. 简述微服务的发展历程。
5. 简述微服务架构与SOA架构的区别。
6. 微服务有哪些组合方式?分别简述这些方式。
7. 简述Spring Cloud架构的主要组成部分。
8. 简述服务发现框架的作用。
9. 微服务架构中负载均衡器和熔断器的作用是什么?
10. 请简述微服务的构建规范,及其服务拆分应遵循的原则。

附录A JAX-WS 自动生成的 WSDL 文件

```
This XML file does not appear to have any style information associated with it. The document tree
is shown below.
<!-- Published by JAX-WS RI (http://jax-ws.java.net). RI's version is JAX-WS RI 2.2.9-
b130926.1035 svn-revision#5f6196f2b90e9460065a4c2f4e30e065b245e51e. -->
<!-- Generated by JAX-WS RI (http://jax-ws.java.net). RI's version is JAX-WS RI 2.2.9-
b130926.1035 svn-revision#5f6196f2b90e9460065a4c2f4e30e065b245e51e. -->
<definitions
    xmlns:wsu="http://docs.oasis-open.org/wss/2004/01/oasis-200401-wss-wssecurity-
utility-1.0.xsd"
    xmlns:wsp="http://www.w3.org/ns/ws-policy"
    xmlns:wsp1_2="http://schemas.xmlsoap.org/ws/2004/09/policy"
    xmlns:wsam="http://www.w3.org/2007/05/addressing/metadata"
    xmlns:soap="http://schemas.xmlsoap.org/wsdl/soap/"
    xmlns:tns="http://student/"
    xmlns:xsd="http://www.w3.org/2001/XMLSchema"
    xmlns="http://schemas.xmlsoap.org/wsdl/"
    targetNamespace="http://student/"
    name="ScoreServiceImplService">
    <types>
        <xsd:schema>
            <xsd:import namespace="http://student/"
                    schemaLocation="http://localhost:9999/score?xsd=1" />
            </xsd:schema>
    </types>
    <message name="search">
        <part name="parameters" element="tns:search" />
    </message>
    <message name="searchResponse">
        <part name="parameters" element="tns:searchResponse" />
    </message>
    <message name="getAverage">
        <part name="parameters" element="tns:getAverage" />
    </message>
    <message name="getAverageResponse">
        <part name="parameters" element="tns:getAverageResponse" />
    </message>
    <portType name="ScoreService">
        <operation name="search">
            <input wsam:Action="http://student/ScoreService/searchRequest"
                    message="tns:search" />
            <output wsam:Action="http://student/ScoreService/searchResponse"
                    message="tns:searchResponse" />
```

```
        </operation>
        <operation name="getAverage">
            <input wsam:Action="http://student/ScoreService/getAverageRequest"
                   message="tns:getAverage" />
            <output wsam:Action="http://student/ScoreService/getAverageResponse"
                   message="tns:getAverageResponse" />
        </operation>
    </portType>
    <binding name="ScoreServiceImplPortBinding" type="tns:ScoreService">
        <soap:binding transport="http://schemas.xmlsoap.org/soap/http"
              style="document" />
        <operation name="search">
              <soap:operation soapAction="" />
              <input>
                  <soap:body use="literal" />
              </input>
              <output>
                  <soap:body use="literal" />
              </output>
        </operation>
        <operation name="getAverage">
            <soap:operation soapAction="" />
            <input>
                <soap:body use="literal" />
            </input>
            <output>
                <soap:body use="literal" />
            </output>
        </operation>
    </binding>
    <service name="ScoreServiceImplService">
        <port name="ScoreServiceImplPort"
              binding="tns:ScoreServiceImplPortBinding">
              <soap:address location="http://localhost:9999/score" />
        </port>
    </service>
</definitions>
```

参考文献

[1] 库鲁里斯,金蓓弘.分布式系统：分布式系统概念与设计[M].北京：机械工业出版社,2013.

[2] 张云勇.中间件技术原理与应用[M].北京：清华大学出版社,2004.

[3] 林子雨.大数据技术原理与应用[M].北京：人民邮电出版社,2015.

[4] 奉继承.金蝶中间件：浅析深究什么是中间件[EB/OL].(2014-09-05)[2021-08-11]. https://blog.csdn.net/cph18/article/details/39077231.

[5] 观研报告网.2019年我国中间件行业市场规模持续增长　IBM、Oracle市场份额比重最大[EB/OL].(2019-12-06)[2021-08-11]. http://free.chinabaogao.com/it/201912/1264BV52019.html.

[6] 云原生产业联盟.云原生中间件白皮书(2020年)[EB/OL].(2020-07)[2021-08-11]. https://www.alauda.cn/Upload/thumpic/202008/2020081017108293.pdf.

[7] Dean J,Ghemawat S. MapReduce: Simplified Data Processing on Large Clusters[C]. Sixth Symposium on Operating System Design & Implementation. USENIX Association,2004.

[8] Chang F,Dean J,Ghemawat S,et al. Bigtable: A Distributed Storage System for Structured Data[J]. Acm Transactions on Computer Systems,2008,26(2): 1-26.

[9] Sanjay G,Howard G,Shun-T L. The Google File System[J]. ACM SIGOPS Operating Systems Review,2003,37(5): 29-43.

[10] TechTarget. DCE(Distributed Computing Environment)[EB/OL].(2007-04)[2021-08-10]. https://searchnetworking.techtarget.com/definition/DCE.

[11] Puder,Arno,Kay R,Frank P. Distributed Systems Architecture: a Middleware Approach[M]. Elsevier,2011.

[12] Myerson,Judith M. The Complete Book of Middleware[M]. CRC Press,2002.

[13] Bauer,Christian,Gavin K. Hibernate in Action[M]. Vol. 1. Greenwich CT: Manning,2005.

[14] Mowbray,Thomas J,Raphael C Malveau. CORBA Design Patterns[M]. John Wiley & Sons,Inc.,1997.

[15] Oracle. The CORBA Programming Model[EB/OL].[2021-08-11]. https://docs.oracle.com/cd/E15261_01/tuxedo/docs11gr1/tech_articles/CORBA.html.

[16] Microsoft. COM Technical Overview[EB/OL].(2018-05-31)[2021-08-11]. https://docs.microsoft.com/en-us/windows/win32/com/com-technical-overview.

[17] Microsoft. COM+(Component Services)[EB/OL].(2018-05-31)[2021-08-11]. https://docs.microsoft.com/en-us/windows/win32/cossdk/component-services-portal.

[18] Oracle. General Inter-ORB Protocol[EB/OL].[2021-08-11]. https://docs.oracle.com/cd/E13211_01/wle/wle42/corba/giop.pdf.

[19] Wikipedia. MVC-Wikipedia[EB/OL].(2021-04-15)[2021-08-16]. https://zh.wikipedia.org/wiki/MVC.

[20] 博客园.对象设计解耦的方法IOC和DI[EB/OL].(2017-09-17)[2021-08-16]. https://www.cnblogs.com/doit8791/p/7538510.html.

[21] 吴峰,周宗锡.数据访问中间件及其在管理信息系统中的应用[J].微处理机,2008(02): 75-77.

[22] 保尔,金杨春花,彭永康,等. Hibernate实战：Java Persistence with Hibernate[M].北京：人民邮电出版社,2008.

[23] Carnell,John,Illary H S. Spring Microservices in Action[M]. Simon and Schuster,2021.

[24] 沃尔斯. Spring实战[M].4版.北京：人民邮电出版社,2016.

[25] 汪云飞. JavaEE开发的颠覆者：Spring Boot实战[M].北京：电子工业出版社,2016.

[26] 汪芸,顾冠群. CORBA 技术综述[J]. 计算机科学,1999,000(006):1-6.
[27] 岳昆,王晓玲,周傲英. Web 服务核心支撑技术:研究综述[J]. 软件学报,2004,15(003):428-442.
[28] CSDN. Web Services 的过去、现状和展望 [EB/OL]. (2020-05-28)[2021-08-18]. https://blog.csdn.net/jchen/article/details/11414.
[29] 杨涛,刘锦德. Web Services 技术综述——一种面向服务的分布式计算模式[J]. 计算机应用,2004(08):1-4.
[30] Oracle. JavaEE 官方文档[EB/OL]. [2021-08-18]. https://docs.oracle.com/javaee/6/tutorial/doc/bnayl.html.
[31] Reddy K S P. Beginning Spring Boot 2[M]. Berkeley,CA: Apress,2017.
[32] Spring. Spring Cloud [EB/OL]. (2020-01-03) [2021-08-18]. https://spring.io/projects/spring-cloud.